机械加工基础技能双色图解

U0272389

好钳工
是怎样炼成的

王兵 主编

化学工业出版社
·北京·

图书在版编目（CIP）数据

好钳工是怎样炼成的/王兵主编. —北京：化学工业出
版社，2016.4 （2018.2重印）
（机械加工基础技能双色图解）
ISBN 978-7-122-25567-9

Ⅰ.①好… Ⅱ.①王… Ⅲ.①钳工-图解 Ⅳ.①TG9-64

中国版本图书馆CIP数据核字（2015）第259550号

责任编辑：王 烨　　　　　　　　　　文字编辑：陈 喆
责任校对：宋 玮　　　　　　　　　　装帧设计：尹琳琳

出版发行：化学工业出版社（北京市东城区青年湖南街13号　邮政编码100011）
印　　装：三河市延风印装有限公司
787mm×1092mm　1/16　印张15　字数369千字　2018年2月北京第1版第2次印刷

购书咨询：010-64518888（传真：010-64519686）　　售后服务：010-64518899
网　　址：http://www.cip.com.cn
凡购买本书，如有缺损质量问题，本社销售中心负责调换。

定　　价：59.00元

Foreword 前言

机械制造业是技术密集型的行业，机械行业职工队伍的技术工人是企业的主体，优秀的技术工人是各类企业中重要人才的组成部分，是振兴和发展我国机械工业极其重要的技术力量。技术工人队伍的素质如何，直接关系着行业、企业的生存和发展，因此企业必须要有一支高素质的技术工人队伍，有一批技术过硬、技艺精湛的能工巧匠，才能保证产品质量，提高生产效率，降低物质消耗，使企业获得经济效益，才能支持企业不断推出新产品去占领市场，在激烈的市场竞争中立于不败之地。

为适应新形势的要求，进一步提高机械行业技术工人队伍的素质，按《职业技能鉴定规范》初、中级要求，我们组织编写了"机械加工基础技能双色图解"系列工人用书，各工种坚持按岗位培训需要编写的原则，突出了理论和实践的结合，将"专业知识"和"操作技能"有机地融于一体，形成了本套丛书的一个新的特色，以便能更好地满足行业和社会的需要。其主要的特色如下。

1. 采用图解形式，详析技能操作

通过图表的表现，将各工种操作技能步骤中复杂的结构与细节知识简单化、清晰化，语言简洁，贴近现场，达到了读图学习技能知识的目的，有利于读者的理解和掌握。

2. 以能力为本位，准确定位目标

结合行业生产和企业生存与发展需要，保持行业针对性强和注重实用性的特点，运用简洁的语言，让读者看得明白，易学，能掌握，以使其发挥行业工人职业培训工作中的作用。

3. 以典型零件为载体，体现行业发展

大量引入典型产品的生产过程，反映新技术在行业中的应用。另外，采用最新的国家标准、法定计量单位和最新名词及术语，充实新知识、新技术、新工艺和新方法等，反映机械行业发展的现状与趋势。

4. 理论联系实际，把握技巧禁忌

归纳总结，对操作中"不宜做""不应做""禁止做"和"必须注意"的事情，以反向思维，在进行必要的工艺分析基础上，加以具体的说明和表达，并提出合理的解决措施。

本书是钳工分册，内容包括钳工识图、钳工基础知识、工件划线、工件锯削、工件整削、工件锉削、孔加工、螺纹加工和刮削与研磨加工。

本书通俗易懂、简明实用，旨在让技术工人通过相应工种基础与操作学习，了解本工种的基本专业知识和基本操作技巧，轻松掌握一技之长。本套丛书不仅可供各阶段读者自学使用，还可作为机械制造企业技术工人的学习读物，也可以作为各职业鉴定培训机构和职业技术院校的培训教材。

本书由王兵主编，李银涛、顾奇志、何正文任副主编，吴万平、王华丽、钱友艳、刘成耀、曾艳、杨东、王平参加编写。

由于时间仓促，书中不足之处在所难免，恳请广大读者给予批评指正，以利提高。

编者

目录 Contents

励志在前   1

什么是"好钳工" ………………………………………… 1
"好钳工"需要哪些技术积累 ………………………… 1
好钳工如何拿到"职场通行证" …………………… 2
如何做好职业规划 ……………………………………… 3
动手干，不动手是学不到任何手艺的 …………… 4

第①章 零件图的识读   6

1.1 图样识读 ………………………………………… 7
    1.1.1 识读三视图 ……………………………… 7
    1.1.2 制图的基本规定 ……………………… 11
    1.1.3 尺寸标注 …………………………………… 15
1.2 零件图上的技术要求 ……………………… 15
    1.2.1 识读零件的表面粗糙度 …………… 15
    1.2.2 识读尺寸公差 …………………………… 18
    1.2.3 识读形状与位置公差 ……………… 21
1.3 识读零件图 …………………………………… 26
    1.3.1 装配图识读 ……………………………… 26
    1.3.2 识读装配图的方法和步骤 ……… 27

第②章 钳工基础知识   29

2.1 钳工入门与安全教育 ……………………… 30
    2.1.1 钳工一般知识 …………………………… 30
    2.1.2 钳工操作安全知识 …………………… 36
2.2 钳工测量量具的认知与使用 …………… 38
    2.2.1 钳工常用量具的认知 ……………… 39
    2.2.2 钳工常用量具的使用 ……………… 45

第③章　工件划线　　　57

3.1　常用划线工具的认知与使用 ……………………………… 58
3.1.1　划线的一般知识 …………………………… 58
3.1.2　划线工具的使用 …………………………… 60
3.2　划线的基本操作 …………………………… 69
3.2.1　划线时的找正和借料 …………………………… 69
3.2.2　划线操作 …………………………… 70
3.2.3　分度头划线 …………………………… 77
3.2.4　划线的步骤 …………………………… 78
3.3　划线操作应用实例 …………………………… 80
3.3.1　平面划线应用实例 …………………………… 80
3.3.2　立体划线应用实例 …………………………… 84

第④章　工件锯削　　　86

4.1　常用锯削工具的认知与使用 …………………………… 87
4.1.1　常用锯削工具 …………………………… 87
4.1.2　工具的使用 …………………………… 88
4.2　锯削的基本操作 …………………………… 89
4.2.1　锯削加工的步骤和方法 …………………………… 89
4.2.2　各种材料的锯削方法 …………………………… 91
4.2.3　锯削质量分析 …………………………… 95
4.3　锯削操作应用实例 …………………………… 96
4.3.1　长方体锯削 …………………………… 96
4.3.2　V形块的锯削 …………………………… 97
4.3.3　正六边形锯削 …………………………… 98
4.3.4　直角块锯削 …………………………… 99

第⑤章　工件錾削　　　101

5.1　常用錾削工具 …………………………… 102

5.1.1　錾子　……………………………………………………　102

5.1.2　手锤　……………………………………………………　104

5.2　錾子的刃磨与热处理　…………………………………………　104

5.2.1　錾子的刃磨　……………………………………………　104

5.2.2　錾子的热处理　…………………………………………　106

5.3　錾削的基本操作技术　…………………………………………　107

5.3.1　錾削操作动作要领　……………………………………　107

5.3.2　錾削操作　………………………………………………　110

5.4　錾削操作应用实例　……………………………………………　115

5.4.1　圆钢棒的錾削　…………………………………………　115

5.4.2　十字形槽的錾削　………………………………………　116

5.4.3　带油槽方铁的錾削　……………………………………　117

第 ⑥ 章　工件锉削　/120

6.1　锉刀的结构与选用　……………………………………………　121

6.1.1　锉刀的结构　……………………………………………　121

6.1.2　锉刀的种类与规格　……………………………………　122

6.2　锉削的基本操作　………………………………………………　125

6.2.1　锉削准备　………………………………………………　125

6.2.2　锉削的操作要领　………………………………………　127

6.2.3　常见形状的锉削操作技法　……………………………　130

6.2.4　锉配操作　………………………………………………　137

6.2.5　锉削质量分析　…………………………………………　138

6.3　锉削操作应用实例　……………………………………………　139

6.3.1　六方体的锉削　…………………………………………　139

6.3.2　内六方体的锉削　………………………………………　140

6.3.3　圆弧形面的锉配　………………………………………　141

第 ⑦ 章　孔加工　/145

7.1　钻孔　……………………………………………………………　146

7.1.1　认识麻花钻　……………………………………………　146

7.1.2　钻孔的操作要领　………………………………………　153

7.1.3　各种孔的钻削方法　……………………………………　161

7.1.4　钻孔常见缺陷与防止措施 …………………… 167

7.2　扩孔与锪孔 ……………………………………… 168

7.2.1　扩孔 ……………………………………… 168

7.2.2　锪孔 ……………………………………… 170

7.3　铰孔 …………………………………………… 172

7.3.1　铰刀的种类和特点 …………………… 172

7.3.2　铰孔的操作 …………………………… 175

7.4　孔加工操作应用实例 ……………………………… 180

7.4.1　钻孔操作 …………………………… 180

7.4.2　铰孔操作 …………………………… 182

第 8 章　螺纹加工　　　　　　　　　　　184

8.1　认识螺纹 …………………………………… 185

8.1.1　螺纹的基本要素 ……………………… 185

8.1.2　螺纹的种类 …………………………… 186

8.1.3　螺纹的标记 …………………………… 187

8.2　攻螺纹 ……………………………………… 189

8.2.1　攻螺纹常用工具 ……………………… 189

8.2.2　攻螺纹的方法 ………………………… 193

8.3　套螺纹 ……………………………………… 199

8.3.1　套螺纹常用工具 ……………………… 199

8.3.2　套螺纹的方法 ………………………… 200

8.4　螺纹加工操作应用实例 …………………………… 203

8.4.1　在长方块上攻螺纹 …………………… 203

8.4.2　在圆杆上套螺纹 ……………………… 204

第 9 章　刮削与研磨加工　　　　　　　　205

9.1　刮削与研磨工具的认知与使用 …………………… 206

9.1.1　刮削工具及其加工特点 ……………… 206

9.1.2　研具与研磨剂 ………………………… 209

9.1.3　刮刀的刃磨与热处理 ………………… 212

9.2　刮削的基本操作 ………………………………… 215

9.2.1　刮削的工艺要求 ……………………… 215

9.2.2　刮削的操作方法 ……………………………………… 218

9.3　研磨的基本操作 ………………………………………… 221

9.3.1　研磨的工艺准备 ……………………………………… 222

9.3.2　研磨的操作方法 ……………………………………… 224

9.4　刮削与研磨加工操作应用实例 ………………………… 226

9.4.1　四方块上平面的刮削 ………………………………… 226

9.4.2　轴瓦的刮削 …………………………………………… 228

9.4.3　直角尺的研磨 ………………………………………… 229

参考文献　　　　　　　　　　　　　　231

励志在前

什么是"好钳工"

一个好的钳工所应具备的条件，一方面是对操作技术人员的行为要求，另一方面也是机械加工行业对社会所应承担的义务与责任的概括。

① 有良好的职业操守和责任心，爱岗敬业，具备高尚的人格与高度的社会责任感。

② 遵守法律、法规和行业与公司等有关的规定。

③ 着装整洁，符合规定，工作认真负责，有较好的团队协作和沟通能力，并具有安全生产知识和文明生产的习惯。

④ 有持之以恒的学习态度，并能不断更新现有知识。

⑤ 有较活跃的思维能力和较强的理解能力以及丰富的空间想象能力。

⑥ 能成功掌握和运用机械加工的基本知识，贯彻钳工加工理论知识与实践技能，做到理论与实践互补与统一。

⑦ 严格执行工作程序，并能根据具体加工情况做出正确评估并完善生产加工工艺。

⑧ 保持工作环境的清洁，具备独立的生产准备、设备维护和保养能力，能分析判断加工过程中的各种质量问题与故障，并能加以解决。

"好钳工"需要哪些技术积累

钳工是使用钳工工具和设备，按技术要求对工件进行加工、修整、装配的工种，其特点是手工操作多、灵活性强，工作范围广、技术要求高，且操作者本身的技术水平能直接影响加工质量。

钳工基本操作技能包括划线、錾削、锯削、锉削、钻孔、扩孔、锪孔、铰孔、攻套螺纹、矫正与弯形、铆接、刮削、研磨、技术测量及简单的热处理等。具体要求如下。

① 掌握钳工常用量具和量仪的结构与原理、使用及保养方法。

②理解金属切削过程中常见的物理现象及其对切削加工的影响。

③掌握钳工常用刀具的几何形状、作用和刃磨方法。

④了解钻床的结构，能使用钻床完成钻、扩、锪、铰等加工。

⑤掌握钳工应具备的理论知识和有关计算，并能熟练查阅钳工方面的手册和资料。

⑥掌握钳工应会的操作技能，能对钳工加工制造的工件、装配质量进行分析，能解决实际生产中一般技术问题。

⑦理解钳工常用夹具的有关知识，掌握工件定位、夹紧的基本原理和方法。

⑧能独立制订中等复杂工件的加工工艺。

⑨了解钳工方面的新工艺、新材料、新设备、新技术，理解提高劳动生产率的有关知识。

⑩熟悉文明生产的有关科研课题，养成安全文明生产的习惯。

⑪掌握如何节约生产成本，提高生产效率，保证产品质量的技能。

? 好钳工如何拿到"职场通行证"

一般来讲，获得职场通行证，应该做好下面几步。

（1）必须要取得相应技术资格（等级）证书

技术资格（等级）证书是一个人相应专业水平的具体表现形式，钳工专业技术资格证书有初级工（五级）、中级工（四级）、高级工（三级）、技师（二级）、高级技师（一级），只有取得了这些职业培训证书时，才能证明其接受过专门的专业技术训练，并达到了所掌握的相应专业技术能力，才有可能去适应和面对相应的专业技术要求，做好相应的准备，为进军职场打下一个扎实的技术基础。

（2）创造完善职场生存智慧

①诚恳面试。面试是一种动态的活动，随时会发生各种各样的情况，且时间又非常短促，可能还来不及考虑就已经发生了。因此，事先要经过充分的调查，对用人单位的招聘岗位需要有足够的了解，也一定要意识到参加面试时最重要的工作是用耳朵听，然后对所听到的话做出反应。这样就能很快地把自己从一个正在求职的人，转变成一个保证努力工作和解决问题的潜在的合作者。

②突出特性。要采取主动，用各种办法来引起对方的注意，如形体语言、着装、一句问候语，都会在有限的时间里引起对方的关注。以期能让对方记住你的姓名和你的特点，其目的是在短短的面试期间，给聘用者留下深刻的印象。

③ 激发兴趣。要说服人是一件比较难的事情，必须能不断地揣摩对方说话的反应，听出"购买信号"。证明自己作为受聘者的潜在价值，从某方面来激发聘用者的兴趣。努力把自己想说的话表达出来，才能达到目的。

（3）具备完善的职业性格

① 尽忠于与自己相关的人和群体，并忠实地履行职责，以充沛的精力，准时并圆满地完成工作。

② 在认为有必要的时候，会排除万难去完成某些事情，但不会去做那些自己认为是没有意义的事情。

③ 专注于人的需要和要求，会建立起有次序的步骤，去确保那些需要和要求被得以满足。

④ 对于事实抱有一种现实和实际的尊重态度，非常重视自己的岗位和职责，并要求他人也如此。

如何做好职业规划

职业发展道路勾画了个人通向其认为最有吸引力及回报的职业的最合乎逻辑性的可行性道路。身处职场中的很多人，往往都有这样的体会，即工作一段时间后，发现再想进一步提高非常困难。即使本岗位上所需知识和技能都基本了解了，但企业其他方面的东西却没有机会接触到。如果这样原地踏步，时间长了之后，就会使人落后于社会的飞速发展变化，面临落伍淘汰的危险。所以在没有更多的学习和锻炼机会的情况下，很多人就选择了跳槽或转岗转行的道路。只有不甘于现状、勇于挑战自身能力极限的人，才能够不断取得进步，充分发挥个人才华，在实现自身的人生价值的同时，也为社会创造出最大的财富。在具体规划自己的职业道路时，应该注意以下几点。

（1）做好当前的本职工作

只有在目前手头上的事情做好的前提下，再学习或准备要转行从事的工作内容才是好的工作态度。如果本职工作没有完成好，而去钻研别的工作，就是一种好高骛远、不脚踏实地的想法。因此，一定要静得下心来，准备做好一名一线生产技术骨干，同时去全面了解生产加工流程与工艺。

（2）确定现实的行动目标

上升为生产加工部门班（组）长，发挥个人能力，掌握生产调度与人员安排管理。

有了目标之后，行动起来就会有计划和条理步骤。确定这个目标时要注意的是，最好从自己的实际能力和已具有的工作经验实际出发，充分利用已经具备的有利条件，并充分考虑现实状况。

（3）对自己要有清醒认识

人们常说认识自己最难，也就是说要正确客观地评估自己的长处和短处，自己的优点和缺点，并不是一件容易的事情。因此，应从自己的实际能力和已具有的工作经验实际出发，充分利用已经具备的有利条件，并充分考虑现实状况，寻找与自己的知识、专业背景或工作经验比较相近的领域或空间谋求个人的最大发展。

（4）推销和展示自己的才华

在当今的年代，人才要有自我推销的意识，否则即使有再好的才华或能力，也有可能被埋没。因此，平时在工作中要注意包装自己，尽量证明自己具有多方面的才能，能够胜任包括当前岗位的多种工作。

（5）培养竞争实力和过硬本领

在现代市场经济条件下，最重要的还是要有真本事。只有具备过硬的专业能力和丰富工作经验的人，才能得到社会的认可和市场的青睐。因此就需要踏踏实实学点真本事，努力拓展自我，发展实力，机会总是青睐有实力、有准备的有心之人。

动手干，不动手是学不到任何手艺的

事不分大小难易，术不论高低深浅，技能型人才的培养，是使其具备职业能力，成为能够直接在生产、服务、技术管理第一线工作的应用型人才。常言道：理以积日而有益，功以久练而后成。机械加工技能技巧的掌握与理解是靠长时间的不断训练来掌握和提高的。多数情况下，我们都是直接参加生产的体力劳动者，这些技能技巧是近乎自动化了的动作，它不是天生就会的，而是经过练习才逐步形成的。

（1）不动手是无法掌握熟练的操作技巧的

技能技巧的掌握分三步走的原则进行。即：初步动作要领的分解掌握；连续动作的分解掌握；完整动作技能的协调掌握。

这是基于劳动者的认识规律性而确立的原则。是对动作技术技能技巧的逐步了解、加深和掌握的一个重要过程，它要求我们去遵循技能掌握的逻辑顺序，从易到难，从简到繁地掌握系统的知识、技能和技巧。也就是说，一个完整动作技术技能技巧的掌握，首先必须对每一个初步动作技能技巧了解和运用，由简单入手，再到有着联系的动作技能技巧的训练，然后到动作的协调，最后到动作的熟练，这样才能容易记忆，得以巩固。

因此不动手，就无法感知操作技巧的难简程度，更不用说对操作过程的理

解与掌握。

（2）不动手是无法提高自己的技能技巧的

直白地说，技能技巧也就是个人的心得体会，是加工过程中的一种领悟状态，是对加工工艺与生产环节的经验总结过程。因此，只有动手操作，才能对加工过程中出现的某些现象有直观的感知，并针对出现的问题想办法去解决，进而了解并提升自己对本工种新工艺、新技术以及产品质量和劳动生产效率的全过程的判断与解决能力，从而也就能学会一定的先进工艺操作方法。

因而，不动手是不可能去发现并了解加工过程中出现的各种问题的，也无法对出现的具体问题提出具体的解决方案，从而不能从本质上去帮助我们自己，让我们的技术有飞跃的进步。

（3）不动手是不可能将理论知识得以诠释的

"实践是检验真理的唯一标准"，完整系统的理论知识虽对我们的生产训练具有很好的指导作用，但反过来，动手训练是对理论知识的消化和提高，是走向工作岗位的训练过渡阶段。一味地重理论轻实践，其结果只能是纸上谈兵，这是思想观念、工作作风和生活态度等世界观对机械加工的错误认识。

"局部经验误认为是普遍真理，到处生搬硬套，也否认具体问题具体分析"，确实如此。因为机械加工中出现的质量问题和设备、刀具、操作个人等因素有着很大的关联，它存在一个"突发"的问题，有时候是我们想不到的情况，而理论上对废品与缺陷的解决建立在操作熟练、刀具理想、设备工艺性能良好的状态下。

因此，不动手，就不能用理论去指导实践，从而就不会发现理论中的某些片面性和不完善性的东西，因此也就无法提升自己的系统知识。

总之，只有动手干，才能全面了解和掌握应有的专业技术，才能立足本职，做一名出色的技术人才。

第1章 零件图的识读

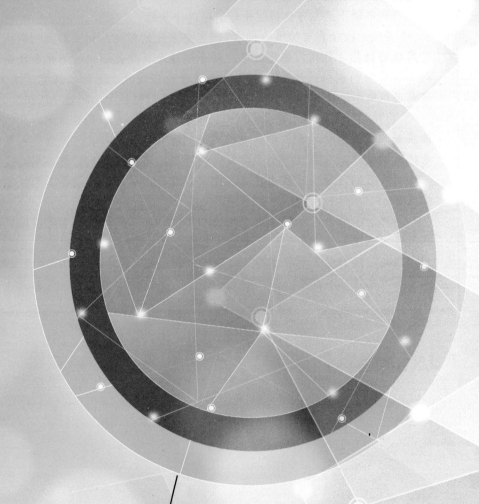

机械加工基础技能双色图解

好钳工是怎样炼成的

1.1 图样识读

在工厂里，机械零件或产品是根据机械图样加工生产的。零件图形一般均是以各种投影法生成的图样为基础的，在图样上标注尺寸和加工符号等，并用文字注明技术要求，加上材料表及标题栏等形式可以完全表达工程要求的图样。

1.1.1 识读三视图

（1）投影

① 投影的基本概念 日常生活中投影现象无处不在。灿烂的阳光下，五彩缤纷的人造光源下，各种物体都会投下其影子。用绘图理论来总结物体与影子的几何关系，就构成了投影法这一概念。投影法分为两大类，即中心投影法和平行投影法，见表1-1。

表1-1 投影法分类

投影法		投影图	概念
中心投影法			光源中心 S 发出的4条投射线，把 E 平面投影在 P 平面上，E 平面因距离 S 的远近不同，投影在 P 平面上的大小也随之不同。这种投影方法不能得到物体的真实大小，在机械工程的绘图上很少使用
平行投影法	斜投影法		投射线与投影面相倾斜的平行投影法。根据斜投影法所得到的图形，称为斜投影或斜投影图
	正投影法		投射线与投影面相垂直的平行投影法。根据正投影法所得到的图形，称为正投影或正投影图

② 三投影面体系的建立 三投影面体系由三个相互垂直的投影面所组成，如图1-1所示。其特点见表1-2。

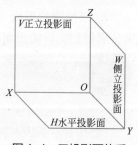

图1-1 三投影面体系

表 1-2　三投影面体系

投影面	符号	投影轴	说明	投影轴特点
正立投影面（正面）	V	OX 轴（X 轴）	是 V 面与 H 面的交线，它代表长度方向	三根投影轴相互垂直，其交点称为原点
水平投影面（水平面）	H	OY 轴（Y 轴）	是 H 面与 W 面的交线，它代表宽度方向	
侧立投影面（侧面）	W	OZ 轴（Z 轴）	是 V 面与 W 面的交线，它代表高度方向	

（2）三视图

① 三视图的投影关系　物体有长、宽、高三个方向的大小。通常规定：物体左右之间的距离为长，前后之间的距离为宽，上下之间的距离为高。三个视图在尺寸上是彼此关联的，而且是有一定规律的，所以识读三视图时应以这些规律为依据，找出三个视图中相对应的部分才能正确地想象出物体的结构形状。

从图 1-2（a）可看出，一个视图只能反映物体两个方向的大小，如主视图反映垫块的长和高，俯视图反映垫块的长和宽，左视图反映垫块的宽和高。由上述三个投影面展开过程可知，俯视图在主视图的下方，对应的长度相等，且左右两端对正，即主、俯视图相应部分的连线为互相平行的竖直线。同理，左视图与主视图高度相等且对齐，即主、左视图相应部分在同一条水平线上。左视图与俯视图均反映垫块的宽度，所以俯、左视图对应部分的宽度应相等。

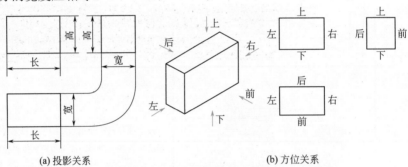

(a) 投影关系　　　　　　　　　　　　　　　　(b) 方位关系

图 1-2　三视图的投影和方位关系

根据上述三视图之间的投影关系，可归纳出以下三条投影规律：

主视图与俯视图——长对正；

主视图与左视图——高平齐；

俯视图与左视图——宽相等。

简单记忆可以说：长对正、高平齐、宽相等。

而且在三视图中不仅整个物体要符合这个投影规律，就是物体上每个组成部分在三视图中都要符合上述投影规律。

② 三视图的形成　将物体放置在三投影面体系中，按正投影法向各投影面投射，即可分别得到物体的正面投影、水平投影和侧面投影。如图 1-3 所示。

 提示

　　表达一个立体的形状和大小，不一定要画出三个视图，有时画一个或两个视图就可以。当然，有时三个视图也不能完整表达物体的形状，需画更多的视图。例如表示上述正四棱锥、圆锥、四锥、球时，若只表达形状，不标注尺寸，只用主、俯两个视图即可；若标注尺寸，上述圆柱、圆锥、球仅画一个视图即可。

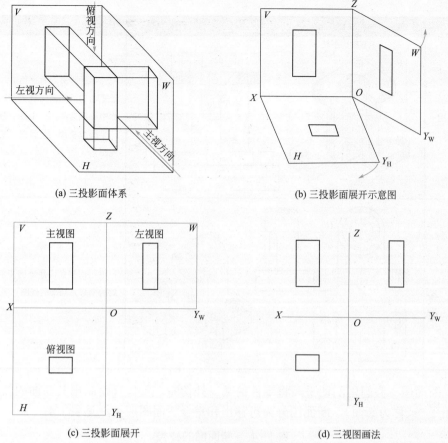

(a) 三投影面体系

(b) 三投影面展开示意图

(c) 三投影面展开

(d) 三视图画法

图1-3　三视图的形成过程

（3）剖视图与断面图

① 剖视图　为了能更清楚地表达零件的内部结构，常假想将零件用剖切面剖开，将处在观看者和剖切面之间的部分移走，而将其余部分向投影面投射所得到的图形称剖视图。剖视图按剖切范围大小分为全剖视图、半剖视图和局部剖视图，见表1-3。

表1-3　零件的剖视图

种类	视图表达		说明
全剖视图			将零件完全剖开所得到的图形为全剖视图。用于表达内形复杂的不对称和外形简单的零件

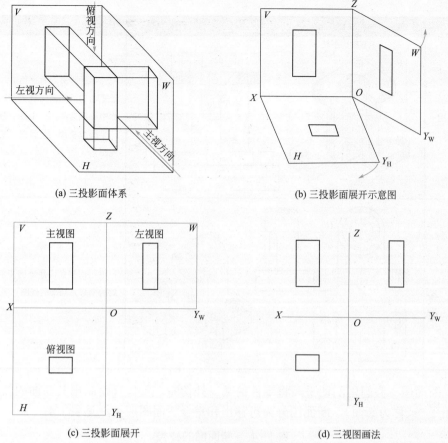

续表

种类	视图表达	说明
半剖视图	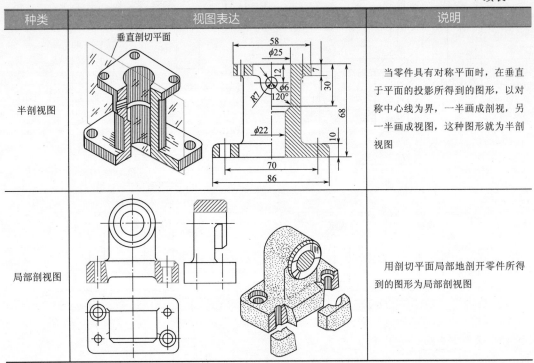	当零件具有对称平面时，在垂直于平面的投影所得到的图形，以对称中心线为界，一半画成剖视，另一半画成视图，这种图形就为半剖视图
局部剖视图		用剖切平面局部地剖开零件所得到的图形为局部剖视图

② 断面图　假想用剖切平面将零件的某一处切断，仅仅只是画出其断面的图形，称为断面图（或称为断面）。断面图分为可移出和重合断面图两类，见表1-4。

表1-4　断面图的种类

种类	视图表达	说明
移出断面		断面图画在视图之外，一般配置在剖切线延长线上，对于对称的重合断面，可省略标注
		当剖切面通过回转体的凹坑或孔的轴线时，这些结构的断面图应按剖视图画出
		必要时可将移出断面配置在其他位置，在不致引起误解的情况下可将断面旋转

种类	视图表达	说明
重合断面	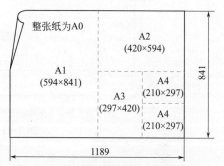	重合断面图画在轮廓线之内。当视图中轮廓线与重合断面图形重叠时，视图中的轮廓线应连续画出，不可间断

1.1.2 制图的基本规定

（1）图纸幅面和格式

为了使图纸幅面统一，便于装订、保管以及符合缩微复制原件的要求，绘制技术图样时，应按以下规定选用图纸幅面。

① 应优先采用基本幅面，基本幅面共有 5 种，其代号和规格见表 1-5，其尺寸关系如图 1-4 所示。

图 1-4　基本幅面的尺寸关系

表 1-5　图纸的基本幅面　　　　　　　　　　　mm

幅面代号	$B \times L$	幅面代号	$B \times L$
A0	841×1189	A3	297×420
A1	594×841	A4	210×297
A2	420×594		

② 必要时允许选用加长幅面。但加长幅面的尺寸必须是由基本幅面的短边成整数倍增加后得出的。更多加长幅面及其尺寸关系如图 1-5 所示。

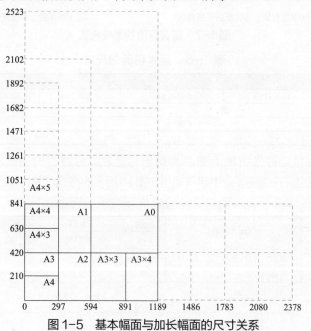

图 1-5　基本幅面与加长幅面的尺寸关系

11

a. 图框格式　在图样上必须用粗实线画出图框。图框有两种格式：不留装订边和留装订边。同一种产品中所有图样都应采用同一种格式。

不留装订边图纸的图框格式如图1-6所示；留有装订边的图纸的图框格式如图1-7所示。各部分尺寸按表1-6取。

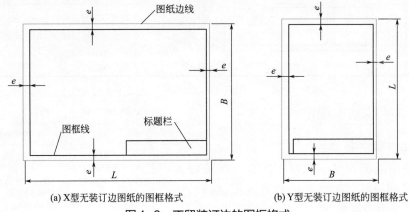

(a) X型无装订边图纸的图框格式　　　　(b) Y型无装订边图纸的图框格式

图1-6　不留装订边的图框格式

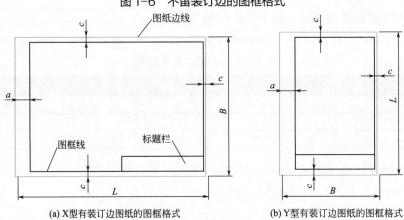

(a) X型有装订边图纸的图框格式　　　　(b) Y型有装订边图纸的图框格式

图1-7　留装订边的图框格式

表1-6　基本幅面的尺寸　　　　　　　　　　　　　　　　　mm

幅面代号	A0	A1	A2	A3	A4
$B \times L$	841×1189	594×841	420×594	297×420	210×297
e	20			10	
c	10			5	
a	25				

b. 标题栏的方位　每张图纸上都必须画出标题栏。标题栏的格式和尺寸按国标（GB/T10609.1—2008）的规定。在制图作业中建议采用如图1-8所示的格式，并将标题栏放于图纸右下角。

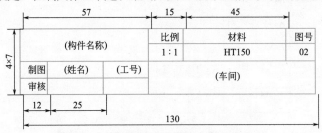

图1-8　制图作业中标题栏的参考格式

（2）图线的应用

为了便于图样的清晰和认读，绘图时应采用表 1-7 中国家标准对图线的规定。

表 1-7　图线及一般应用

图线名称	图线形式、图线宽度	一般应用
粗实线	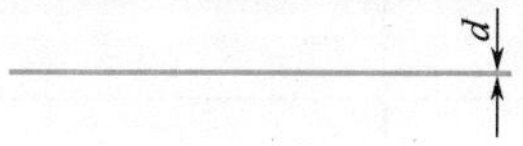 宽度：$d≈0.5~2mm$	可见轮廓线 可见过渡线
细实线	宽度：$d/4$	尺寸线 尺寸界线 剖面线 重合剖面的轮廓线 辅助线 引出线 螺纹牙底线及齿根线
波浪线	宽度：$d/4$	机件断裂处的边界线 视图与局部剖视的分界线
细双折线	宽度：$d/4$	断裂处的边界线
细虚线	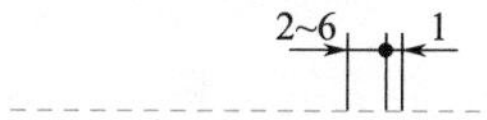 宽度：$d/4$	不可见轮廓线 不可见过渡线
细点画线	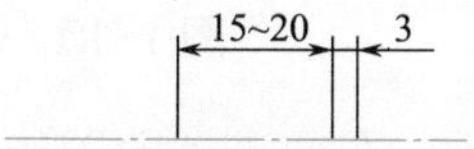 宽度：$d/4$	轴线 对称中心线 节圆及节线 轨迹线
粗点画线	宽度：d	规定范围的表示线 （有特殊要求的线或表面的表示线）
细双点画线	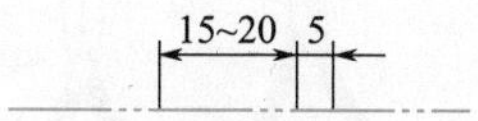 宽度：$d/4$	极限位置的轮廓线 相邻辅助零件的轮廓线 假想投影轮廓线中断线

（3）图线的规范画法

① 虚线　虚线的每段长度与间隔是凭眼力控制的，它与其他图线的连接情况见表 1-8。

表 1-8　虚线与其他图线的连接情况

连接情况	图示	说明
与虚线或其他图线相交	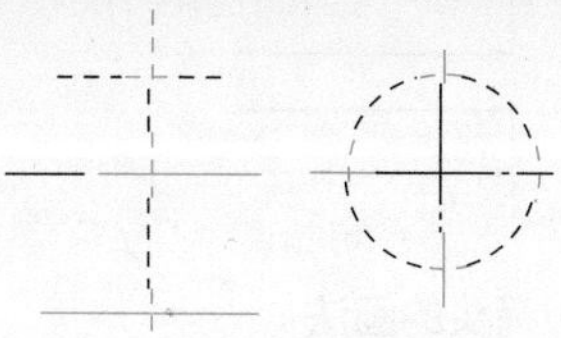	应与线相交

续表

连接情况	图示	说明
与虚线或与其他图线垂直相交		在垂足处不应留有空
为粗实线的延长		不得以短画线相接，应留有空隙，以表示两种图线的分界处

② 点划线　画点划线时，应从长画线开始，以长画线结束。相交时应画在长画线的中间，而不应相交在短画线或空白处，如图 1-9 所示。

③ 中心线与圆心的关系　圆心应以中心线的线段交点表示，中心线应超出圆周约 5mm。当圆的直径小于 12mm 时，中心线可用细实线画出，超出圆周也应缩短至 3mm，如图 1-10 所示。

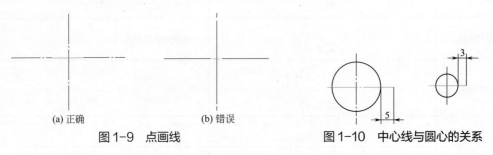

(a) 正确　　　　　　　(b) 错误

图 1-9　点画线　　　　　　图 1-10　中心线与圆心的关系

④ 圆的相切　圆与圆或与其他图线相切时，在切点处的图线要重合，在重合区域内应是单根图线宽度，如图 1-11 所示。

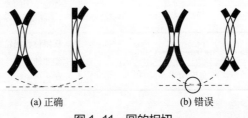

(a) 正确　　　　　　　(b) 错误

图 1-11　圆的相切

⑤ 箭头的画法　箭头的大小应尽量相同，根据粗实线的粗细而定，画法如图 1-12 所示。

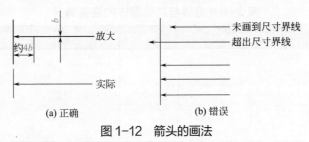

(a) 正确　　　　　　　(b) 错误

图 1-12　箭头的画法

1.1.3 尺寸标注

零件图上的尺寸是零件加工检测的重要依据，标注尺寸时尺寸标注必须符合国家标准的规定。其整体尺寸和各个部分的定形、定位尺寸应完整无缺，不可少标，也不可重复标注，同时零件上各部分的定形、定位尺寸应标注在形状特征明显的视图上，并尽量集中标注在一个或两个视图上，使尺寸布置清晰，便于看图。另外，尺寸的标注应满足加工、测量和检验的要求。其标注示例及常见的标注符号含义如图 1-13 所示。

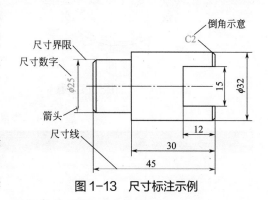

图 1-13 尺寸标注示例

（1）尺寸标注的方法与步骤

① 确定尺寸基准 为了做到合理，在标注尺寸时，必须了解零件的作用、在机器中的装配位置及采用的加工方法等，从而选择恰当的尺寸基准和正确使用标注尺寸的形式，结合具体情况合理地标注尺寸。

a. 尺寸基准的概念。标注尺寸时，确定尺寸位置的几何元素，称为尺寸基准。通常，零件上可以作为基准的几何元素有平面（如支承面、对称中心面、端面、加工面、装配面等）、线（轴和孔的回转轴线）和点（球心）。

b. 尺寸基准的分类。选择尺寸基准的目的：一是为了确定零件在机器中的位置或零件上结构要素的位置，以符合设计要求；二是为了在制作零件时，确定测量尺寸的起点位置，便于加工和测量，以符合工艺要求。

c. 尺寸基准的确定原则。任何一个零件都有长、宽、高三个方向的尺寸。因此，一般零件图至少有三个主要基准，必要时还可增加辅助基准，辅助基准与主要基准之间必须要有尺寸联系。

② 标注方法和步骤 对零件进行分析后，由基准出发，标注零件上各部分形体的定位尺寸，然后标注定形尺寸。

（2）尺寸标注的注意事项

为保证尺寸标注的合理性，在标注尺寸的过程中应注意以下几点：

① 重要尺寸一定要单独标出。

② 所注尺寸应符合工艺要求。

③ 尺寸标注应考虑具体的加工方法。

④ 标注时应避免注成封闭尺寸链。

1.2 零件图上的技术要求

1.2.1 识读零件的表面粗糙度

（1）表面粗糙度的概念

经过加工的零件表面看似很光滑，但将其断面置于放大镜或显微镜下观察时，便

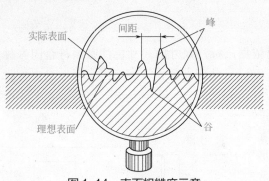

图1-14　表面粗糙度示意

可见其表面具有微小的峰谷，如图1-14所示。这种加工表面上具有的较小间距或峰谷所组成的几何形状特征为表面粗糙度。它与机械零件的配合性质、工作精度、耐磨性、抗腐蚀性及疲劳强度都有密切的关系。

（2）表面结构的符号与代号

① 表面结构的图形符号　表面结构的图形符号见表1-9。

表1-9　表面结构的图形符号

名称		符号	说明
基本符号			仅用于简化代号标注，没有补充说明时不能单独使用
扩展图形符号	要求去除材料的图形符号		基本符号加一短横，表示指定表面用去除材料的方法获得。如通过机械加工获得的表面
	不允许去除材料的图形符号		在基本图形符号加一小圆，表示指定表面是用不去材料的方法获得的。也可用于保持原供应状态的表面（包括保持上道工序的状况）
完整图形符号			在上述三个符号的边长上均可加一横线，用于标注有关参数的说明
工件轮廓各表面的图形符号			在完整图形符号上加一小圆，标注在图样中工件的封闭轮廓线上，表示所有表面都具有相同的表面粗糙度要求

为了明确表面结构要求，除了标注表面参数和数值外，必要时还应标注补充要求，补充要求包括传送带、取样长度、加工工艺、表面纹理与方向、加工余量等。其标注内容的具体位置如图1-15所示。图中位置 $a \sim e$ 分别标注的内容见表1-10。

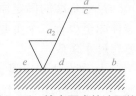

图1-15　补充要求的注写位置

表1-10　表面完整图形符号补充要求位置所标注的内容

位置符号	标注内容
a	注写表面结构的单一要求。当有两个以上的多个表面结构要求时，在位置 a 注写第一个表面结构要求
b	当有两个结构表面要求时，在位置 b 注写第二个表面结构要求或更多个表面结构要求
c	注写加工方法、表面处理、涂层或其他加工工艺要求等。如车、铣、磨、铰等加工表面
d	注写表面纹理和方向、标注采用符号方法
e	注写所要求的加工余量，以毫米为单位给出数值

② 表面粗糙度代号的标注示例与意义　表面粗糙度代号的标注示例与意义见表1-11。

表1-11　表面粗糙度代号的标注示例与意义

标注示例	说明
$\sqrt{Rz0.4}$	表示不允许去材料，单向上限值，表面粗糙度的最大高度为0.4μm，评定长度为5个取样长度（默认），"16%"规则（默认）

标注示例	说明
$\sqrt{}$ *Rz*max0.2	表示去除材料，单向上限值，表面粗糙度最大高度为 0.2μm，评定长度为 5 个取样长度（默认），"最大规则"（默认）
$\sqrt{}$ −0.8/*Ra* 3.2	表示去除材料，单向上限值，表面粗糙度的最大高度为 0.8μm，算术平均偏差为 3.2μm，评定长度包含 3 个取样长度，"16%" 规则（默认）
$\sqrt{}$ U *Ra*max3.2 L *Ra*0.8	表示不允许去除材料，双向极限值。上限值：算术平均偏差 3.2μm，评定长度为 5 个取样长度（默认），"最大规则"；下限值：算术平均偏差 0.8μm，评定长度为 5 个取样长度（默认），"16% 规则"（默认）
$\sqrt{}$ 车 *Rz* 3.2	零件的加工表面的表面粗糙度要求由指定的加工方法获得时，用文字标注在符号上边的横线上
$\sqrt{}$ 3	在同一图样中，有多道加工工序的表面可标注加工余量。加工余量注在完整符号的左下方，单位为 mm

（3）表面粗糙度代号在图样上的标注

零件的所有表面都应有明确的表面结构要求，标注位置和方向的规定如下：

① 使表面结构的注写和读取方向与尺寸的注写和读取方向一致。符号标注在零件表面轮廓线上。

② 表面轮廓线上不便于标注时，可标注在轮廓线的延长线或尺寸界线上，必要时也可用带箭头或黑点的指引线引出标注，如图 1-16 所示。

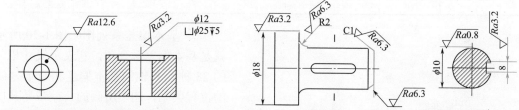

图 1-16　表面轮廓上不便于标注时的标注方法　图 1-17　圆角、倒角、圆柱表面、键槽侧面的标注方法

③ 圆角、倒角、圆柱表面与键槽侧面的标注如图 1-17 所示。

④ 对于零件多个表面具有相同的表面结构要求，其表面要求可统一标注在图样的标题栏附近，同时还应在表面结构符号后用圆括号给出无任何其他标注的基本符号和不同表面的结构要求，如图 1-18 所示。

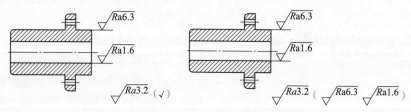

(a) 无任何其他标注的基本符号的标注　　(b) 不同表面的结构要求的标注

图 1-18　相同表面结构的标注

1.2.2 识读尺寸公差

大批量生产中,从一批规格相同的零件中任取,不经修配装到机器上去,并且保证使用要求,零件具有的这种性质称为互换性。这就必须要求零件尺寸的精确度,但并不是要求零件的尺寸都准确,而只是将其规定在一个合理的范围内,以满足不同的使用要求,如孔和轴的尺寸公差如图 1-19 所示。

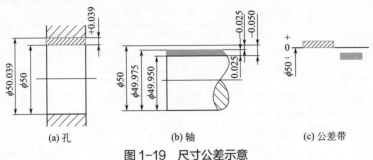

(a) 孔　　　　　　(b) 轴　　　　　　(c) 公差带

图 1-19　尺寸公差示意

(1) 基本偏差系列

基本偏差确定了公差带的位置,国际标准规定了基本偏差系列。

① 基本偏差代号　国标对孔和轴各设定了 28 个基本偏差,它们的代号用英文字母表示,大写表示孔的基本偏差,小写表示轴的基本偏差,见表 1-12。

表 1-12　孔和轴的基本偏差

孔	A	B	C	D	E	F	G	H	J	K	M	N	P	R	S	T	U	V	X	Y	Z			
			CD			EF					FG				JS							ZA	ZB	ZC
轴	a	b	c	d	e	f	g	h	j	k	m	n	p	r	s	t	u	v	x	y	Z			
			cd			ef					fg				js							za	zb	zc

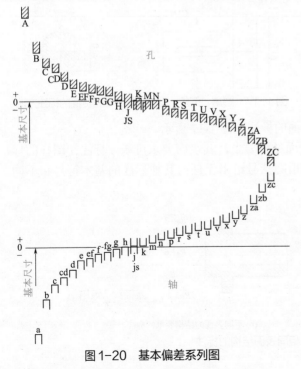

图 1-20　基本偏差系列图

② 基本偏差系列图　图 1-20 所示就是基本偏差系列图,它表示尺寸相同的 28 种孔和轴的基本偏差相对于零线的位置关系,图中所画的公差带是开口公差带,这是因为基本偏差只表示公差带位置而不表示公差带大小,开口端的极限偏差由公差带的等级来决定。

③ 偏差　偏差就是极限尺寸和公称尺寸的差。在图 1-20 中为统一起见,在基本偏差中将 JS 划为下偏差,将 js 划为上偏差。

(2) 公差带

对于基本尺寸一定的孔和轴,若给定了基本偏差代号和公差等级,则其公差带的位置和大小就已完全确定。国标规定在基本偏差代号之后加注表示公差等级的代号(以数字表示),称为公差带代号。对基本尺寸至 500mm 的孔、轴，规定了优先、常用和一般用途的公差带，如图 1-21 和图 1-22 所示。方框内的为常用公差带，圆圈内的为优先公差带。

```
                                    h1        js1
                                    h2        js2
                                    h3        js3
                            g4  h4  js4 k4 m4 n4 p4 r4 s4
                    f5  g5  h5  j5  js5 k5 m5 n5 p5 r5 s5 t5    u5 v5 x5
                e6  f6 (g6)(h6) j6  js6(k6)m6(n6)(p6)r6 (s6)t6 (u6)v6 x6 y6 z6
            d7  e7 (f7) g7 (h7) j7  js7 k7 m7 n7 p7 r7 s7 t7 u7 v7 x7 y7 z7
        c8  d8  e8  f8  g8  h8      js8 k8 m8 n8 p8 r8 s8 t8 u8 v8 x8 y8 z8
a9  b9  c9 (d9) e9  f9      h9      js9
a10 b10 c10 d10 e10         h10     js10
a11 b11(c11)d11            (h11)    js11
a12 b12 c12                 h12     js12
a13 b13                     h13     js13
```

图 1-21　基本尺寸至 500mm 的一般、常用和优先等级的轴公差带

```
                                    H1        JS1
                                    H2        JS2
                                    H3        JS3
                                    H4        JS4 K4 M4
                            G5  H5      JS5 K5 M5 N5 P5 R5 S5
                    F6  G6  H6  J6  JS6 K6 M6 N6 P6 R6 S6 T6  U6 V6 X6 Y6 Z6
                D7  E7  F7 (G7)(H7) J7  JS7(K7)M7(N7)(P7)R7(S7)T7(U7)V7 X7 Y7 Z7
            C8  D8  E8 (F8) G8 (H8) J8  JS8 K8 M8 N8 P8 R8 S8 T8 U8 V8 X8 Y8 Z8
A9  B9  C9 (D9) E9  F9     (H9)     JS9              N9 P9
A10 B10 C10 D10 E10         H10     JS10
A11 B11(C11)D11            (H11)    JS11
A12 B12 C12                 H12     JS12
                            H13     JS13
```

图 1-22　基本尺寸至 500mm 的一般、常用和优先等级的孔公差带

（3）配合的基本概念与种类

① 配合的种类　基本尺寸相同、相互结合的轴和孔公差带之间的关系称为配合。按孔和轴公差带的不同相对位置，配合可分为间隙配合、过盈配合、过渡配合三种情况，见表 1-13。

表 1-13　配合的种类

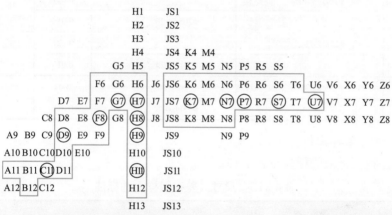

种类	公差带图示	说明
间隙配合		孔公差带在轴公差带之上，任取一对孔和轴配合，都有间隙，包括间隙为零的极限情况
过盈配合		孔公差带在轴公差之下，任取一对孔和轴配合，都有过盈，包括过盈为零的极限情况

续表

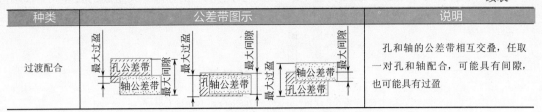

种类	公差带图示	说明
过渡配合		孔和轴的公差带相互交叠,任取一对孔和轴配合,可能具有间隙,也可能具有过盈

② 配合代号的表述与识读　配合代号的识读应用示例见表1-14。

表1-14　配合代号的识读应用示例

项目	孔的公差代号和极限偏差	轴的公差代号和极限偏差	公差	配合制度与种类
$\phi 60 \dfrac{H7}{n6}$	$\phi 60H7 \, \phi 60^{+0.03}_{0}$		0.03	基孔制
		$\phi 60n6 \, \phi 60^{+0.039}_{+0.020}$	0.019	过渡配合
$\phi 20 \dfrac{H7}{s6}$	$\phi 20H7 \, \phi 20^{+0.021}_{0}$		0.021	基孔制
		$\phi 20S6 \, \phi 20^{+0.048}_{+0.035}$	0.013	过盈配合
$\phi 24 \dfrac{G7}{h6}$	$\phi 24G7 \, \phi 24^{+0.028}_{+0.007}$		0.021	基轴制
		$\phi 24h6 \, \phi 24^{0}_{-0.013}$	0.013	间隙配合
$\phi 75 \dfrac{R7}{h6}$	$\phi 75R7 \, \phi 75^{-0.032}_{-0.062}$		0.03	基轴制
		$\phi 75h6 \, \phi 75^{0}_{-0.019}$	0.019	过盈配合

（4）尺寸公差在零件图上的标注

尺寸公差在图样上的标注见表1-15。

表1-15　尺寸公差在图样上的标注

类型	图示	说明
线性尺寸公差标注	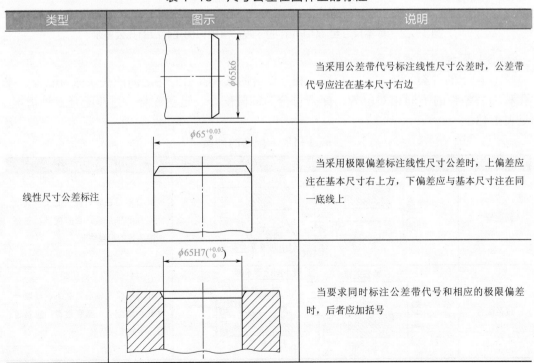 $\phi 65k6$	当采用公差带代号标注线性尺寸公差时,公差带代号应注在基本尺寸右边
	$\phi 65^{+0.03}_{0}$	当采用极限偏差标注线性尺寸公差时,上偏差应注在基本尺寸右上方,下偏差应与基本尺寸注在同一底线上
	$\phi 65H7(^{+0.03}_{0})$	当要求同时标注公差带代号和相应的极限偏差时,后者应加括号

类型	图示	说明
线性尺寸公差附加符号的标注	*R*5max	当尺寸仅需限制单向的极限时，应在该极限尺寸的右边加注符号"max"或"min"
	$\phi 60^{~0}_{-0.046}$　$\phi 60^{+0.039}_{+0.029}$　70	同一尺寸的表面若具有不同公差，应用细实线分开，并分别注出公差
角度公差标注	$30^{~0~'+15'}_{~~-30'}$　$60^{\circ}10'^{+15'}_{~~-30'}$　20°max	角度公差标注的基本方法与线性尺寸公差的标注方法相同

1.2.3 识读形状与位置公差

在生产中，经过加工的零件不但会产生尺寸误差，还会产生形状和位置的误差。例如，图1-23（a）所示为一理想形状的销轴，加工后实际形状则上轴线弯了［图1-23（b）］，因而产生了直线度误差。

如果零件存在严重的形状和位置误差，将使其装配困难，影响机器的质量。因此，应将其控制在一个合理的范围内。为此，国家标准规定了一项保证零件加工质量的指标——形状公差和位置公差（简称形位公差 GB/T1182—2008）。

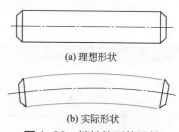

(a) 理想形状

(b) 实际形状

图1-23 销轴的形状误差（直线度误差）

（1）形位公差带与基本符号

形位公差是图样中要素的形状和位置的最大允许变动量。形状公差是单一实际要素的形状所允许的变动量，而位置公差是关联实际要素的位置对基准所允许的变动量。

① 形位公差带　形位公差带由形状、大小、方向和位置四个要素组成，控制点、线、面的公差带形状见表1-16。

表1-16　形位公差的形状

公差带名称	公差带形状	特征
一个圆	ϕ	圆内的区域
一个球	$S\phi$	球内的区域
两平行直线	t	两平行直线间的区域

续表

公差带名称	公差带形状	特征
两个平行面		两平行面间的区域
一个圆柱	ϕt	圆柱面内的区域
两等距曲线		两等距曲线间的区域
两等距曲面		两等距曲面间的区域
两同心圆		两同心圆间的区域
两同轴圆柱面		两同轴圆柱面间的区域

② 形位公差的类别与基本符号 形位公差的类别与基本符号见表1-17。

表1-17 形位公差的类别与基本符号

公差		特征项目	符号	有或无基准要求
形状	形状	直线度		无
		平面度		无
		圆度		无
		圆柱度		无
形状或位置	轮廓	线轮廓度		有或无
		面轮廓度		有或无
位置	定向	平行度		有
		垂直度		有
		倾斜度		有
	定位	位置度		有或无
		同轴度（同心）		有
		对称度		有
	跳动	圆跳动		有
		全跳动		有

③ 形位公差的附加符号 形位公差的附加符号见表1-18。

表1-18 形位公差的附加符号

附加符号	说明	附加符号	说明
	被测要素直接标注	M	最大实体要求

附加符号	说明	附加符号	说明
$\underline{A}$	被测要求用字母标注	Ⓛ	最小实体要求
Ⓐ	用于基准要求的标注	Ⓡ	可逆要求
$\frac{\phi 2}{A1}$	用于基准目标的标注	Ⓟ	延伸要求
50	用于理论尺寸的标注	Ⓕ	自由状态（非刚性零件）条件
Ⓔ	包容要求	○	全周（轮廓）

④ 形位公差的限定符号 形位公差的限定符号见表1-19。

表1-19 形位公差限定符号

限定符号	说明	应用示例
（一）	只允许实际要素的中间部位向材料内凹下	⎯ | t | （一）
（＋）	只允许实际要素的中间部位向材料外凸起	▱ | t | （＋）
（▷）	只允许实际要素从左至右逐渐减小	⌀ | t | （▷）
（◁）	只允许实际要素从右至左逐渐减小	⌀ | t | （◁）

（2）形位公差的标注

在图样中，公差要求在形位公差框中指出。框格由细实线绘制而成，由两格或多格组成，一般水平放置。形位公差标注内容与框格的绘图格式如图1-24所示。形位公差按表1-20方式标注。

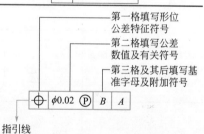

第一格填写形位公差特征符号

第二格填写公差数值及有关符号

第三格及其后填写基准字母及附加符号

指引线

图1-24 公差框格与指引线

表1-20 形位公差代号的标注

标注类别		标注图示	说明
被测要素	为轮廓要素时		指引线的箭头在被测要素的可见轮廓线上，也可在轮廓线的延长线上，但必须与尺寸线错开
	为中心要素时		中心要素是指中心点、圆心、轴线、中心线与中心平面。指引线的箭头应与尺寸线的延长线相重合

标注类别		标注图示	说明
被测要素	指向实际表面时	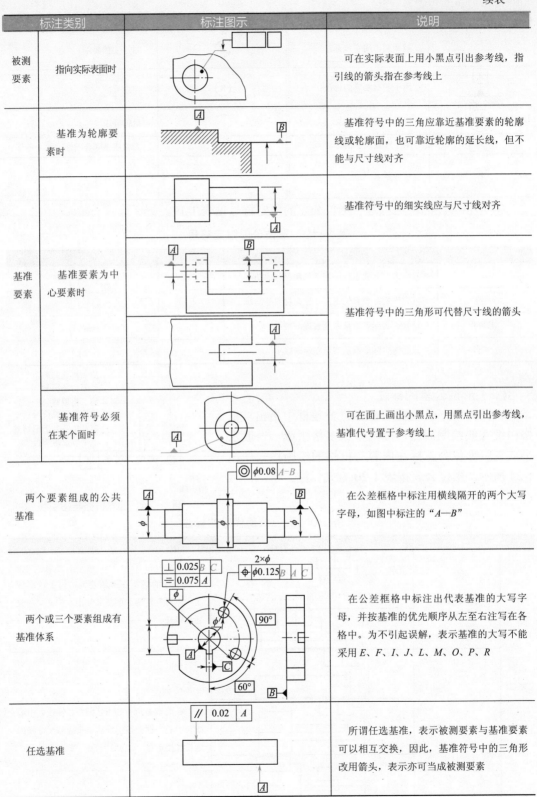	可在实际表面上用小黑点引出参考线，指引线的箭头指在参考线上
基准要素	基准为轮廓要素时		基准符号中的三角应靠近基准要素的轮廓线或轮廓面，也可靠近轮廓的延长线，但不能与尺寸线对齐
	基准要素为中心要素时		基准符号中的细实线应与尺寸线对齐
			基准符号中的三角形可代替尺寸线的箭头
	基准符号必须在某个面时		可在面上画出小黑点，用黑点引出参考线，基准代号置于参考线上
两个要素组成的公共基准			在公差框格中标注用横线隔开的两个大写字母，如图中标注的"A—B"
两个或三个要素组成有基准体系			在公差框格中标注出代表基准的大写字母，并按基准的优先顺序从左至右注写在各格中。为不引起误解，表示基准的大写不能采用 E、F、I、J、L、M、O、P、R
任选基准			所谓任选基准，表示被测要素与基准要素可以相互交换，因此，基准符号中的三角形改用箭头，表示亦可当成被测要素

标注类别		标注图示	说明
限定范围	被测要素为局部时	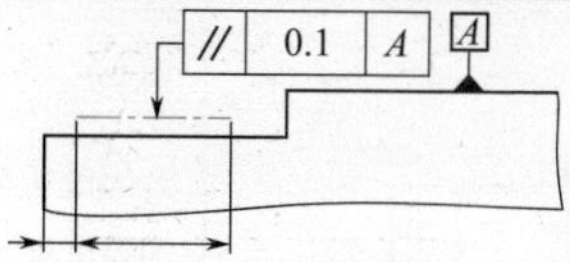	如对被测要素的某一部分给定形位公差要求或以要素的某一部分作为基准，则用粗点画线表示其范围，并加注尺寸
	基准要素为局部时	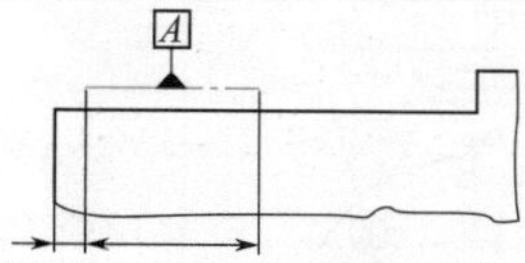	
对形位公差值有附加说明的		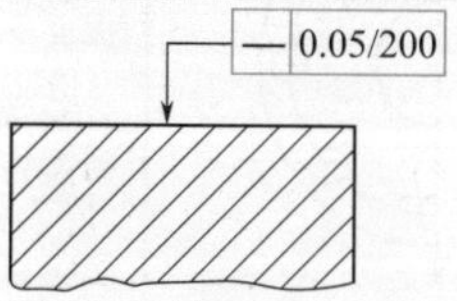 — 0.05/200	表示在任一 200mm 长度上，直线度公差为 0.05mm
		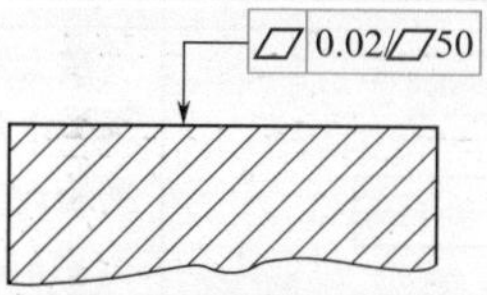 ◻ 0.02◻50	表示在任一 50mm×50mm 的正方形表面上，平面度公差为 0.02mm
同一被测要素有多项形位公差要求的		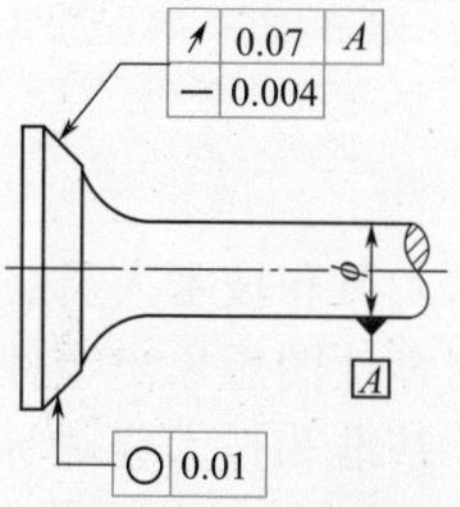	同一被测要素有多项形位公差要求时，可在一条指引线的末端画出多个杠格标注。若测量方向不一致，不能使用一条指引线时，应分开标注
理论正确尺寸		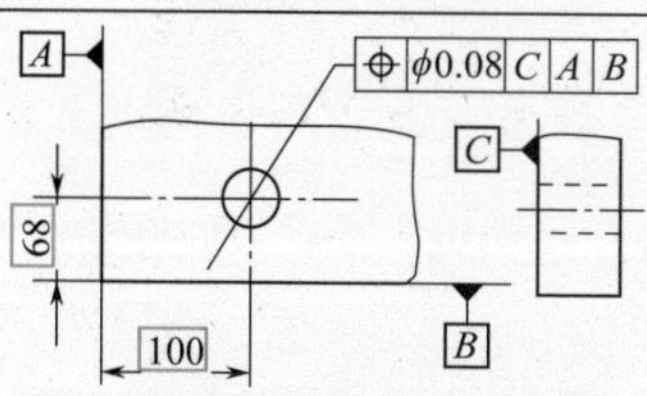	对于要素的位置度、轮廓度、倾斜度，其尺寸由不带公差的理论正确位置、轮廓、角度确定时，这种尺寸称为"理论正确尺寸"。在图样上理论正确尺寸用方框围住
全周符号法		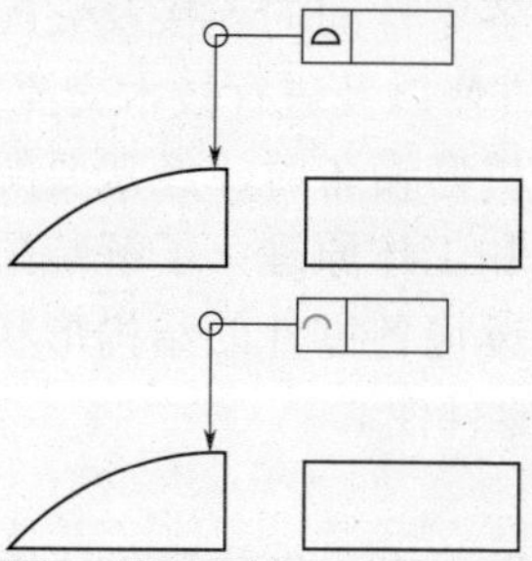	若形位公差特征项目（如轮廓度公差）适用于横截面内的整个外轮廓或整个外轮廓面时，应采用圆周符号。可在公差框格指引线的弯折处画一个小圆圈

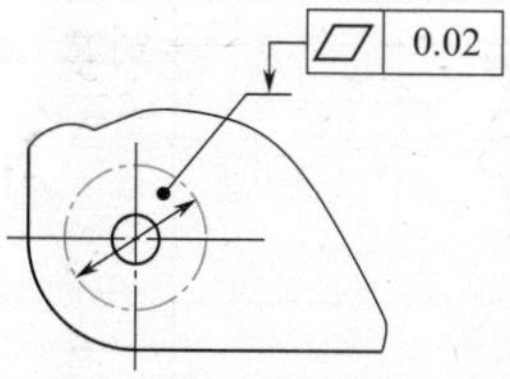

续表

标注类别	标注图示	说明
公差框格处加文字说明	两处 ⊙ 0.005 ∥ 0.03 A 离轴端300处 A	为说明公差框格中所标注的形位公差的附加要求或为了简化标注方法,可在公差框格的上方或下方附加文字说明。属于被测要素数量的说明应写在公差框格的上方,属于解释性说明的写在下方
延伸公差带	8×φ25H7 ⊕ φ0.02 Ⓟ B A φ225 A Ⓟ40	延伸公差带是将被测要素的公差带延伸到工件实体之外,控制工件外部的公差带,以保证零件与该零件配合时能顺利装入。延伸公差带用"Ⓟ"表示,并用点画线绘出延伸部分,标出其长度尺寸
最大实体要求	— φ0.015 Ⓜ φ10$_{-0.03}^{0}$	最大实体要求用符号"Ⓜ"表示,放在框格中公差值后面。圆柱体轴线的直线度公差为φ0.015mm,其最大实体实效边界尺寸为φ10.015mm

1.3 识读零件图

正确、熟练地读零件图,是工程技术人员和技术人员必须掌握的基本功,是生产合格产品的基础。识读零件图,就是要根据零件图想象出零件的结构形状,同时弄清零件在机器中的作用,零件的尺寸类别、尺寸基准和技术要求等,以便在制造零件时采用合理的加工方法。

1.3.1 装配图识读

(1)装配图

装配图是表示装配体的工作原理、各零件间的连接及装配关系等内容的图样。它是表达设计思想、指导装配加工、使用和维修以及进行技术交流的重要技术文件。

在设计、装配、检测、维修部件或机器设备时,经常要阅读装配图。通过识读装配图可以了解装配体的名称、用途、结构和工作原理;了解装配体上各零件之间的位置关系、装配关系、连接方式及装拆顺序;读懂各零件的结构形状,分析判断装配体中各零件的动作过程;能从装配体中正确拆画零件图。

(2)装配图的主要内容

图1-25所示为滑动轴承装配图。可以看出一张装配图具备的主要内容有:一组图形、

必要的尺寸、技术要求以及标题栏、零件序号和明细栏。

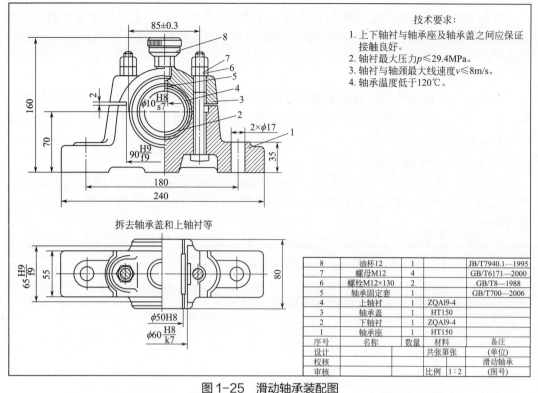

技术要求：
1. 上下轴衬与轴承座及轴承盖之间应保证接触良好。
2. 轴衬最大压力 $p \leqslant 29.4$MPa。
3. 轴衬与轴颈最大线速度 $v \leqslant 8$m/s。
4. 轴承温度低于120℃。

8	油杯12	1		JB/T7940.1—1995
7	螺母M12	4		GB/T6171—2000
6	螺栓M12×130	2		GB/T8—1988
5	轴承固定套	1		GB/T700—2006
4	上轴衬	1	ZQAl9-4	
3	轴承盖	1	HT150	
2	下轴衬	1	ZQAl9-4	
1	轴承座	1	HT150	
序号	名称	数量	材料	备注
设计			共张第张	（单位）
校核				滑动轴承
审核			比例	1:2	（图号）

图 1-25　滑动轴承装配图

① 装配图中的图形　装配图中的图形用来表达装配体的结构、工作原理、零件间的装配关系与零件的主要结构形状，不要求把每个零件的各部分结构完整地表达出来。

② 装配图中的尺寸　装配图上应标注与装配体有关的性能、装配、外形、安装等尺寸，不必注出全部尺寸。如图 1-25 中的 $\phi 60 \dfrac{\text{H8}}{\text{k7}}$、$90 \dfrac{\text{H9}}{\text{f9}}$ 配合尺寸；尺寸 180 为安装尺寸；尺寸 240、80、160 均为总体尺寸，还有其他重要尺寸，如运动件的极限位置尺寸、零件间的主要定位尺寸、设计计算尺寸等。

③ 技术要求　装配图的技术要求一般采用文字注写在明细栏的上方或图样下方的空白处。主要是针对该装配体的工作性能、装配及检验要求、调试要求与使用维护要求所提出的。不同的装配体具有不同的技术要求。

1.3.2　识读装配图的方法和步骤

读装配图的方法是先概括了解，再逐步细致分析。

（1）概括了解装配体的整体情况

了解标题栏：先从标题栏中了解到该部件名称是滑动轴承，绘图比例为 1:2。

了解明细栏：从明细栏中了解到该轴承共由 8 种零件组成，其中螺栓、螺母、油杯、轴承固定套都要是标准件，其他零件为专用件。

初步看视图：装配图采用了两个基本视图，即主视图和俯视图。

（2）分析视图关系

分析各视图以及视图之间的相互关系，弄清各视图的重点。主视图采用半剖视图表达，反映滑动轴承的工作原理和零件间的装配关系。俯视图的一半拆去轴承盖和上轴衬，表达了轴承座的一部分结构。

（3）分析装配关系

分析工作原理和零件的装配关系。主视图基本反映了滑动轴承的工作原理的装配关系：上、下轴衬装在轴承固定套和轴承座之间，并用两个螺栓、四个螺母将总体连接在一起。油杯装在轴承盖上面。

（4）分析零件结构形状的用途

应依据剖面线确定各零件的投影范围。首先将复杂零件在视图上的内外轮廓搞清楚，然后运用形体分析法及线面分析法进行综合分析，找各个图形之间的关系，还应该明确零件的作用。

将几个主要零部件（如轴承座、轴承盖）的结构形状弄懂后，根据装配图上零件的作用和装配关系仔细分析其余的零件就比较容易了。

通过以上的分析，并结合装配图上所标注的尺寸、技术要求等进行全面的归纳总结，形成一个完整的认识，才能全面读懂装配图。

第2章 钳工基础知识

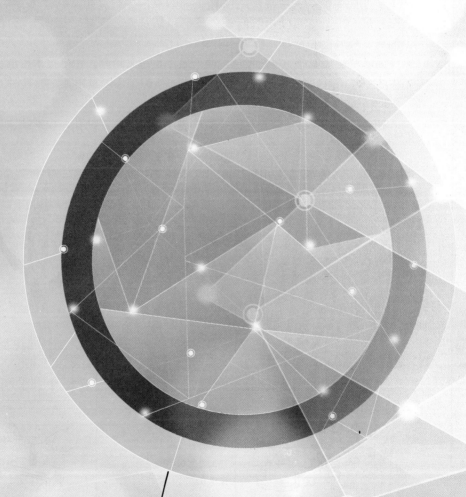

机械加工基础技能双色图解

好钳工是怎样炼成的

2.1 钳工入门与安全教育

2.1.1 钳工一般知识

（1）钳工的工作任务

生产中钳工是利用各种手用工具以及一些简单设备来完成目前采用机械加工方法不太适宜或还不能完成的工作。钳工的主要任务是对产品进行零件加工、装配和机械设备的维护与修理。一台机器是由许多不同零件组成的，这些零件加工完成后，需要由钳工进行装配，在装配的过程中，一些零件往往还需要经过钳工钻孔、攻螺纹、配键等补充加工后才能装配，甚至有些精度并不高的零件，经过钳工的仔细修配后而达到了较高的装配精度。另外，对使用时间长久或已自然及人为损坏（损伤）的设备零件，工件生产中的夹、模具的制造等，都离不开钳工的加工。

随着机械加工业的日益发展，生产效率也越来越高，钳工技术也愈益复杂，为适应不同工作的需要，钳工专业的分工已愈显突出，有钳工、工具钳工、模具钳工、机修钳工等。

（2）钳工基本操作技能

钳工基本操作技能包括划线、錾削、锯削、锉削、钻孔、攻螺纹、套螺纹等，见表2-1。

表2-1 钳工基本操作内容

内容	图示	说明	内容	图示	说明
划线	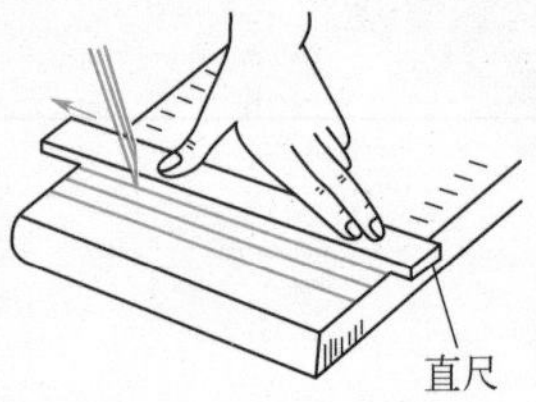	根据图样的尺寸要求，用划线工具划出待加工部位的轮廓或基准的操作方法	钻（扩）孔	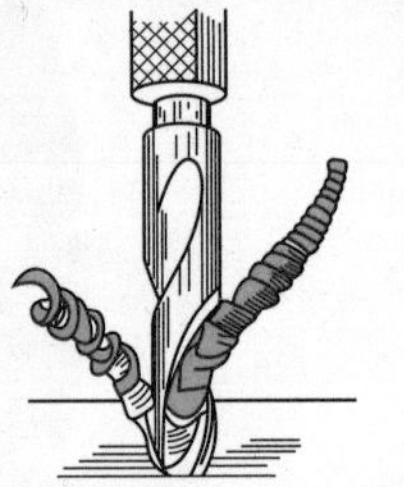	用钻头在工件上加工孔的操作方法
錾削	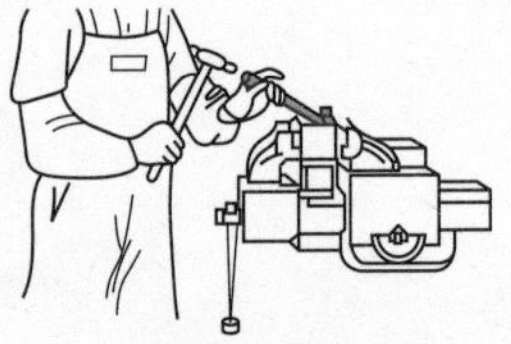	用手锤打击錾子对金属工件进行切削加工的操作方法	铰孔	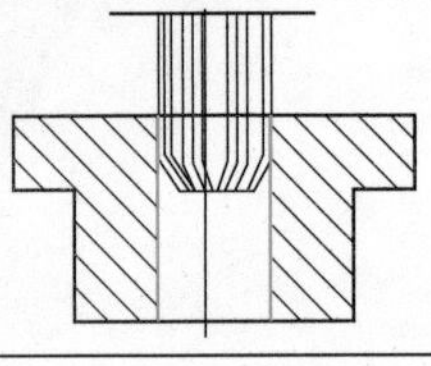	用铰刀从工件壁上切除微量金属层，以提高孔尺寸精度和表面质量的操作方法
锯削	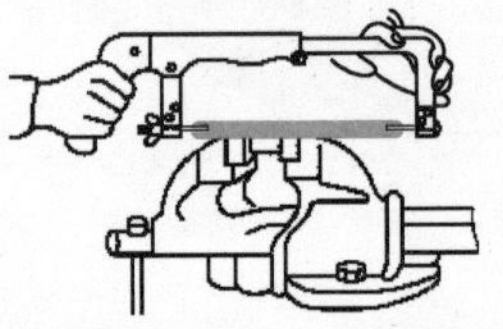	利用锯条锯断金属材料或在工件上进行切槽的操作方法	攻螺纹	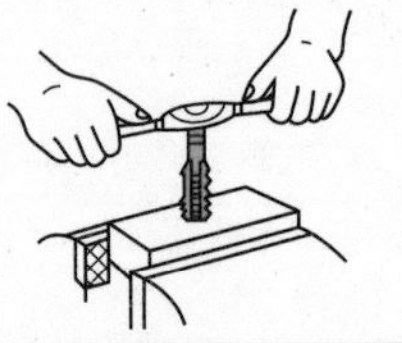	用丝锥在内圆柱面上加工出内螺纹的操作方法
锉削	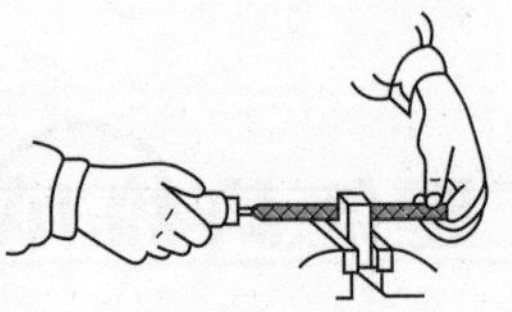	用锉刀对工件表面进行切削加工使其达到图样要求的操作方法	套螺纹	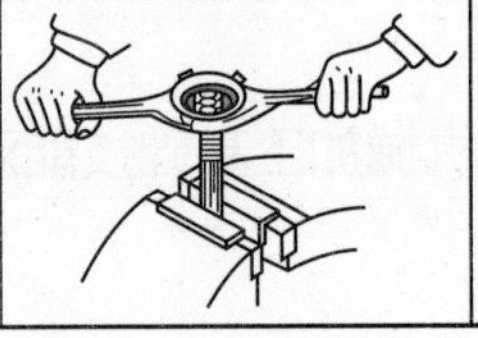	用板牙在圆杆上加工出外螺纹的操作方法

（3）钳工工作场地

钳工工作场地是指钳工的固定工作地点。为了方便，钳工工作场地布局一定要合理，符合安全文明生产的要求。

图 2-1 所示是钳工工作场地的平面图，一般分为钳工工位区、台钻（设备）区、划线区和刀具刃磨区等区域。各区域的布置要合理，区域与区域间要有安全通道，且由白线分隔而成。每个工作日下班后要对设备进行清理和对工作场地进行打扫。

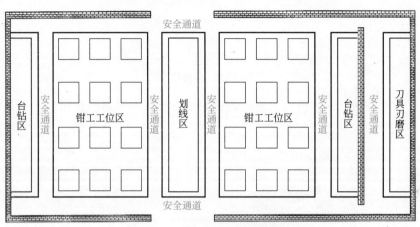

图 2-1　钳工工作场地平面图

 提示

在钳工工作场地中走动时，要在安全通道内走动。

（4）钳工常用设备

① 钳工工作台　钳工工作台如图 2-2 所示，它又称为钳桌，是钳工专用的工作台，用于安装台虎钳并放置工件、工具。工作台离地面的高度为 800 ～ 900mm，台面厚度以 60mm 为宜。

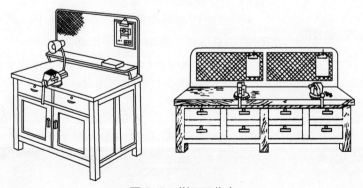

图 2-2　钳工工作台

② 台虎钳　台虎钳是用来夹持工件的通用夹具，有固定式和回转式两种，如图 2-3 所示。其规格用钳口宽度表示。常用的规格有 100mm、125mm 和 150mm 等。

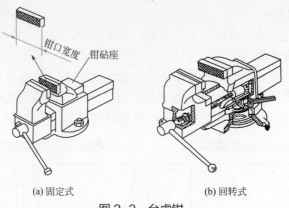

(a) 固定式   (b) 回转式

图 2-3　台虎钳

　　a. 台虎钳的结构。台虎钳的主体由铸铁制成，并用螺栓紧固在钳台上，其结构如图 2-4 所示。

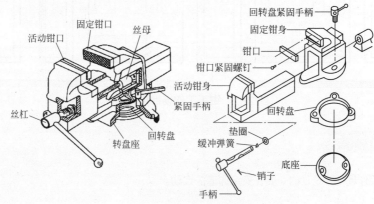

图 2-4　台虎钳的结构

　　b. 台虎钳的使用注意事项

　　• 台虎钳安装在钳台上时，必须使固定钳身的钳口工件面处于钳台边缘之外，如图 2-5 所示，以保证夹持工件时工件的下端不受钳台边缘的阻碍。

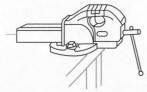

图 2-5　台虎钳的安装位置

　　• 台虎钳必须牢固地固定地钳台上，两个紧固螺栓必须拧紧，以保证工作时钳身不松动。

　　• 夹紧工件时只允许依靠手的力量来扳动手柄，绝不能用锤子敲击手柄或随意套上管子来扳动手柄，如图 2-6 所示，以免损坏丝杠、丝母或钳身。

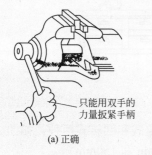

只能用双手的
力量来扳紧手柄

(a) 正确

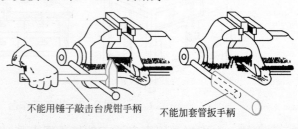

不能用锤子敲击台虎钳手柄　　　　不能加套管扳手柄

(b) 错误

图 2-6　台虎钳手柄的使用要求

- 台虎钳的砧座上可放置工具，也可用于小型薄板材的矫正。
- 丝杠、丝母和其他活动表面要经常清理污物，添加润滑油以保证清洁，防止生锈并能提高其传动的灵活性，延长台虎钳的使用时间。
- 在允许的情况下，尽可能将工件夹在台虎钳的中部，以免钳口受力不均。

提示

台虎钳安放在工作台上面的高度要恰好齐操作者的手肘，如图 2-7 所示。

图 2-7　台虎钳安放高度的确定

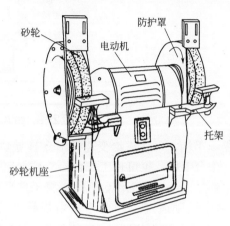

图 2-8　砂轮机

③ 砂轮机　砂轮机主要用来刃磨钳工用的各种刀具或磨制其他工具。它由砂轮、电动机、砂轮机座、托架和防护罩等组成，如图 2-8 所示。

由于砂轮的质地较脆，转速较高，如使用不当，容易发生砂轮碎裂而造成人身事故，因此使用砂轮机时，要严格遵守安全操作规程。

④ 钻床　钻床是用来对工件进行孔加工的设备，有台式钻床、立式钻床和摇臂钻床。

a. 台式钻床。图 2-9 所示的是一台最大钻孔直径为 12mm 的台式钻床，其变速是通过安装在电动机主轴和钻床上的一组 V 带轮来实现的，共可获得五种不同转速，变速时应停止运转。

钻孔时，拨动手柄使小齿轮通过主轴套筒上的齿条使主轴上下移动，实现进给和退刀。钻孔深度是通过调节标尺杆上的螺母来控制的。根据工件的大小调节主轴与工件间的距离，先松开紧固手柄，摇动升降手柄，使螺母旋转。由于丝杠不转，则螺母作直线运动，从而带动头架沿立柱升降，使主轴与工件之间距离得到调节，当头架升降到适当位置时，扳紧紧固手柄。

台式钻床转速高、效率高，使用方便灵活，适合于小工件的钻孔。但是，由于台式钻床的最低转速较高，故不适合锪孔和铰孔的加工。

b. 立式钻床。立式钻床是钻床中较为普通的一种，它有多种型号，最大钻孔直径有 25mm、35mm、40mm、50mm 等几种。图 2-10 所示为 Z525 立式钻床，其最大钻孔直径为 25mm，使用较广。其主要由底座、工作台、主轴、进给变速箱、主轴变速箱、电动机和立柱等部分组成。

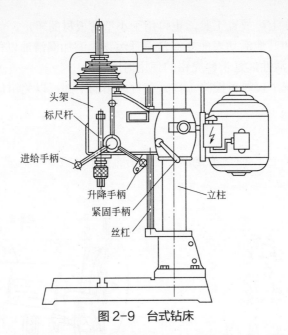

图 2-9 台式钻床

通过操纵手柄，可使进给变速箱沿立柱导轨上下移动，从而调节主轴至工作台的距离。摇动工作台手柄，也可使工作台沿立柱导轨上下移动，以适应不同尺寸工件的加工。在钻削大工件时，还可将工作台拆除，将工件直接固定在底座上加工。

Z525 钻床主轴通过主轴变速箱内齿轮变速机构获得 9 种不同转速，最高转速为 1362r/min，最低转速为 97 r/min。进给运动分为手动进给和机动进给两种形式，机动进给通过进给变速箱可得到 9 种不同进给量，最大进给量为 0.81mm/r，最小进给量为 0.1mm/r。在进行主轴变速或调整进给量时都必须先停机。

Z525 钻床结构比较完善，具有一定的万能性，适应小批、单件的中型工件加工。由于其主轴变速和进给量调整范围较大，所以能进行钻孔、锪孔、铰孔和攻螺纹等加工。

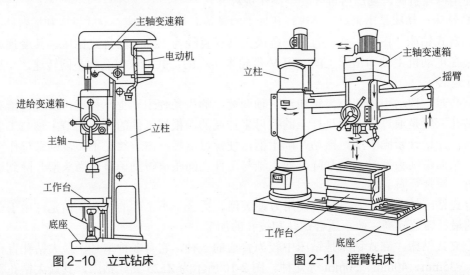

图 2-10 立式钻床　　　　图 2-11 摇臂钻床

c. 摇臂钻床。若在大型工件上钻孔或在同一工件上钻多孔时，可选用摇臂钻床。摇臂钻床是依靠移动钻轴来对准钻孔中心进行钻孔的，所以操作省力灵活。图 2-11 所示为摇臂钻床，其主要由底座、工作台、立柱、主轴变速箱和摇臂等组成，最大钻孔直径可达 ϕ80mm。

钻孔时，根据工件加工情况需要，摇臂可沿立柱上下升降和绕立柱回转360°。主轴变速箱可沿摇臂导轨作大范围移动，便于钻孔时借助钻头与钻孔之间的位置。由此可知，摇臂钻床能在很大范围内钻孔，比立式钻床更方便。钻孔时，中、小型工件可在工作台上固定；钻削大型工件，可将工作台拆除，工件在底座上固定。摇臂和主轴变速箱位置调整结束后，都必须锁紧，防止钻孔时产生摇晃而发生事故。

由于摇臂钻床的主轴变速范围和进给量调整范围都很广，所以摇臂钻床加工范围很广泛，可用于钻孔、扩孔、锪孔和铰孔、攻螺纹等的加工。

（5）钳工常用工具

① 锤子　锤子分为硬锤头和软锤头两类，如图 2-12 所示。前者材料一般为钢，后者材料一般为铜、塑料、铅和木材等。锤头的软硬选择要根据工件材料加工类型来决定。

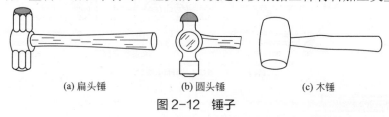

(a) 扁头锤　　　　(b) 圆头锤　　　　(c) 木锤

图 2-12　锤子

② 螺钉旋具　螺钉旋具如图 2-13 所示，主要用于旋紧或松脱螺纹连接件。使用时应按图 2-14 所示选择，根据螺钉的尺寸来选择螺钉旋具的刀口宽度，否则易损坏螺钉旋具或螺钉。

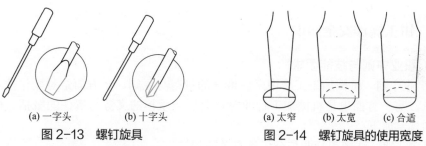

(a) 一字头　　(b) 十字头　　　　　　(a) 太窄　(b) 太宽　(c) 合适

图 2-13　螺钉旋具　　　　　图 2-14　螺钉旋具的使用宽度

③ 钳子　常用的钳子有如下几种。

a. 钢丝钳。钢丝钳如图 2-15 所示，有尖口钳和宽口钳之分，其长度有 140mm、160mm、180mm、200mm、220mm 和 250mm 几种。

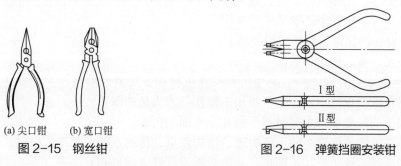

(a) 尖口钳　(b) 宽口钳　　　　　　图 2-16　弹簧挡圈安装钳

图 2-15　钢丝钳

b. 弹簧挡圈安装钳。弹簧挡圈安装钳的外形如图 2-16 所示，专供装拆弹性挡圈用，有Ⅰ型（直嘴式）、Ⅱ型（弯嘴式）和孔轴用之分。

④ 扳手　钳工常用的扳手种类较多，其外形如图2-17所示，主要用于旋紧或松脱螺栓和螺母等零件部件或其他工具。根据工作性质使用不同的扳手。

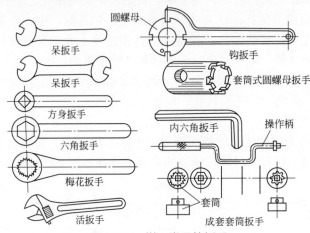

图2-17　钳工常用的扳手

 提示

钳工尽量使用呆扳手，少用活扳手。

2.1.2　钳工操作安全知识

（1）职业守则与技能要求

① 职业守则　机械加工工作中所应遵守的规范与原则，一方面是对操作技术人员的行为要求，另一方面也是机械加工行业对社会所应承担的义务与责任的概括。机械加工职业守则规定如下：

a. 遵守法律、法规和行业与公司等有关的规定。

b. 爱岗敬业，具备高尚的人格与高度的社会责任感。

c. 工作认真负责，具有团队合作精神。

d. 着装整洁，工作规范，符合规定。

e. 严格执行工作程序，安全文明生产。

f. 爱护设备，保持工件环境的清洁。

g. 爱护工、量、夹、刀具。

② 技能要求　合理、高效地使用和操作机械加工工具及设备，生产加工出高质量、高精度合乎技术要求的零件，是机械加工操作技术人员的职责。

机械加工的技能要求主要包括下面几个方面的内容：

a. 要详细了解使用设备的组成构造、结构特点、传动系统、润滑部位等。

b. 要能看懂零件生产加工图样，并能分析零部件之间的相互关系。

c. 要能熟练地操作、维护、保养设备，并能排除解决一般故障。

d. 掌握基本的技术测量知识与技能，要正确使用设备附件、刀具、夹具和各种工具，并了解它们的构造和保养方法。

e. 要掌握机械加工中各种零件的各项计算，也能对零件进行简单工艺和质量分析。

f. 掌握如何节约生产成本，提高生产效率，保证产品质量。

（2）安全生产与全面质量管理

① 安全生产的意义　安全生产的意义在于：

a. 安全生产是国家的一项重要政策。生产过程中存在各种不安全的因素，如不及时预防和消除，就会发生一些事故和有出现职业病的危险。

b. 安全生产是现代化建设的重要条件。促进经济发展和社会和谐，激发生产技术操作人员的劳动热情与生产积极性，只有不断地改善劳动生产条件，构建一个安全、文明、舒适的环境和健全的管理体系，才能提高生产力的发展。

② 做好安全生产管理工作　做好安全生产管理工作主要体现在以下几个方面：

a. 抓好安全生产教育，贯彻预防为主的方针政策。

b. 建立和健全生产规章制度。

c. 不断改善劳动条件，积极采取安全技术措施。

d. 认真贯彻"五同时"（计划、布置、检查、总结、评比安全生产工作），做好"三不放过"（事故原因不放过、措施不到位不放过、责任不追究不放过）。

③ 实现全面安全管理　全面安全管理是指对安全生产实行全过程、全员参加和全部工作安全管理（简称 TSC）。

a. 从计划设计开始，到更新、报废的全过程，都要进行安全管理和控制。

b. 实行全员参与，安全人人有责。

c. 全部工作的安全管理是指生产过程的每一项工艺都要进行全面地分析、评价和采取相应地措施等。实现"高高兴兴上班来，平平安安回家去"的目标。

（3）安全文明生产

安全文明生产直接影响到人身安全、产品质量和经济效益，影响操作使用设备和工、量具的使用寿命与操作人员技术水平的正常发挥，因此必须严格执行。

① 安全操作要求

a. 工件放在钳口上要夹紧，只能用手扳紧手柄，决不能在手柄上套管子接长或用锤敲击手柄，以免虎钳丝杠或螺母上的螺纹损坏。

b. 锉削工件时不得使用无柄锉刀，以免戳伤手腕。不许将锉刀当撬杠用，更不得随意敲打。锉削时，不可用手摸已锉过的工件表面，因手有油污，会导致锉削打滑而造成事故。

c. 錾子、冲头尾部不准有淬火裂缝或卷边及毛刺，錾切工件时要注意切屑飞溅方向，以免伤人。

d. 若錾削、锯切、锉削和钻孔时产生许多切屑，清除时只能用毛刷，禁止用手直接清除或用嘴吹切屑，以免伤人。

e. 刮削前应清除工件锐边，刮削工件边缘时不能用力太大，以免冲出发生事故。

f. 锯切工件时，用力要均匀，不能重压或强扭，锯条松紧要适当，以防折断的锯条从锯弓上弹出伤人。工件快锯断时用力要轻，并用手扶着，以防工件被锯下的部分跌落砸脚。

g. 拆装和拿取零件时要扶好、托稳或夹牢，以免跌落受损或伤人。

h. 锤击工作只可在砧面上进行。

i. 使用砂轮刃磨工具时，要按操作规程进行。

j. 钻床速度不能随意变更，如需调整，必须停车后才能调整。

k. 钻孔时工件必须夹于虎钳上，严禁用手握住工件进行作业，钻孔将要穿透时，应十分小心，不可用力过猛。

l. 使用钻床前必须穿好工作服，扎紧袖口，钻孔时不得戴手套工作。女同志必须戴工作帽并把头发塞入帽内。钻孔时头部不准与旋转主轴靠得太近，不得用手或擦布触及钻床主轴和钻头，当心衣袖或头发卷入。

m. 攻螺纹和铰孔时，用力要均匀，大小要适当，以免损坏丝锥和铰刀。

② 文明生产要求

a. 工作前应按要求穿戴好防护用品。

b. 不准擅自使用不熟悉的机床、工具量具。

c. 毛坯、半成品应按规定摆放整齐，并随时清除油污、异物。

d. 不得用手直接拉、擦切屑。

e. 工量具的安放应按下列要求布置。

• 在钳台上工作时，钳工工具一般都放在台虎钳的右侧，量具放在台虎钳左侧的正前方，如图 2-18 所示。

 提示

摆放时工具的柄部不得超出钳台桌面，以免被碰落砸伤人员或损坏工具。

• 量具不能与工具混放在一起，应放在量具盒内或专用格架上，如图 2-19 所示。

图 2-18　工量具在钳台上的摆放示意图

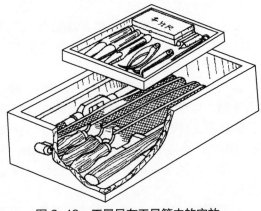

图 2-19　工量具在工具箱内的安放

f. 工作中一定要遵守钳工安全操作规程。

2.2　钳工测量量具的认知与使用

为了保证产品质量，必须对加工过程中及加工完毕的工件进行严格的测量。量具是测量的基本要素，掌握正确的测量方法并读取准确的测量数据是钳工完成加工工作的一个重要保障。

随着测量技术的迅速发展，量具的种类也越来越多，根据其用途和特点的不同，量具分为三大类，见表2-2。生产中，钳工主要使用万能量具和专用量具。

表2-2 量具的分类

量具的分类	使用特点	举例
万能量具	这类量具一般都有刻度，能对多种零件、多种尺寸进行测量。在测量范围内能测量出零件形状、尺寸的具体数值	如：游标卡尺、千分尺、百分表、万能角度尺等
专用量具	这类量具是专门测量零件某一形状、尺寸用的。它不能测量出零件具体的实际尺寸，只能测量出零件的形状、尺寸是否合格	如：卡规、量规
标准量具	它是用来校对和调整其他量具的量具，因而只能制成某一固定的尺寸	如：千分尺校验棒、量规

2.2.1 钳工常用量具的认知

（1）万能量具

① 钢直尺　钢直尺是用不锈钢制成的一种直尺，如图2-20所示。钢直尺是钳工常用量具中最基本的一种。尺边平直，尺面有米制或英制的刻度，可以用来测量工件的长度、宽度、高度和深度。有时还可用来对一些要求较低的工件表面进行平面度误差检查。

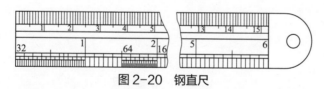

图2-20　钢直尺

钢直尺的规格（测量范围）有150mm、300mm、500mm和1000mm四种。尺面上尺寸刻线间距一般为1mm，但在1～50mm一段内刻线间距为0.5mm，为钢直尺的最小刻度。由于刻度线本身的宽度就有0.1～0.2mm，再加上尺本身的刻度误差，所以用钢直尺测量出的数值误差比较大，而且1mm以下的小数值只能靠估计得出，因此不能用作精确测量。

钢直尺的背面还刻有米、英制换算表。有的钢直尺将米制与英制尺寸线条分别刻在尺面相对的两条边上，做到一尺两用。

② 游标卡尺　游标卡尺主要由上量爪、下量爪、紧固螺钉、尺身、游标和深度尺组成，它是钳工常用的量具之一。游标卡尺的种类很多，常用的游标卡尺有三用游标卡尺和双面游标卡尺两种，如图2-21所示。它是一种中等精度的量具，可以直接测量出外径、孔径、长度、宽度、深度和孔距等尺寸。游标卡尺的规格可分为0～125mm、0～200mm、0～300mm、0～500mm、300～800mm、400～1000mm、600～1500mm、800～2000mm等，其测量精度有0.1mm、0.05mm、0.02mm三种。

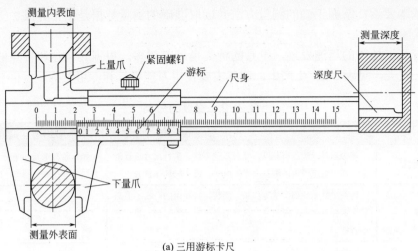

(a) 三用游标卡尺

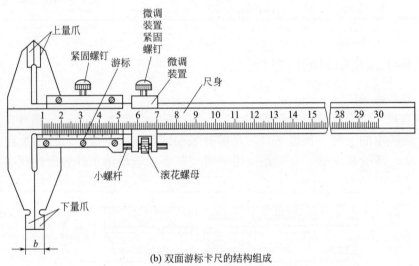

(b) 双面游标卡尺的结构组成

图 2-21　游标卡尺

③ 深度尺　深度尺也是一种中等精度的量具,由紧固螺钉、尺身和游标等组成,它用以测量工件的沟槽、台阶和孔的深度,如图 2-22 所示。

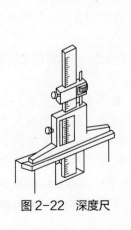

图 2-22　深度尺

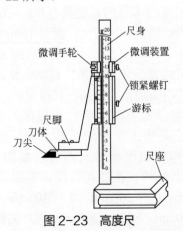

图 2-23　高度尺

④ 高度尺　高度尺又称高度划线尺，由尺身、微调装置、刀尖、游标和尺座等组成，如图 2-23 所示，用于测量工件的高度尺寸或进行划线。

⑤ 千分尺　千分尺由尺架、固定测砧、测微螺杆、测力装置和锁紧装置等组成，如图 2-24 所示，它是生产中最常用的一种精密量具。它的测量精度为 0.01mm。千分尺的种类很多，按用途可分为：外径千分尺、内径千分尺、深度千分尺、内测千分尺、螺纹千分尺和壁厚千分尺等。

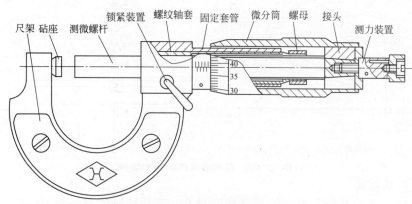

图 2-24　千分尺

⑥ 百分表　百分表又称丝表，是一种指针式量具，其指示精度为 0.01mm。（指示精度为 0.001mm 或 0.002mm 的称为千分表，也叫秒表）。常用的百分表有钟表式和杠杆式两种，如图 2-25 所示。

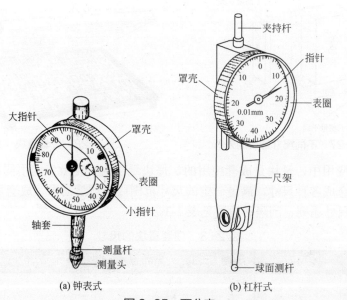

(a) 钟表式　　　　　(b) 杠杆式
图 2-25　百分表

⑦ 万能角度尺　万能角度尺由主尺、角尺、游标、制动器、基尺、直尺、卡块、捏手等组成，如图 2-26 所示。测量时基尺带着主尺沿着游标转动，当转到所需角度时，可以用制动器锁紧。卡块将 90°角尺和直尺固定在所需的位置上。在测量时，转动背面的捏手，通过小齿轮转动扇形齿轮，使基尺改变角度。

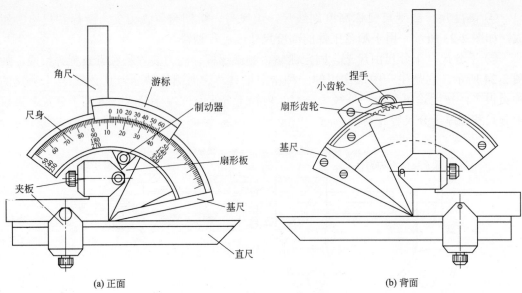

图 2-26　万能角度尺的结构组成

（2）标准量具

① 量块　量块是没有刻度的平行端面量具，是用特殊的合金钢制成的，如图 2-27 所示。量块上经过精密加工抛光的两个平行平面叫测量面。两测量面之间的距离为工作尺寸 L，称为标称尺寸。量块的标称尺寸在大于或等于 10mm 时，其测量面的尺寸为 35mm×9mm；标称尺寸在 10mm 以下时，其测量面的尺寸为 30mm×9mm。

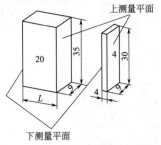

图 2-27　不同尺寸量块的外形

图 2-28　成套量块

实际生产应用中，量块是成套使用的，每块量块由一定数量的不同标称尺寸的量块组成，以便组合成各种尺寸，满足一定的尺寸范围内的测量需求。成套量块如图 2-28 所示，其级别、尺寸系列、间隔和块数见表 2-3。

表 2-3　成套量块的尺寸

套别	总块数	级别	尺寸系列 /mm	间隔 /mm	块数
1	83	0、1、2、3	0.5		1
			1		1
			1.005		1
			1.001、1.002、…、1.009	0.01	49
			1.5、1.6、…、1.9	0.1	5
			2.0、2.5、…、9.5	0.5	16
			10、20、…、100	10	10

套别	总块数	级别	尺寸系列 /mm	间隔 /mm	块数
2	46	0、1	1		1
			1.001、1.002、…、1.009	0.001	9
			1.01、1.02、…、1.09	0.01	9
			1.1、1.2、…、1.9	0.1	9
			2、3、…、9.5	1	8
			10、20、…、100	10	10
3	38	1、2、3	1		1
			1.005		1
			1.01、1.02、…、1.09	0.01	9
			1.1、1.2、…、1.9	0.1	9
			2、3、…、9	1	8
			10、20、…、100	10	10
4	10	0、1	1、1.001、…、1.009	0.001	10
5	10	0、1	0.991、0.992、…、1	0.001	10
6	10	0、1、2	1、1.01、…、1.09	0.01	10
7	20	0、1、2	5.12、10.24、15.36、21.50、25.00、30.12、35.24、40.36、46.50、50.00、55.12、60.24、65.36、71.50、75.00、80.12、85.24、90.36、95.50、100		
8	8	0、1、2、3	125、150、175、200	25	4
			250、300、400、500		4
9	5	0、1、2、3	600、700、800、900、1000	100	5
10	4	1、2、3	1、5、2 或 1.1		

　　② 正弦规　正弦规是利用三角函数中正弦（sin）关系来进行间接测量角度的一种精密量具。它由一块准确的钢质长方体和两个相同的精密圆柱体组成，如图 2-29 所示。两个圆柱之间的中心距要求很精确，中心连线与长方体工作平面严格平行。

（3）专用量具

　　① 塞规　塞规是用来检验工件的内径尺寸量具。它有两个测量面，小端尺寸按工件内径的最小极限尺寸制作，在测量内孔时应能通过，称为通规；大端尺寸按工件内径的最大极限尺寸制作，在测量内孔时不能通过工件，称为止规，如图 2-30 所示。

　　② 卡规　卡规是用来检验轴类工件外圆尺寸的量具。它有两个测量面，其中大端尺寸按轴的最大极限尺寸制作，在测量时应通过轴颈，称为通规；小端尺寸按轴的最小极

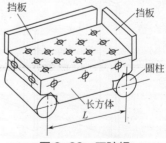

图 2-29　正弦规

限尺寸制作，在测量时不通过轴颈，称为止规，如图 2-31 所示。

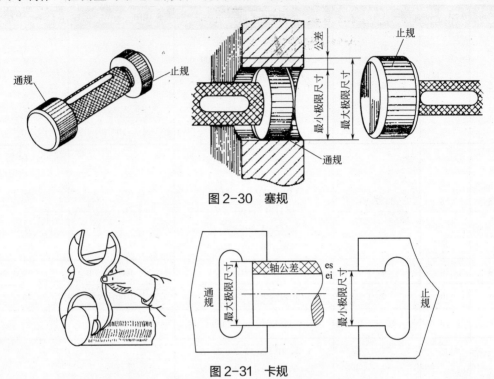

图 2-30　塞规

图 2-31　卡规

③ 90°角尺　90°角尺如图 2-32 所示，它由短边和长边组成，用来检测工件相邻表面的垂直度。按其精度等级有四个：00 级、0 级、1 级、2 级，其中 00 级精度最高，0、1、2 级依次降低。

④ 塞尺　塞尺也叫厚薄规，如图 2-33 所示，它是由不同厚度的薄钢片组成的一套量具，用以检测两个面间的间隙大小，每个钢片上都标注有其厚度尺寸。

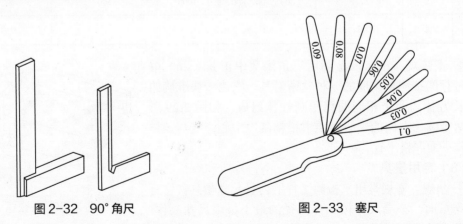

图 2-32　90°角尺

图 2-33　塞尺

⑤ 刀形样板平尺　刀形样板平尺又称刀口尺，其结构如图 2-34 所示，用来检验工件表面的直线度和平面度。刀形样板平尺的测量范围用尺身测量面长度 L 来表示，有 75mm、125mm 和 200mm 等多种，精度等级分为 0 级和 1 级两种。

⑥ 半径样板尺　半径样板尺又称半径规，如图 2-35 所示，是用来检测平行曲线轮

廓的量规，其测量范围根据尺片圆弧半径分为 $R1 \sim 6.5$、$R7 \sim 14.5$ 和 $R15 \sim 25$ 三种。

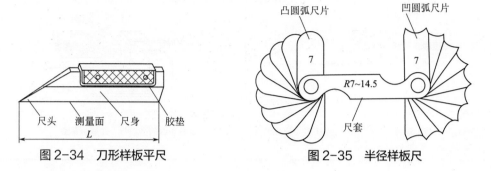

图 2-34　刀形样板平尺

图 2-35　半径样板尺

（4）钳工常用量仪

水平仪是钳工常用量仪，主要用来检验平面对水平或垂直位置的误差，也可用来检验机床导轨的直线度误差、机件的相互平行表面的平行度误差、相互垂直表面的垂直度误差以及机件上的微小倾角等。

水平仪有条形水平仪、框式水平仪以及比较精密的合像水平仪等，如图 2-36 所示。框式水平仪框架的测量面有平面和 V 形槽，V 形槽便于在圆柱面上测量。水准器有纵向（主水准器）和横向（横水准器）两个。水准器是一个封闭的弧形玻璃管，表面上有刻线，内装乙醚（或酒精），并留有一个水准泡，水准泡总是停留在玻璃管内的最高处。

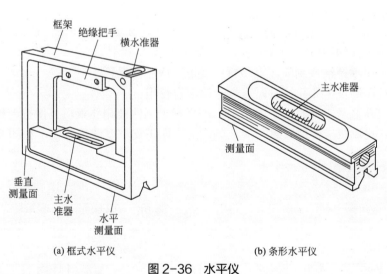

(a) 框式水平仪

(b) 条形水平仪

图 2-36　水平仪

2.2.2　钳工常用量具的使用

（1）钢直尺的使用

① 使用方法　使用钢直尺的步骤与方法如下：

① 检查

检查钢直尺刻度、端面、刻度侧面有无缺陷与弯曲，并用棉纱擦净尺面

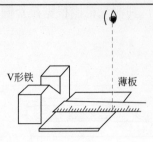

② 测量宽度

将 V 形铁或角铁的平面与工件端面靠紧

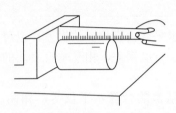

③ 测量长度

测量工件长度时，钢直尺要与工件轴线平行

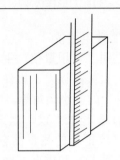

④ 测量高度

测量工件高度时，要将钢直尺垂直于平台或平面上

② 钢直尺使用注意事项

a. 钢直尺是用对比测量法来检查工件尺寸的，其读数精度较低，适用于测量精度要求不高或毛坯工件的初检。

b. 钢直尺用不锈钢片制成，容易弯曲变形，应注意保管。

c. 钢直尺在测量工件孔径时，需与卡钳配合使用。

d. 钢直尺在测量工件时，不能歪斜，应平行于工件被测要素，且保持一致。

e. 用钢直尺测量工件读数时，应从刻度的正面正视刻度读出数值，如图 2-37 所示。

 提示

有时可将钢直尺夹持在划线尺架上使用，如图 2-38 所示，以方便调节和量取划线尺寸。

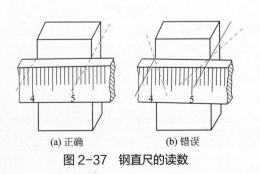

(a) 正确　　　　(b) 错误

图 2-37　钢直尺的读数

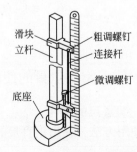

图 2-38　划线尺架夹持钢直尺

（2）游标卡尺的使用

① 游标卡尺的读数方法

a. 游标卡尺读数原理。常用游标卡尺的读数精度有 0.1mm、0.05mm、0.02mm 三种。其读数精度是利用尺身和游标刻线间的距离之差来确定的。它们的读数原理见表2-4。

表2-4　游标卡尺的读数原理

读数精度	原理图解	说明
0.1mm		这种游标卡尺尺身上每小格为1mm，游标刻线总长为9mm，并分为10格，因此每格为：10÷9=0.9mm。这样，尺身和游标相对一格之差就为 1 − 0.9=0.1mm
0.05mm		这种游标卡尺尺身上每小格为1mm，游标刻线总长为39mm，并分为20格，因此每格为：39÷20=1.95mm。这样，尺身2格和游标一格之差就为 2 − 1.95=0.05mm
0.02mm		这种游标卡尺尺身上每小格为1mm，游标刻线总长为49mm，并分为50格，因此每格为：49÷50=0.98mm。这样，尺身和游标相对一格之差就为 1 − 0.98=0.02mm

b. 游标卡尺的认读方法。游标卡尺是以游标的"0"线为基准进行读数的，其读数分为以下三个步骤。现以如图2-39所示的精度为0.02mm 的游标卡尺为例进行说明。

第一步：读整数。夹住被测工件后，从刻度线的正面正视刻度读取数值。读出游标零位线左面的尺身上的整毫米值。从图中可看出，游标"0"位线左面尺身上的整毫米值为90。

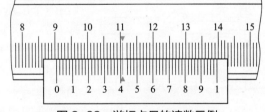

图2-39　游标卡尺的读数示例

第二步：读小数。用与尺身上某刻线对齐的游标上的刻线格数，乘以游标卡尺的测量精度值，得到小数毫米值。图中看出游标上是第21根刻线与尺身上的刻线对齐，因此小数部分为21×0.02=0.42。

第三步：整数加小数。最后将两项读数相加，就为被测表面的尺寸。将 90+0.42 = 90.42，即所测工件的尺寸为90.42mm。

② 游标卡尺的使用

a. 使用方法。对于大型工件，将游标卡尺置于稳定的状态，用左手拿主尺，右手、食指拿副尺。移动副尺卡爪，使两卡爪测量面与工件的被测量面贴合。对于小型工件，可以左手拿工件，右手拿游标卡尺测量工件，如图2-40所示。测量时，卡爪测量面必须与工件的表面平行或垂直，不得歪斜，且用力不能过大，以免卡脚变形或磨损，影响测量精度。图2-41所示就是游标卡尺一些错误的测量方法。

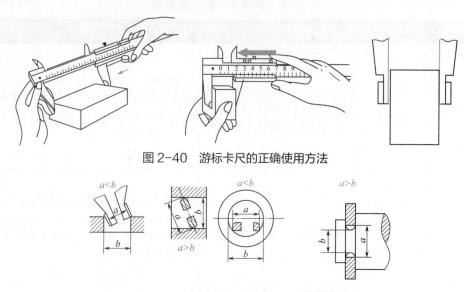

图2-40　游标卡尺的正确使用方法

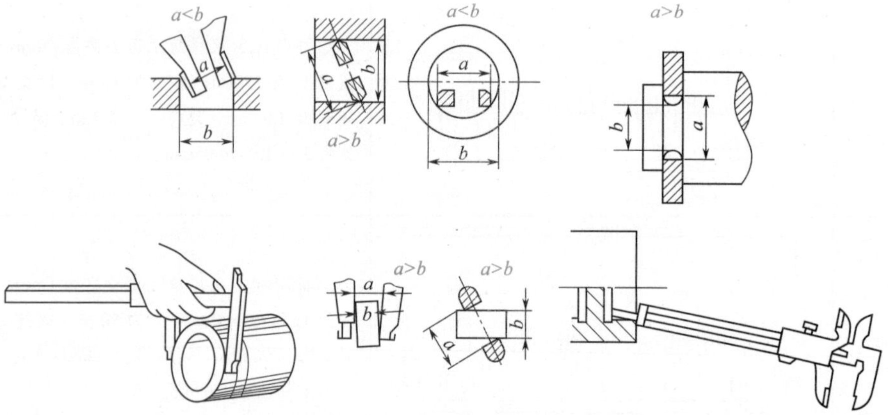

图2-41　游标卡尺的错误测量方法

b. 注意事项。使用游标卡尺要做到以下几点：

- 测量前，先用棉纱把卡尺和工件上被测量部位都擦干净，并进行零位复位检测（当两个量爪合拢在一起时，主尺和游标尺上的两个零线应对齐，两量爪应密合无缝隙），如图2-42所示。

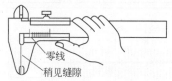

零线
稍见缝隙

图2-42　游标卡尺零位检校

- 测量时，轻轻接触工件表面，手推力不要过大，量爪和工件的接触力要适当，不能过松或过紧，并应适当摆动卡尺，使卡尺和工件接触完好。

- 测量时，要注意卡尺与被测表面的相对位置，要把卡尺的位置放正确，然后再读尺寸，或者测量后量爪不动，将游标卡尺上的螺钉拧紧，卡尺从工件上拿下来后再读测量尺寸。

- 为了得出准确的测量结果，在同一个工件上，应进行多次测量。

- 看卡尺上的读数时，眼睛位置要正，偏视往往出现读数误差。

（3）高度尺的使用

使用高度尺进行划线操作时，首先应进行尺寸调整。调整时，左手的大拇指与其他四指相对，捏住尺座底部，尺身呈水平状态并与视线相垂直，如图2-43（a）所示。调整方法：首先旋松游标主微调装置上的锁紧螺钉，右手移动游标粗调尺寸，然后拧紧粗调装置上的锁紧螺钉，通过微调手轮移动游标精调尺寸，最后拧紧游标上的锁紧螺钉。

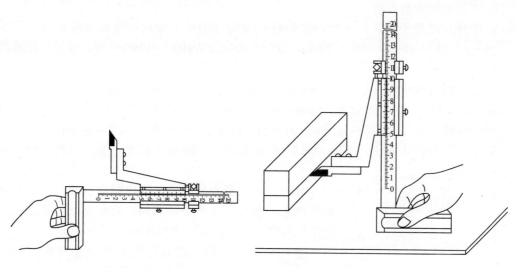

(a) 调整尺寸时的握法　　　　　　　　(b) 划线时的握法

图 2-43　高度尺的握法

划线操作时，用右手的大拇指与其他四指相对，捏住底座两侧，如图 2-43（b）所示，使刀尖与被划工件表面的夹角呈 45°左右，并要自前向后地拖动尺座进行划线，同时还要适当压住尺座，防止出现尺座摇晃和跳动。

精密划线时，还应检查刀尖和游标的零位线是否正确。检查方法是：首先移动游标下降，使刀体的下刀面与平台工作面接触，如图 2-44 所示，然后观察游标的零位与尺身的对齐状况，如果间隙较大，则要通过尺座的尺身调整装置对尺身进行相应调整。

 提示

高度尺主要用于半成品划线，不得用于毛坯划线。当刀尖用钝后，需要刃磨。刃磨时注意只能刃磨上刀面（斜面），两个侧面和下刀面（基准面）不要刃磨，如图 2-45 所示。

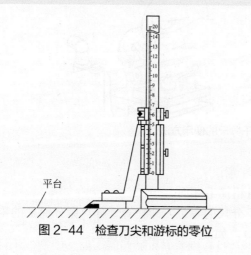

图 2-44　检查刀尖和游标的零位

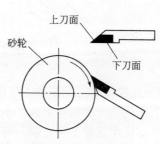

图 2-45　刃磨刀尖

（4）千分尺的使用

① 千分尺的读数方法

a. 千分尺读数原理。由于受测微螺杆长度的限制，千分尺的规格按测量范围分为 0～25mm、25～50mm、50～75mm、75～100mm、100～125mm 等，使用时按被测量工件的尺寸选用。

千分尺测微螺杆上的螺距为 0.5mm，当微分筒转过一圈时，测微螺杆就沿轴向移动 0.5mm。固定套筒上刻有间隔为 0.5mm 的刻线，微分筒圆锥面的圆周上共刻有 50 格，因此微分筒每转一格，测微螺杆就移动 0.01mm，因此千分尺的精度值为 0.01mm。

b. 千分尺的读数方法。现以如图 2-46 所示 25～50mm 一挡的千分尺为例，介绍其读数方法。

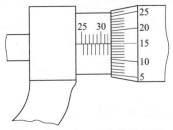

图 2-46　千分尺的读数示例

第一步：读最大刻线值。读出固定套管上露出刻线的整毫米数和半毫米数。注意固定套管上下两排刻线的间距为每格 0.5mm，即可读出 32mm。

第二步：读小数。读出与固定套管基准线对准的微分筒上的格数，乘以千分尺的分度值 0.01mm，即为 15×0.01mm=0.15mm。

第三步：整数加小数。两读数相加，即为被测表面的尺寸，其读数为 32mm+0.15mm=32.15mm。

② 千分尺的使用

a. 千分尺的使用方法。使用千分尺测量工件时，千分尺可单手握，双手握或将千分尺固定在尺架上，如图 2-47 所示。

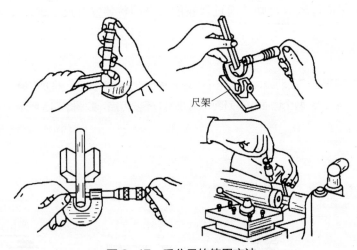

尺架

图 2-47　千分尺的使用方法

b. 千分尺的使用注意事项。使用时应注意：

• 千分尺是一种精密量具，不宜测量粗糙毛坯面。

• 千分尺在测量工件之前，应检查千分尺的零位，即检查千分尺微分筒上的零线和固定套筒上的零线基准是否对齐（图 2-48），如没对齐，应加以校正。

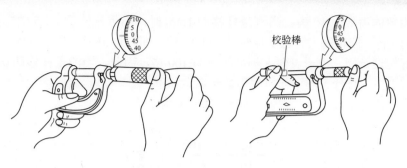

(a) 0~25mm千分尺零位的检查　　　　(b) 大尺寸千分尺零位的检查

图2-48　千分尺零位的检查

· 测量时，转动测力装置和微分套筒，至测微螺杆和被测量面轻轻接触而内部发出棘轮"吱吱"响声为止，这时就可读出测量尺寸。

· 测量时要把千分尺位置放正，量具上的测量面（测砧端面）要在被测量面上放平放正。

· 加工铜件和铝件一类材料时，它们的线胀系数较大，切削中遇热膨胀会使工件尺寸增加。所以，要先浇切削液后再测量，否则，测出的尺寸易出现误差。

 提示

不能用手随意转动千分尺，如图2-49所示，防止损坏千分尺。

（5）百分表的使用

① 百分表的结构与工作原理

a. 钟表式百分表的工作原理。钟表式百分表的工作传动原理如图2-50所示，测量杆上铣有齿条，与小齿轮啮合，小齿轮与大齿轮1同轴，并与中心齿轮啮合，中心齿轮上装有大指针。因此，当测量杆移动时，小齿轮与大齿轮1转动，这时中心齿轮与其轴上的大指针也随之转动。

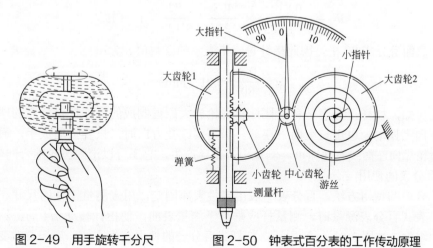

图2-49　用手旋转千分尺　　　图2-50　钟表式百分表的工作传动原理

测量杆的齿条齿距为0.625mm，小齿轮的齿数为16齿，大齿轮1的齿数为100

齿，中心齿轮的齿数为 10 齿。当测量杆移动 1mm 时，小齿轮转动 1÷0.625=1.6 齿，即 1.6÷16=1/10 转，同轴的大齿轮 1 也转过了 1/10 转，即转过 10 个齿。这时中心齿轮连同大指针正好转过一周。由于表面上刻度等分为 100 格，因此，当测量杆移动 0.01mm 时，大指针转过 1 格。百分表的工作原理用数学表达如下。

当测量杆移动 1mm 时，大指针转过的转数 n 为：

$$n = \dfrac{\dfrac{1}{0.625}}{16} \times \dfrac{100}{10} = 1 \text{（转）}$$

由于表面刻度等分为 100 格，因此大指针转一格的读数值 a 为：

$$a = \frac{1}{100} = 0.01 \text{（mm）}$$

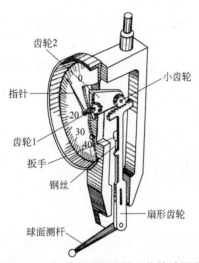

图 2-51　杠杆式百分表的工作传动原理

由上可知，百分表的工作传动原理是将测量杆的直线移动，经过齿条齿轮的传动放大，转变为指针的转动。大齿轮 2 在游丝扭力的作用下跟中心齿轮啮合靠向单面，以消除齿轮啮合间隙所引起的误差。在大齿轮 2 的轴上装有小指针，用以记录大指针的回转圈数（即毫米数）。

b. 杠杆式百分表的工作原理。杠杆式百分表的工作传动原理如图 2-51 所示，球面测杆与扇形齿轮靠摩擦连接，当球面测杆向上（或下）摆动时，扇形齿轮带动小齿轮转动，再经齿轮 2 和齿轮 1 带动指针转动，这样就可在表上读出测量值。

杠杆式百分表的球面测杆臂长 $l=14.85$mm，扇形齿轮圆周展开齿数为 408 齿，小齿轮为 21 齿，齿轮 2 圆周展开齿数为 72 齿，齿轮 1 为 12 齿，

百分表表面分为 80 格。当测杆转动 0.8mm（弧长）时，指针的转数 n 为：

$$n = \frac{0.8}{2\pi \times 14.85} \times \frac{408}{21} \times \frac{72}{12} = 1 \text{（转）}$$

由于表面等分成 80 格，因此指针每一格表示的读数值 a 为：

$$a = \frac{0.8}{80} = 0.01 \text{（mm）}$$

由此可知，杠杆百分表是利用杠杆和齿轮放大原理制成的。杠杆百分表的球面测杆可以自下向上摆动，也可自上向下摆动。当需要改变方向时，只要扳动扳手，通过钢丝使扇形齿轮靠向左面或右面即可。测量力由钢丝产生，它还可以消除齿轮啮合间隙。

② 百分表的使用

a. 百分表的使用方法。百分表一般用磁性表座固定，用来测量工件的尺寸、形位公差等。钟表式百分表测量时，测量杆应垂直于测量表面，使指针转动 1/4 周，然后调整百分表的零位，如图 2-52（a）所示；杠杆式百分表的使用较为方便，当需要改变方向测量时，只需扳动扳手即可，如图 2-52（b）所示。

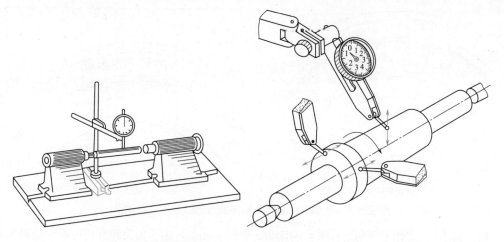

(a) 钟表式百分表的使用   (b) 杠杆式百分表使用

图 2-52　百分表的使用方法

b. 百分表的使用注意事项。使用时应注意：

• 百分表是精密量具，严禁在粗糙表面上进行测量。

• 测量时，测量头与被测量表面接触并使测量头向表内压缩 1～2mm，然后转动表盘，使指针对正零线，再将表杆上下提几次，待表针稳定后再进行测量，如图 2-53 所示。

• 测量时测量头和被测量表面的接触尽量呈垂直位置，便于减少误差，保证测量准确。

• 不能随意拆卸百分表的零部件。

• 测量杆上不要加油，油液进入表内会形成污垢而降低百分表的使用灵敏度。

• 要轻拿稳放，尽量减少振动。

• 使用完毕后，要将百分表擦净放入盒内。

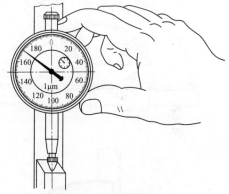

图 2-53　调整百分表零位

（6）万能角度尺的使用

① 读数原理　下面介绍示值为 2′ 的万能角度尺读数原理。

主尺刻度每格为 1°，游标上总角度为 29°，并等分为 30 格，如图 2-54（a）所示，每格所对的角度为：

$$\frac{29°}{30} = \frac{60′ \times 29}{30} = 58′$$

因此，主尺一格与游标一格相差：

$$1° - \frac{29°}{30} = 60′ - 58′ = 2′$$

即此游标万能角度尺的测量精度为 2′。

游标万能角度尺的读数方法与游标卡尺的读数方法相似，即先从主尺上读出游标零线前面的整读数，然后在游标上读出分的数值，两者相加就是被测件的角度数值。图 2-54（b）所示读数为 10° 50′。

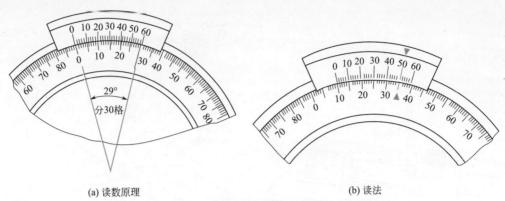

(a) 读数原理　　　　　　　　　　　(b) 读法

图 2-54　示值 2′游标万能角度尺的读数原理及读法

②　使用　万能角度尺与游标卡尺的读数方法较为相似。由于角尺和直尺可以移动和拆换，因而万能角度尺的角尺和直尺组合后可以测量 0°～320°间任意大小的角度，如图 2-55 所示。

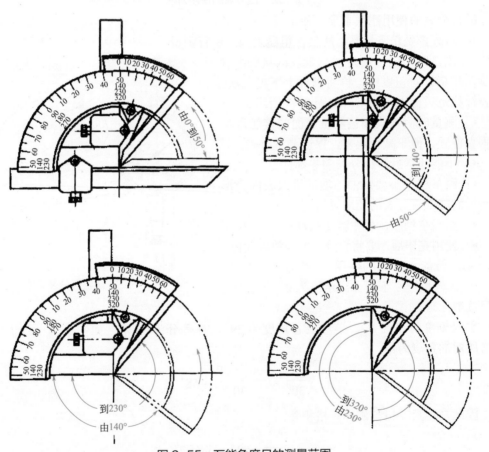

图 2-55　万能角度尺的测量范围

（7）刀形样板平尺的使用

利用刀形样板平尺测量时，应用右手大拇指与另外四指相对捏住尺身胶垫，尺头应置于左端，如图 2-56 所示。检测时，尺身应垂直于工件被测表面，对被测表面的纵向、横向和对角方向分别进行检测，且每个方向上至少要检测三处，以确定各方向的直线度误差，如图 2-57 所示。

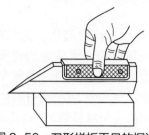

图 2-56　刀形样板平尺的握法

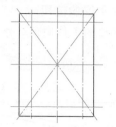

图 2-57　多向多处检测

刀形样板平尺检测的方法主要有两种：

① 塞尺插入法　利用刀形样板平尺和塞尺可确定平面度的误差值，其具体操作方法如图 2-58 所示。对于中凹表面，其平面度误差值可以各检测部位中最大直线度误差值计；对于中凸表面，则应在其两侧以同样厚度的尺片塞入检测，其平面度误差值可以各检测部位中最大直线度误差值计。

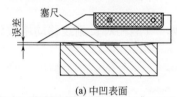

(a) 中凹表面　　　　　(b) 中凸表面

图 2-58　插入法

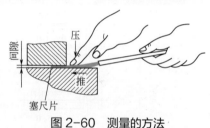

图 2-59　试测量

使用塞尺时，应根据被测间隙的大小来选择适当厚度的单片塞尺进行试测量。如图 2-59 所示。当单片厚度不合适时，应组合几片进行测量，但不应超过三片。开始测量时，应不断调整塞尺片厚度，用适当推力将塞尺塞入被测间隙中，一般感到有阻力为宜，但塞尺片不能卷曲，如图 2-60 所示。

图 2-60　测量的方法

提示

塞尺检测得出的间隙值必须是在做两次极限尺寸检测后得出的结果。如用 0.03mm 的尺片可以插入，而用 0.04mm 的尺片插不进去，则其间隙量为 0.03 ~ 0.04mm。

② 透光估测法　简称透光法，是在一定光源条件下，通过目测观察刀形样板平尺的工作面与被测工件表面接触后其缝隙透光强弱程度来估计尺寸量值的。如图 2-61 所示，测量时将刀形样板平尺轻置于被测表面，尺身要垂直于被测表面，视线要与尺身基本垂直，观察刀形样板平尺工作面与被测工件表面间隙的透光情况。透光越弱，则说明间隙量越小，误差值也就越小。

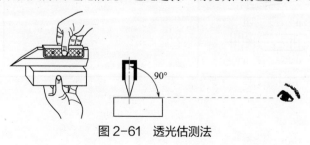

图 2-61　透光估测法

（8）水平仪的使用

① 水平仪的工作原理　水平仪是以主水准泡和横水准泡的偏移情况来表示测量面的倾斜程度的。水准泡的位置以弧形玻璃管上的刻度来衡量。若水平仪倾斜一个角度，气泡就向左或右移动，根据移动的距离（刻度格数），直接或通过计算即可知被测工件的直线度、平面度或垂直度误差。

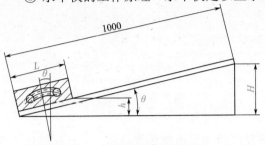

图2-62　水平仪两端的高度差

框式水平仪水准泡的刻度值有 0.02mm、0.03mm、0.05mm 三种，如 0.02mm 表示它在 1000mm 长度上水准泡偏移一格被测表面倾斜的高度 H 为 0.02mm，如图 2-62 所示。

框式水平仪的规格有 100mm×100mm、150mm×150mm、200mm×200mm、250mm×250mm、300mm×300mm 五种。

② 水平仪的读数方法　以气泡两端的长刻线作为零线，气泡相对长刻线移动格数作为读数，这种读数方法最为常用，具体读数示例见表2-5。

表 2-5　水平仪的读数方法

位置	图示	说明	读数
水平	0 / 0　0 / 0　0	水平仪处于水平位置，气泡两端位于长线上	读数为"0"
向左	+2 / 0　0 / 0　0	水平仪逆时针方向倾斜，气泡向右移动，偏右刻线两格	读数为"+2"
向右	-3 / 0　0 / 0　0	水平仪顺时针方向倾斜，气泡向左移动，偏左刻线三格	读数为"-3"

第3章 工件划线

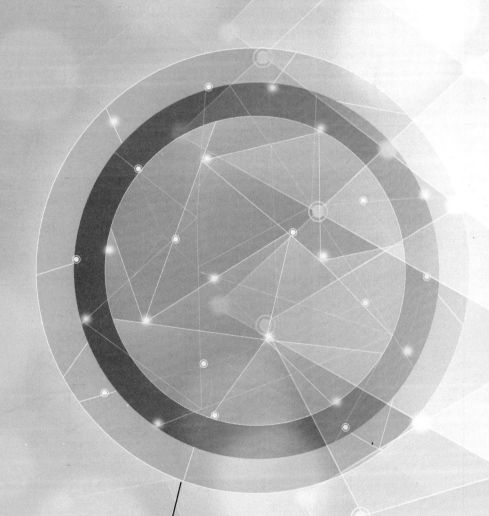

机械加工基础技能双色图解

好钳工是怎样炼成的

3.1 常用划线工具的认知与使用

3.1.1 划线的一般知识

划线是根据图样或实物的尺寸，用划线工具准确地在毛坯或工件表面上划出加工界限或划出作为基准的点、线的操作过程。划线是机械加工中的重要工序之一，广泛用于单件或小批量生产。

（1）划线的作用

划线的作用主要有：

① 确定工件的加工余量，使加工有明显的尺寸界限。

② 为便于复杂工件在机床上的装夹，可按划线找正定位。

③ 能及时发现和处理不合格的毛坯。

④ 当毛坯误差不大时，可通过借料划线的方法进行补救，提高毛坯的应用合格率。

（2）划线的分类

划线操作有平面划线、立体划线和综合划线3种。

① 平面划线　只需要在工件的一个表面上划线后即能明确表明加工界线，称为平面划线。平面划线是能明确反映出该工件的加工尺寸界限的划线方式，通常用于薄板料与回转体零件端面的划线，如图 3-1 所示。

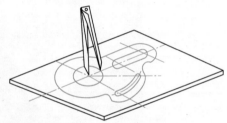

图 3-1　平面划线

② 立体划线　要在工件的几个不同角度的表面上（通常是工件长、宽、高方向上）都划出明确表示加工界线的过程，称为立体划线，如图 3-2 所示。

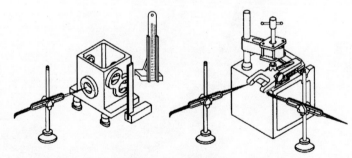

图 3-2　立体划线

③ 综合划线　综合划线就是既有平面划线又有立体划线的划线方式。

（3）划线基准的选择

在划线时选择工件上的某个点、线、面作为依据，用它来确定工件的各部分尺寸、几何形状及工件上各要素的相对位置，此依据称作划线基准。在零件图样上，用来确定其点、线、面位置的基准，称为设计基准。

划线应从划线基准开始。选择划线基准的基本原则是应尽可能使划线基准和设计基准重合。这样能够直接量取划线尺寸，简化尺寸换算过程。常见的划线基准一般有三种类型，见表 3-1。

表 3-1　划线基准

基准类型	示例	说明
以两个互相垂直的平面（或直线）为基准	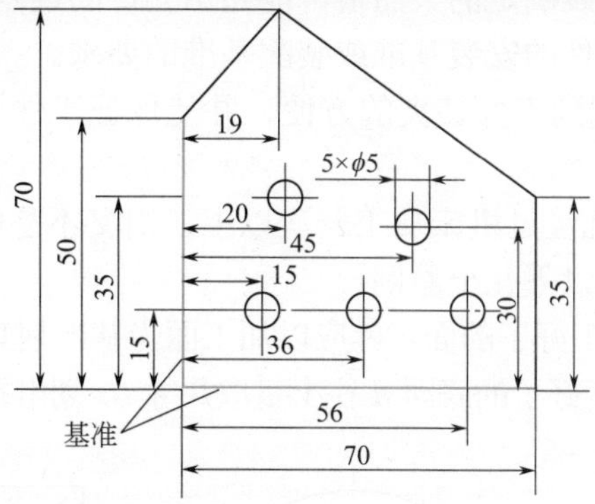	划线前先把工件加工成两个互相垂直的边或平面，划线时每一方向的尺寸可以它们的边或面作为基准，划其余各线
以两条互相垂直的中心线为基准	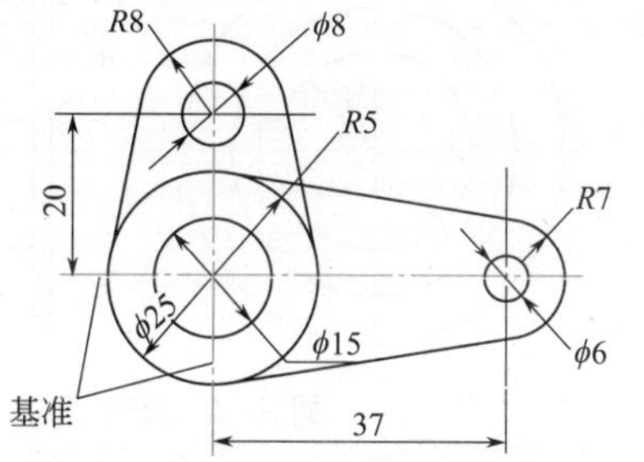	划线前先划出工件上两条互相垂直的中心线作为基准，然后根据基准划出其余各线
以相互垂直的一个平面和一条中心线为基准	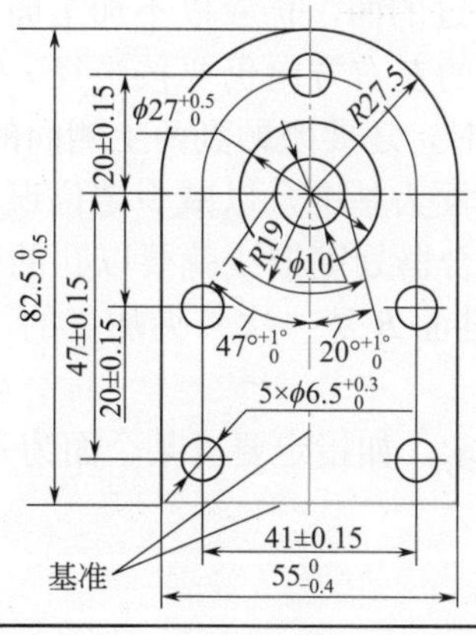	划线前按工件已加工的边（或面）划出中心线作为基准，然后根据基准划出其余各线

在划线操作过程中，划线基准的选择还应根据零件的加工状态来选择，即根据毛坯划线还是半成品划线来决定。

① 毛坯划线基准的选择　毛坯件划线有时要选择不加工表面作为划线基准，并且该基准面还会有利于后续的找正、定位和借料等。这是因为毛坯件上要进行加工的面所留余量并不一定均匀，而且铸件的浇、冒口也在加工面上，经过加工的面还有飞边、毛刺等，所以加工面并不平整规矩，因此选择不加工面作为划线基准不仅能划出加工线，而且还能较好地保证在后续的划线中测定加工面的余量。为此，在决定坯件的划线基准时，有几个原则必须遵守：

a. 尽量选择零件图上标注尺寸的基准（设计基准）作为划线基准。

b. 在保证划线工作能进行的前提下，尽量减少划线基准的数量。

c. 尽量选择较平整的大面作为划线基准，以大面来确定其他小面的位置。因为毛坯件按大面找正后，其他较小的各平行面、垂直面或斜面就必然处在各自相应的位置上。反之，若以小面定大面，则后续划线确定的大面很可能超出允许的误差范围。

d. 选择的划线基准应能保证工件的安装基准或装配基准的要求。

e. 划线基准的选择应尽量考虑到工件装夹的方便，并能保证工件放置稳定，保证划线操作安全。

② 半成品划线基准的选择　凡经过机床加工一次以上，而又不是成品的零件称为半成品。半成品的基准面选择主要有以下几个原则：

a. 在零件的某一坐标方向有加工好了的面，就应以加工面为基准划其他各线。如图 3-3 所示，划轴承座 d 孔时，就要由加工好了的底面 A 往上量取尺寸 l，划出孔的水平中心线。

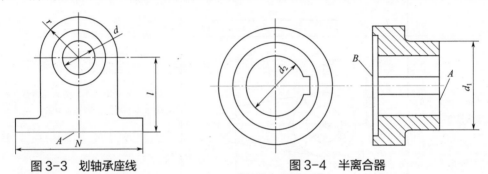

图 3-3　划轴承座线　　　　　　　图 3-4　半离合器

b. 在零件的某一坐标方向没有加工过的面，仍应以不加工面为基准划其他各线。如图 3-3 所示，水平中心线划出以后，孔的左右方向仍要按半径 r 的不加工两侧面确定位置，保证孔有足够的加工余量。与此同时，还要照顾到两上侧面的对称性。

c. 同是加工过的面，要选设计基准面为基准，以减少定位误差，或选择尺寸要求最严的面为基准面。如图 3-4 所示，半离合器划键槽线就要以孔的中心为基准，而不要以 d_1 外圆为基准划线，这是因为 d_2 和基准面 B 是一次装夹加工的，外圆 d_1 是调头装夹加工的，两个圆不完全同心。

d. 如果工件的工艺或设计有特殊要求，如指定要以某个面为基准或保证某一尺寸等，这时就必须要服从这些要求。

提示

　　划线时，在工件各个面上都需要选择一个划线基准。其中平面划线一般选择 2 个划线基准，立体划线一般选择 3 个划线基准。

3.1.2　划线工具的使用

（1）钳工常用划线工具

① 划线平台　划线平台是划线的基本工具。一般由铸铁制成，工作表面经过精刨或

刮削加工，如图 3-5 所示。其表面的平整性直接影响划线的质量，因此安装时必须使工作平面（即平板面）保持水平位置。在使用过程中要保持清洁，防止铁屑、灰砂等在划线工具或工件移动时划伤平板表面。划线时工件和工具在平台上要轻放，防止台面受撞击，更不允许在平台上进行任何敲击工作，划线平台的各处要平均使用，避免局部地方起凹，影响平台的平整性，平台使用后应擦净，涂油防锈。

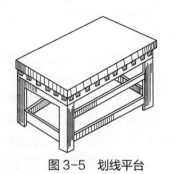

图 3-5　划线平台

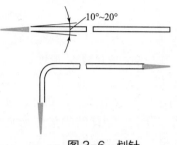

图 3-6　划针

②划针　划针是划线时用来在工件上划线条的，划线时一般要与金属直尺、90°角尺或样板等导向工具配合使用。划针通常用工具钢或弹簧钢丝制成，其长度约为200～300mm，直径为 $\phi3$～6mm，尖端磨成 10°～20° 角，并经淬火。为了使针尖更锐利耐磨，划出线条更清晰，可以焊上硬质合金后磨锐，如图 3-6 所示。

③划规　划规在划线中主要用来划圆和圆弧、等分线段、角度及量取尺寸等。钳工用划规有普通划规、弹簧划规和长划规。划规的脚尖必须坚硬，才能使金属表面上划出的线条清晰。一般划规用工具钢制成，脚尖经淬火，有的划规还在脚尖上加焊硬质合金，使之更加锋利和耐磨。划圆时，作为旋转中心的一脚应加以较大的压力，以避免中心滑动。

a. 普通划规。图 3-7（a）所示为一般普通划规，其结构简单、制造方便。铆合处松紧要适当，两脚长短要一致。如在普通划规上装上锁紧装置，如图 3-7（b）所示，当拧紧锁紧螺钉时，则可保持已调节好的尺寸不会松动。

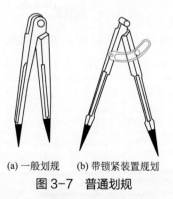

(a) 一般划规　(b) 带锁紧装置规划

图 3-7　普通划规

图 3-8　弹簧划规

b. 弹簧划规。弹簧划规如图 3-8 所示，使用时可旋转调节螺母来调节尺寸。此划规适用在光滑面上划线。

c. 长划规。长划规也叫滑动划规，如图 3-9 所示。主要用来划大尺寸的圆。使用时在滑杆上滑动划规脚可以得到所需的尺寸。

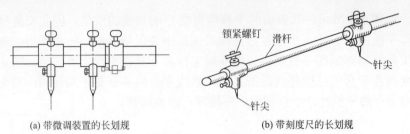

(a) 带微调装置的长划规　　　　　　　(b) 带刻度尺的长划规

图 3-9　长划规

④ 定心规　定心规是用来确定孔、轴工件中心线的划线工具。定心规的结构如图 3-10 所示，其与 90°角尺或 V 形铁、方箱配合可划出工件的十字中心线。

⑤ 划线盘　划线盘一般用于立体划线和校正工件位置，它有普通式和调节式两种，如图 3-11 所示，一般由底座、立柱、划针和夹紧螺母等组成。夹紧螺母可将划针固定在立柱的任何位置上。划针的尖头用来划线，弯头用来找正工件的位置。划线时，划针应尽量处于水平位置，不要倾斜太大；移动划线盘时，底座底面始终要与划线平台平面贴紧，无摇晃或跳动。使用完后，应将划针的尖头端向下，置于垂直状态，以防伤人和减少所占的空间位置。

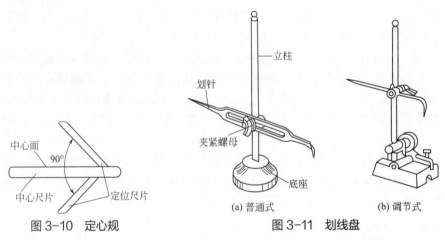

图 3-10　定心规　　　　　　　　　　图 3-11　划线盘

⑥ 划线锤　划线锤如图 3-12 所示，用来在线条上打样冲眼，并在划线时用来调整划线盘划针的升降。

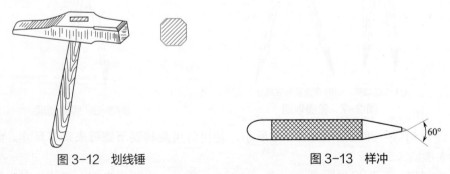

图 3-12　划线锤　　　　　　　　　　图 3-13　样冲

⑦ 样冲　样冲是在划线的线上冲眼用的工具，如图 3-13 所示，冲眼可使划出的线条

具有永久性的标记,还可作为圆心的定心点。

⑧ 各种支承工具 支承工具用来支承和调整划线工件,以保证工件划线位置的正确性,主要有 V 形铁、方箱、千斤顶、直角铁等。

a. V 形铁。用来安放圆形工件的工具,如轴类、套筒类,如图 3-14 所示。圆形工件安置在 V 形槽内,它的轴线平行于平面,这样就便于用划线盘或高度游标卡尺找出中心或划出中心线,以及完成其他划线工作。V 形铁一般用铸铁制成。V 形铁应成对加工,制成相同尺寸,避免因两个 V 形铁尺寸不同而引起误差。

b. 千斤顶。千斤顶可用来支承毛坯或不规则工件进行立体划线,并可以调整工件高度,如图 3-15 所示。使用千斤顶支持工件时,以三个为一组作为主要支承,对被支承面或体积较大的工件,为使其稳定可靠,在三个千斤顶间,应另设支承。为防止工件滑倒造成事故,可在工件下面加垫块等安全措施。

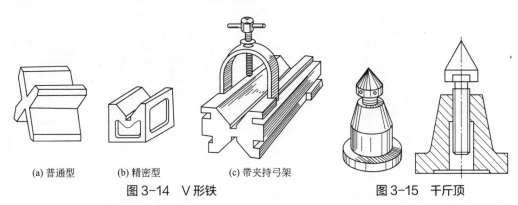

(a) 普通型　　(b) 精密型　　(c) 带夹持弓架

图 3-14　V 形铁　　　　　图 3-15　千斤顶

c. 方箱。方箱如图 3-16 所示,它是由灰铸铁制成的空心立方体或长方体,其相对平面互相平行、相邻平面互相垂直。划线时,可用 C 形夹头将工件夹于方箱上,再通过翻转方箱,便可在一次安装情况下,将工件上互相垂直的线全部划出来。方箱上的 V 形槽平行于相应的平面,是装夹圆柱形工件用的。

d. 直角铁。直角铁一般都用铸铁制成,如图 3-17 所示。它有两个互相垂直的平面。直角铁上的孔或槽是搭压板时穿螺栓用的。

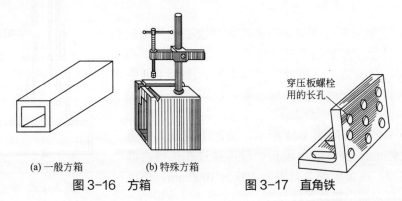

(a) 一般方箱　　(b) 特殊方箱　　　穿压板螺栓用的长孔

图 3-16　方箱　　　　　图 3-17　直角铁

e. G 形夹头。G 形夹头是划线操作中用于夹持、固定工件的辅助工具,其结构如图 3-18 所示。

⑨ 楔铁 楔铁又称斜铁,如图 3-19 所示。楔铁用中碳钢制成,主要用于调节毛坯工

件微量高低。

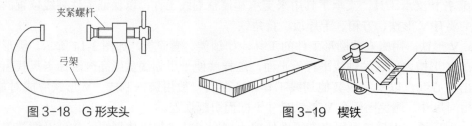

图 3-18　G 形夹头　　　　　　　图 3-19　楔铁

（2）划线辅助工具

① 可调中心顶　可调中心顶如图 3-20 所示，由四方螺母、角钢和调节螺钉组成。一般用于大型工件的内孔划线，其特点是质量轻，使用方便。

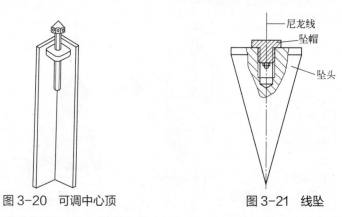

图 3-20　可调中心顶　　　　　　图 3-21　线坠

② 线坠　线坠的用途与 90°角尺相似，其结构如图 3-21 所示，由一个钢制的坠头、坠帽和尼龙线组成。

　　使用线坠时，应使坠头的顶尖和尼龙线重合于一条直线上，且坠帽上穿过尼龙线的孔只能等于或稍大于尼龙线的直径。由于线坠的体积小、质量轻，高度可任意调节，适应性很强，因此是在大型工件上划线的有效工具之一。

③ 中心支架　中心支架是用来给大型空心工件确定中心点的一种比较理想的工具。由于其筒体底部的中心和顶盖的中心是一致的，所以它可以将平台上的工件中心点引到所需要的空间高度，反过来，也可将位于空间上的工件中心点投影到平台表面。

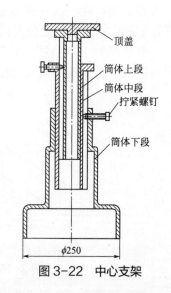

图 3-22　中心支架

　　中心支架的结构如图 3-22 所示，支架下段最大外圆的直径为 250mm，筒体的上段和中段可通过在长槽内滑动来调节高度，高度的调节范围为 400 ～ 1000mm，还可通过拧紧螺钉来固定筒体各段高度，同时防止筒体转动。

④ 划线涂料　划线涂料用来在工件的划线部位涂色，以使划出的线条醒目。常见的划线涂料见表 3-2。

表 3-2　划线涂料

名称	适用范围	名称	适用范围
白喷漆	适用于铸铁、锻铁皮毛坯表面的划线	粉笔	小毛坯件
蓝油	适用于已加工表面的划线	硫酸铜液	半成品件

图 3-23　划针的使用

（3）划线工具的使用

在划线工作中，为了保证既准确又迅速，必须熟悉并掌握各种划线工具以及显示涂料的使用。

① 划针的使用　划线时，划针尖端要紧贴导向工具移动，上部向外侧倾斜 15°～20°，向划线方向倾斜 45°～75°，如图 3-23 所示。

 提示

划针的针尖要用油石修磨并淬火，如图 3-24 所示，以保持针尖锋利。同时，划针表面要用绵纱擦干净。

② 划规的使用　划规在划线中主要用来划圆和圆弧、等分线段、角度及量取尺寸等，如图 3-25 所示。

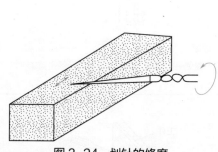

图 3-24　划针的修磨

(a) 划圆

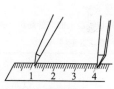

(b) 量取尺寸

图 3-25　划规的使用

 提示

在使用划规划圆时，划规两脚尖应在同一平面上，如果两脚尖不在同一平面上，则脚尖间的距离就不是所划圆的半径。因此在阶梯表面上进行划圆时，就需采用如图 3-26 所示的特殊划规划圆。这种划规的一只脚可调节长短，两脚间距可平行移动。

③ 划线盘的使用　划线盘可以用来在平台上对工件进行划线，或进行相对位置的找正。

a. 划线盘的使用要求为：

- 用划线盘进行划线时，划针应尽量处于水平位置，不要倾斜太大。
- 划针伸出部分应尽量短些，并要牢固地夹紧。
- 划线盘在移动时，底座表面应始终与划线平台贴紧，划针与工件划线表面沿划线方向的夹角为 40°～60°，如图 3-27 所示。

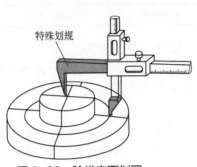

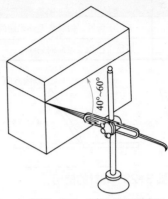

图 3-26 阶梯表面划圆　　　　　　图 3-27 划线盘的使用

b. 划线盘取尺寸的调节方法。具体操作方法与步骤如下：

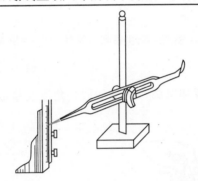

① 对刻线

松开划线盘上的夹紧螺母，使针尖向下对准并刚好触到钢直尺要求的刻线

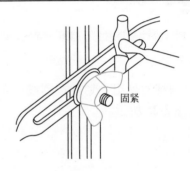

② 固紧

用手旋紧夹紧螺母，然后用小锤轻轻敲击固紧

③ 微调尺寸

根据情况，使划针紧靠钢直尺刻度，用左手紧紧按住划针盘底座，同时用小锤轻轻敲击，使划针的针尖正确地接触到刻线，再固紧夹紧螺母

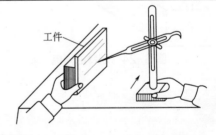

④ 划线

用左手握住工件以防其移动，右手握住划针盘底座，按划线方向移动划针盘划线

 提示

用划针盘划线时应使划针向划线方向倾斜约 15° 角，如图 3-28 所示。

④ 样冲的使用　样冲用于在工件所划加工线条上打样冲眼（冲点），作为强界限标志和作为圆弧或钻孔时的定心中心。

a. 打样冲眼的方法。方法为：

- 先将样冲外倾，使尖端对准所划线的正中，如图 3-29（a）所示。
- 立直样冲，开始冲点，如图 3-29（b）所示。

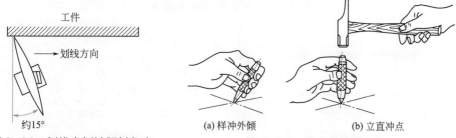

图 3-28　划线盘划针倾斜角度　　　图 3-29　样冲的使用方法

b. 冲点的要求。要求如下。

- 冲眼位置要正确，不可偏离线条，如图 3-30 所示。

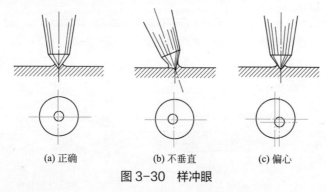

图 3-30　样冲眼

- 曲线上的样冲的间距要小些，如直径小于 20mm 的圆周上应有 4 个样冲眼，而直径大于 20mm 的圆周上应有 8 个以上的样冲眼。
- 在直线上冲点时，间距可大些，但短直线至少有三个样冲眼。
- 在直线上冲点时，间距可大些，且应相等，同时也应保证都正好冲在线上。如果样冲眼分布不均匀，并且不完全冲在线上，这样就不能准确地检查加工的精确度，如图 3-31 所示。

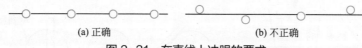

图 3-31　在直线上冲眼的要求

- 在曲线上样冲眼宜打得密一些，线条交叉点上也要打样冲眼。如果在曲线上打得太稀，则会给加工后检查带来困难，如图 3-32 所示。
- 样冲眼的深浅要掌握适当，在薄壁上或光滑表面上冲点要浅，粗糙表面上冲点要深些。
- 在加工界线上样冲眼宜打大些，使加工后检查时能看清所剩样冲眼的痕迹，如图 3-33 所示。在中心线、辅助线上样冲眼宜打得小些，以区别于加工界线。

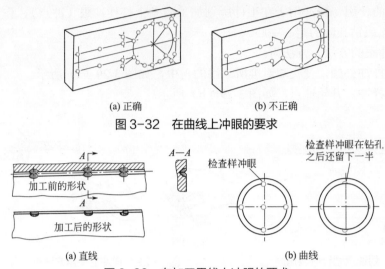

(a) 正确   (b) 不正确

图 3-32   在曲线上冲眼的要求

图 3-33   在加工界线上冲眼的要求

(a) 直线   (b) 曲线

提示

①在对较薄的工件上冲眼时，应将薄工件放在金属平板上，如图 3-34（a）所示，而不可放在不平的工作台上，否则冲眼时工件会弹跳而弯曲变形，如图 3-34（b）所示。当在工件的扁平面上冲眼时，需将工件夹持在台虎钳上再冲眼，如图 3-35 所示。若将工件安放在两平行垫块上，则会因安放不稳，容易冲歪。

(a) 正确安放   (b) 错误安放

平板   工作台   平行垫块

图 3-34   薄工件冲眼的方法   图 3-35   扁平工件冲眼的方法

②对打歪的样冲眼，应先将样冲斜放向划线的交点方向轻轻敲打，当样冲的位置校正到已对准划好的线后，再把样冲竖直后重敲一下，如图 3-36 所示。

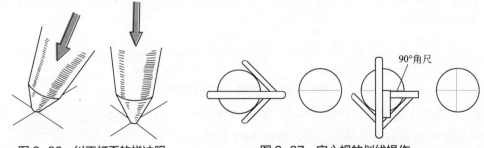

90°角尺

图 3-36   纠正打歪的样冲眼   图 3-37   定心规的划线操作

⑤ 定心规的使用   用定心规划中心线时，关键是要将定心规相邻的两工作面靠住所划工件轴的外圆，如图 3-37 所示，用划针沿定心规直尺划一条线，再将中心规转过 90°

划一条线，这时工件两端面上的两个交点的连线即为轴心线。

3.2 划线的基本操作

3.2.1 划线时的找正和借料

立体划线时在很多情况下是对铸、锻件毛坯划线，各种铸、锻毛坯由于种种原因，会形成歪斜、偏心、各部分壁厚不均匀等缺陷。当形位误差不大时，可通过划线找正和借料的方法补救。

（1）找正

据所加工工件结构、形状的不同，找正的方法也有所不同，但主要应遵循以下原则：

① 为保证不加工面与加工面间各点的距离相同（一般称壁厚均匀），应将不加工面用划针盘找平（当不加工面为水平面时），或把不加工面用直角尺找垂直（当不加工面为垂直面时）后，再进行后续加工面的划线。

图3-38所示为轴承座毛坯划线找正的实例。该轴承座毛坯底面 A 和上面 B 不平行，误差为 f_1；内孔和外圆不同心，误差为 f_2。由于底面 A 和上面 B 不平行，造成底部尺寸不正，故在划轴承座底面加工线时，应先用划针盘将上面（不加工的面）B 找正成水平位置，然后划出底面加工线 C，以使底部的厚度尺寸大小一致。在划内孔加工线之前，应先以外圆（不加工的面）ϕ_1 为找正依据，用单脚规找出其圆心，然后以此圆心为基准划出内孔的加工线 ϕ_2。

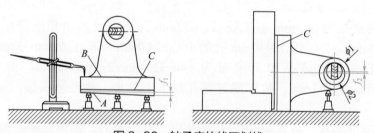

图 3-38　轴承座的找正划线

② 如果有几个不加工表面，应将面积最大的不加工表面找正，并兼顾其他不加工表面，使各处壁厚尽量薄厚均匀且孔与轮毂或凸台尽量同心。

③ 当没有不加工平面时，要以欲加工孔毛坯面和凸台外形来找正。对于有很多孔的箱体，要兼顾各孔毛坯和凸台，使各孔均有加工余量且尽量与凸台同心。

④ 对有装配关系的非加工部位，应优先将其作为找正基准，以保证工件的装配质量。

（2）借料

借料操作就是一种补救性的划线方法，即通过试划线把各加工面的余量重新合理分配，使有误差的毛坯补救为合格毛坯。

要做好借料划线，首先要知道待划毛坯材料的误差程度，确定需要借料的方向和大小，这样才能提高划线效率。如果毛坯材料误差超出许可范围，就无法利用借料来补救了。

划线时，有时因为原材料的尺寸限制需要利用借料，通过合理调整划线位置来完成，或因原材料存在局部缺陷，需要利用借料，通过合理调整划线位置来完成划线。

如图3-39所示为一支架借料划线实例，其中需要加工的部位是ϕ40mm孔和底面两处。

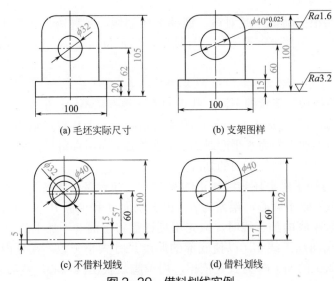

(a) 毛坯实际尺寸   (b) 支架图样

(c) 不借料划线   (d) 借料划线

图3-39　借料划线实例

由于铸造缺陷，ϕ32mm孔的中心高向下偏移，如果按图样以此中心高直接进行划线，则当底面划出5mm加工线后，ϕ32mm孔的中心高将相应降低5mm，即从62mm降至57mm，这样就比ϕ40mm孔的中心高60mm降低了60mm-57mm=3mm。这时，ϕ40mm孔的单边最小加工余量为（40-32）mm/2-3mm=1mm。由于ϕ40mm孔的单边加工余量仅为1mm，故可能导致孔加工不出来，使毛坯报废，如图3-39（c）所示。

为了不使毛坯报废，就要采取借料划线的方法进行补救，而要想保证ϕ40mm孔的中心高不变，而且又有比较充足的单边加工余量，就只能向支架底面借料。

由图知底面的加工余量为5mm，如果向支架底面借料2mm，则ϕ40mm孔的单边加工余量可达到3mm，这样就使孔有比较充足的加工余量，而且支架底面还有3mm的加工余量，因此能够满足加工要求。由于向支架底面借料2mm，会导致支架总高增加2mm（变为102mm），但因为顶部表面不加工，且无装配关系，因此不会影响其使用性能，如图3-39（d）所示。

3.2.2　划线操作

（1）线条的基本划法

① 平行线的划法

a. 方法一。操作方法与步骤如下：

A ———————— B	A ——O_1——O_2—— B
① 划直线 划任一直线 AB	② 取圆心 在直线 AB 上取任意两点 O_1、O_2 为圆心
A —O_1———O_2— B	C ————————D A —O_1———O_2— B
③ 划圆 分别以 O_1、O_2 为圆心，半径为 r 作圆弧	④ 连线 连接两段圆弧的公切线得直线 CD，则直线 CD 为直线 AB 的平行线

b. 方法二。操作方法与步骤如下：

A ———————— B	A O_2 —— O_1 —— O_3 B
① 划直线 划任一直线 AB	② 划半圆 在直 AB 上取任意一点 O_1 为圆心，半径为 r 划半圆弧，交 AB 于 O_2、O_3 点
A O_2 E F O_3 B	C E F D A O_2 O_1 O_3 B
③ 划圆弧 分别以 O_2、O_3 为圆心，半径为 r_1 作圆弧得交点 E、F	④ 连线 连接 EF，得直线 CD，则直线 CD 即为直线 AB 的平行线

② 垂线的划法

a. 方法一。操作方法与步骤如下：

A ———————— B	A O_2 —— O_1 —— O_3 B
① 划直线 划任一直线 AB	② 划半圆 在直线 AB 上任取一点 O_1 为圆心，以 r 为半径划半圆，交 AB 于 O_2、O_3 点

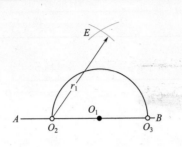

③划圆弧	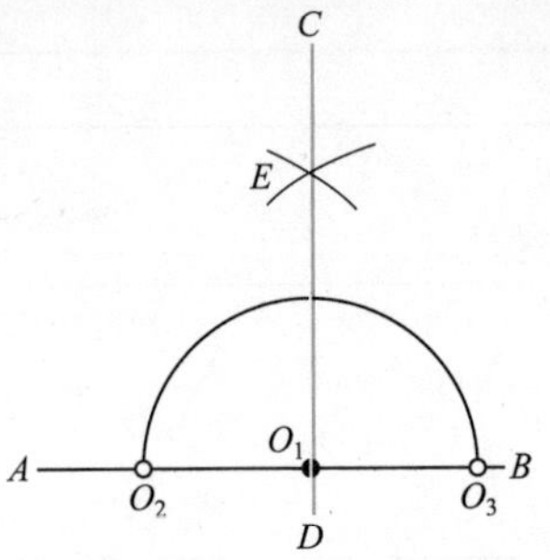 ④连线
分别以 O_2、O_3 为圆心，半径为 r_1 作圆弧交于点 E	连接 EO_1 成为 CD，则直线 CD 即为直线 AB 的垂线

b. 方法二。操作方法与步骤如下：

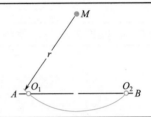

 ①划直线	②划圆弧
划任一直线 AB	在直线外任取一点 M，并以 M 为圆心，r 为半径划圆弧交 AB 于 O_1、O_2

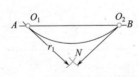

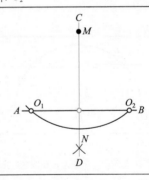

③找交点	④连线
分别以 O_1、O_2 为圆心，半径为 r_1 作圆弧得交点 N	连接 MN，得直线 CD，则直线 CD 即为直线 AB 的垂线

③圆周等分　圆周等分的内容与方法见表3-3。

表3-3　圆周等分的内容与方法

等分数	图示	方法说明
三等分	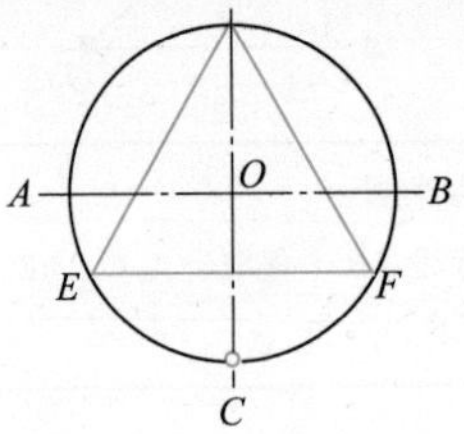	以 C 点为圆心，以圆 O 的半径为半径划圆弧交圆周于 E、F 点，即可得圆周三等分点

等分数	图示	方法说明
五等分		先划出 AO 等分点 C，再以 C 为圆心，CD 为半径作圆弧，交 OB 于点 E，最后以 DE 为弦长等分圆周，即得圆周五等分点
六等分		以 A、B 为圆心，以圆半径为半径作弧交圆周于 C、D、E、F 点，即得圆周六等分点

提示

如需对圆周进行任意等分，可按式 $K(n) = \sin(\pi/n)$ 计算出等分系数 K，然后用公式 $S = DK$ 计算出圆周弦长 S，最后以圆周弦长 S 为半径在指定的圆周上进行 N 等分。

④ 圆柱表面相贯线的划法　在一些主管与支管直径相差不大的圆柱表面上划线（相贯线），如图 3-40 所示，会因倾斜角太大不易划准，因此须采用划线器进行划线。

相贯线划线器结构如图 3-41 所示，它由定心器、旋转尺、滑动架等组成。旋转尺由有刻度的直尺和旋转圆片组成，定心器上带有螺杆，将底座和旋转尺固定在一起并起到旋转尺的转动圆心的作用，滑动划针可通过在直尺上移动位置调整划线圆的半径，调整好位置后，用螺钉锁紧。划线时相贯线划线器由底座和定心器定位，旋转尺绕轴套旋转，滑动划针随着被划弧面垂直滑动，所以能规则地划出圆的轨迹。

图 3-40　柱面上的相贯线

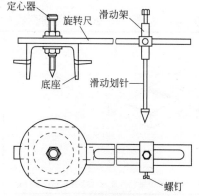

图 3-41　相贯线划线器

采用相贯线划线器划圆的方法为：

73

a. 先按所划圆的半径，根据旋转的刻度调整定心器尖与滑动划针尖的距离，然后将滑动架紧固。

b. 将划线器底座置于工件圆弧面上，调整定心器的伸出长度，使定心器尖刚好与工件上的样冲眼孔接触。

c. 用左手撤牢定心器底座上端以防止其滑动，右手控制旋转尺与滑动划针按箭头方向旋转，即划出一圆，如图 3-42 所示，然后在线上打样冲眼。

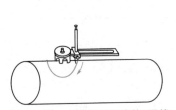

图 3-42　在圆柱表面划相贯线

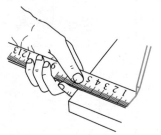

图 3-43　用钢直尺划线（一）

（2）划线基本操作

① 用钢直尺划线　如图 3-43 所示，用左手食指和拇指紧握钢直尺，同时紧紧靠着基准边，用划针沿着钢直尺的零边划出一段线条。

若工件一端有边可靠，则可将钢直尺的零边抵住靠边，在需要划线处，划出很短的线，如图 3-44（a）所示。然后如图 3-44（b）所示，用钢直尺将划出的短线连接起来。

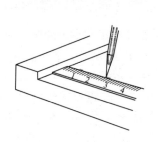

(a) 划短线

直尺

(b) 连线

图 3-44　用钢直尺划线（二）

② 用 90°角尺划线　用 90°角尺划直线的操作方法与步骤如下：

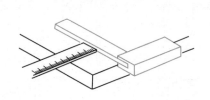

① 选基准

根据划线情况选好基准位置，再使角尺边紧紧靠住基准面

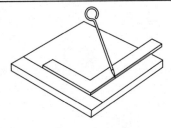

② 划线

左手紧紧按住钢直尺，从下向上划线

在划精度要求不高的垂直线时可用 90°角尺的一边对准已划好的线，沿扁角尺的另一边划垂直线，如图 3-45 所示。

图 3-45　划精度要求不高的垂线

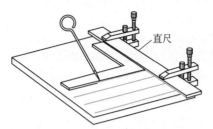

图 3-46　90°角尺和钢直尺配合划线

若要划多条平行的垂线，可按如图 3-46 所示，用两只平行夹头把直尺对准已划好的线夹紧固定，然后用扁 90°角尺紧靠在金属直尺上，依照工件要求划出垂直线。

若划工件一个边的垂直线或划与侧面已划好的线相垂直的线，可将 90°角尺厚的一面靠在工件边上，如图 3-47 所示。然后沿 90°角尺另一边划线，就能得到与工件一边相垂直或与侧面已划好的线相垂直的线。

 提示

在圆柱工件上划与轴线平行的直线时，可使用角钢来划，如图 3-48 所示。

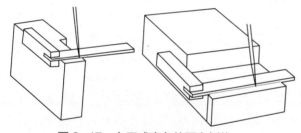

图 3-47　在互成直角的面上划线

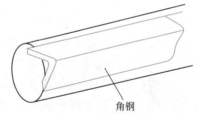

图 3-48　用角钢划直线

③ 用划规划圆弧线　划圆弧前要先划出中心线，确定中心，并在中心点上打样冲眼，再用划规按图样所要求的半径划出圆弧，如图 3-49 所示。

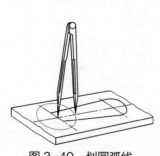

图 3-49　划圆弧线

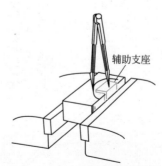

图 3-50　用辅助支座划圆弧

若圆弧的中心点在工件边沿上，划圆弧时就须使用辅助支座，如图 3-50 所示。将已打好样冲眼的辅助支座和工件一起夹在台虎钳上，用划规在工件上划圆弧。

当需划半径很大的圆弧，中心在工件以外时，须用两只平行夹头将已打好样冲眼的延长板夹紧在工件上，再用长划规划出圆弧，如图3-51所示。

划圆弧找圆中心的方法如下：

a. 用单脚划规找圆中心。如图3-52所示，将单脚划规的两脚调节至约等于工件的半径，以边缘上四点为圆心，在端面划出四条短圆弧，中间形成近似的方框，在方框的中间打样冲眼，就是所求的圆心。

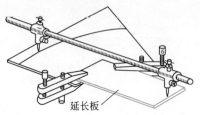

图 3-51　中心点在工件外圆弧的划法

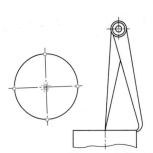

图 3-52　用单脚划规找圆中心

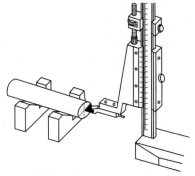

图 3-53　用高度尺找圆中心

b. 用高度尺找圆中心。如图3-53所示是用高度尺与V形块配合找圆中心的方法。将轴类零件放在两块等高V形块的槽内，把高度尺的划线脚调整到轴顶面上的高度，然后减去轴的半径，划出一条直线，再将轴翻转任意一个角度二次，划出两条直线，两条直线的交点或中间位置就是所找的圆中心。

（3）其他划线方法

① 仿划线　仿划线如图3-54所示，将已损坏的轴承座和轴承座毛坯件同时放置在划线平台上，找正时先找正损坏的原件，然后找正毛坯件，用划线盘的划针直接在原件上量取尺寸，再在毛坯件相应的位置上划出加工线。

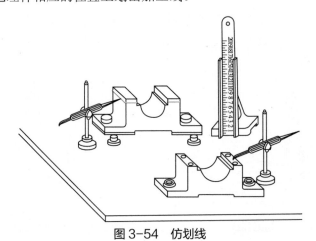

图 3-54　仿划线

② 配划线

a. 用工件直接配划线。将零件直接压在被连接的工件上，直接用划针在连接件的表面划出待加工的位置线。

b. 纸片拓印配划线。某些工件需要将不通的螺孔反拓到配划线的工件上，可采用纸片拓印的方法来划线。将一块纸片粘贴到工件上，用木锤沿着孔的边缘轻轻击穿，再将纸片用黄油粘到配划的工件上，按照纸片上的孔来确定配划工件上的位置。

c. 印迹配划线。如图 3-55 所示，要将电动机支座孔配划到电动机底板上，由于电动机支座孔底部与电动机底板相隔一段距离，如用划针围划，易产生较大误差，在这种情况下可采用印迹配划线。这种方法是将电动机位置确定后，利用一根端面与轴线垂直、外径比电动机支座孔略小的空心套，在其端部涂上显示剂，插入电动机支座孔内，接着转动空心套，在电动机底板上显示出钻孔位置的印迹，然后去掉电动机，冲上样冲眼即可开始钻孔。

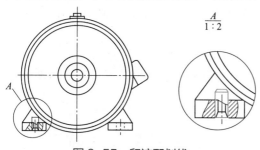

图 3-55　印迹配划线

③ 样板划线　对于形状复杂、加工面较多的工件（如凸轮、大型齿轮等），宜采用样板来划线。采用样板划线可提高效率，减少划线误差。操作时，将样板平铺在工件上，用手或压板固定，沿样板边缘用划针划出图形线即可。

3.2.3　分度头划线

分度头是用来对工件进行等分、分度的重要工具，其外形如图 3-56 所示。划线时，把分度头放在划线平板上，将工件夹持牢固，即可对工件进行分度、等分、划水平线、垂线和倾斜线等操作，其使用方法简单，适用于大批量中、小型零件的划线。

图 3-56　分度头

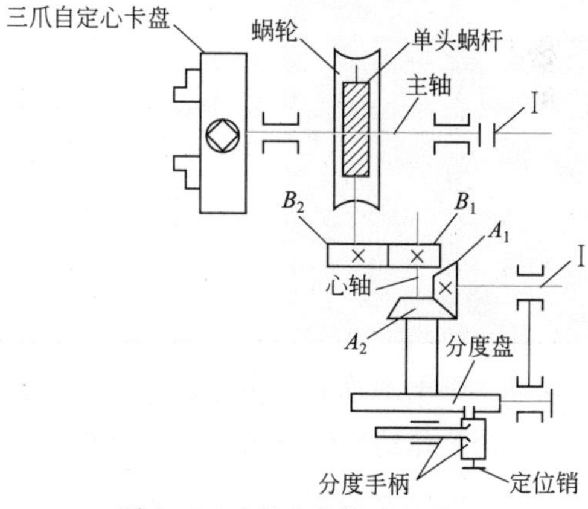

图 3-57　分度头传动原理

（1）分度头的传动原理

如图 3-57 所示，将工件装在与主轴螺纹连接的三爪自定心卡盘上，固定在主轴上的蜗轮为 40 齿。B_1、B_2 是齿数相同的两个圆柱齿轮，A_1、A_2 是锥齿轮。拔出定位销，转动分度手柄时，分度盘不动，通过传动比为 1:1 的圆柱齿轮 B_1、B_2 的传动，带动单头蜗杆转动，然后通过传动比为 1:40 的蜗杆传动机械带动主轴（工件）转动分度。

（2）简单分度法

分度手柄心轴与蜗杆之间传动比为 1:1，蜗杆为单头，蜗轮齿数为 40，因此分度手

柄的转数可按下式算出

$$n=\frac{40}{Z}$$

式中　n——分度手柄转数；

　　　Z——工件等分数。

如要划出均匀分布在工件圆周上的 10 个孔，试求每划一个孔的位置后，分度手柄应转几周后再划第二个孔的位置？

解：根据公式 $n=40/Z=40/10=4$

即每划完一个孔的位置后，手柄应转动 4 周，再划第二个孔的位置，依次类推。

 提示

有时，由工件等分计算出来的手柄数不是整数。如，要把某圆周 30 等分，$n=\dfrac{40}{30}=1\dfrac{1}{3}$。

这时要利用分度盘，根据分度盘上现有的各种孔眼的数目（表 3-4），把 $\dfrac{1}{3}$ 分子、分母同乘以相同的倍数，使分母为表中的某个孔数，而扩大后的分子就是手柄应转过的孔数。把 $\dfrac{1}{3}\times\dfrac{10}{10}=\dfrac{10}{30}$，则手柄的转数 $n=1\dfrac{1}{3}=1\dfrac{10}{30}$，即手柄在分度盘中有 30 个孔的一圈上要转动 1 周加 10 个孔。

表 3-4　各分度盘孔数

第一块分度盘	正面：24，25，28，30，34，37，38，39，41，42，43
	反面：46，47，49，51，53，54，57，58，59，62，66
第二块分度盘	第一块正面：24，25，28，30，34，37
	第一块反面：38，39，41，42，43
	第二块正面：46，47，49，51，53，54
	第二块反面：57，58，59，62，66
第三块分度盘	第一块：15，16，17，18，19，20
	第二块：21，23，27，29，31，33
	第三块：37，39，41，43，47，49

在转动手柄前要调整分度叉。手柄不应摇过应摇的孔数，否则须把手柄多退回一些再正摇，以消除传动和配合间隙所引起的误差。

3.2.4　划线的步骤

（1）平面划线的步骤与方法

划线除要求线条清晰外，最重要的是保证尺寸的准确。平面划线尽管相对来说比较简单，却是一项重要、细致的工作。由于划线质量的优劣直接影响到所加工零件的形状与尺寸的正确与否，因此应按一定的步骤与方法进行。

平面划线一般可按以下步骤和方法进行：

① 分析图样。确定要详细了解工件上需要划线的部位和有关要求，确定划线基准。

② 工件清理。对工件的毛刺等进行清理。

③ 工件涂色。在钢板上涂上涂料。

④ 准备工具。准备好划线操作所需要的划线工具。

⑤ 划线时首先划基准线（基准线中应先划水平线，后划垂直线，再划角度线）；其次划加工线（加工线中应先划水平线，后划垂直线，再划角度线，最后划圆周线和圆弧线等）；划线结束后，经全面检查无误后，打上样冲眼。

⑥ 工件划线时的装夹基准应尽量与设计基准一致，同时考虑到复杂零件的特点，划线时往往需要借助于某些夹具或辅助工具进行校正或支承。

⑦ 装夹时合理选择支承点，防止重心偏移。划线过程中要确保安全。

⑧ 若零件的划线基准是平面，可以将基准面放在划线平台上，用游标高度尺进行划线；如果划线基准是中心线（或对称面），应将工件装夹在弯板、方箱、分度头或其他划线夹具上，先划出对称平面或中心线，并以此为基准，再用高度尺划其他线。

（2）立体划线的顺序与步骤

① 划线的顺序　进行毛坯件的立体划线，在决定毛坯件的放置基准和划线顺序时，一般可按以下原则进行：

a. 先划毛坯件上最大的一面，再划较大的面，依次进行，最后划最小的一面。

b. 先以复杂面找正后，简单面以复杂面的位置定位，难度较小。

c. 当毛坯件带有斜面时，划线的顺序要根据斜面的大小而定，即当斜面大于其他各面时应先划斜面，当斜面不大于其他各面时放到最后划，这是因为较小的斜面通常都是在其他各面加工好了之后才加工的，所以在毛坯件划线时，要注意检查斜面的所在位置，而不必出线来。

d. 对有装配关系的非加工部位，应优先作为找正基准，以保证工件的装配质量。

② 划线的步骤　立体划线步骤一般包括准备阶段、实体划线阶段和检查校对阶段。

a. 准备阶段。立体划线准备阶段的工作主要有以下方面的内容：

• 分析图样。详细了解工件上需要划线的部位和有关的加工工艺，明确工件及其划线的作用和要求。

• 确定划线基准和装夹方法。

• 清理工件。对铸件毛坯应事先将残余型砂清理干净，錾平浇口、冒口和飞边，适当锉平划线部位表面。对锻件应去掉飞边和氧化皮。对于半成品，划线前要把毛刺修掉，把锈渍和油污擦净。

• 对工件划线部位进行涂色处理。

• 在工件孔中安装中心顶或木塞，注意应在木塞的一面钉上薄铁皮，以便于划线和在圆心位置打样冲眼。

• 准备好划线时要用的量具和划线工具。

• 合理夹持工件，使划线基准平行或垂直于划线平台。

b. 实体划线阶段。实体划线阶段是划线工作中最重要的环节。当毛坯在尺寸、形状和位置上由于铸造或锻造的原因存在误差和缺陷时，必须对总体的加工余量进行重新分配，即借料。

c. 检查校对阶段。检查校对阶段的工作主要有以下方面的内容：

• 详细检查所划尺寸线条是否准确，是否漏划线条。

• 在线条上打出样冲眼。

提示

不管是平面划线还是立体划线，都须依据工件的加工方法来确定划线的方法。

如图 3-58 所示均为加工型腔，因为加工方法的不同，划线方法也不相同。图 3-58（a）为铣削型腔所需划的线，图 3-58（b）是电火花加工型腔所划线。因为加工时电极是以 A、B 面为基准的，工作台移动 L 及 L_1 尺寸即可加工型腔，所以不需划出型腔的尺寸线。

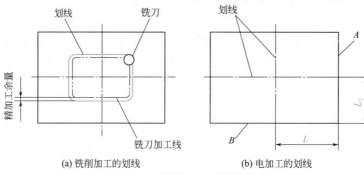

(a) 铣削加工的划线 (b) 电加工的划线

图 3-58 两种加工方法的划线

3.3 划线操作应用实例

3.3.1 平面划线应用实例

（1）实例一

① 加工实例图样 用常用工具在板材上划出如图 3-59 所示的图样。

② 操作步骤与方法 操作步骤与方法如下：

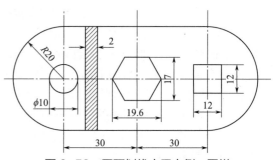

图 3-59 平面划线应用实例一图样

	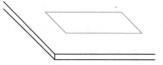
① 涂色 将板料去毛刺倒角，并用砂布打磨表面，再在表面涂色	② 安放 将板料放置到划线平板上，用 V 形铁做靠块，使板料在平板上保持平稳
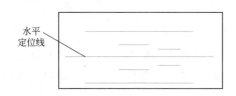	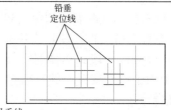
③ 划水平线 用高度尺划水平定位线，并以水平定位线为基准在相应位置划 ±6mm、±8.5mm、±20mm 线	④ 划铅垂线 用高度尺划铅垂线，并以上定位线为基准划 ±20mm 线，以中间铅垂定位线为基准划 ±4.9mm 线，以下方定位线为基准划 ±6mm、－20mm 线

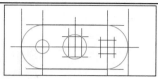	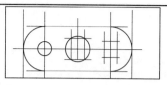
⑤ 划圆弧	⑥ 连线
用划规分别划出 *R*20 两个圆弧、ϕ10mm、ϕ19.6mm 两个圆	用钢直尺分别连线后，再用划针划出中间正六边形

（2）实例二

① 加工实例图样　用常用工具在板材上划出如图 3-60 所示的图样。

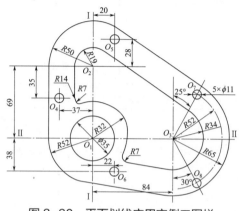

图 3-60　平面划线应用实例二图样

② 操作步骤与方法　操作步骤与方法如下：

① 涂色	② 安放
将板料去毛刺倒角，并用砂布打磨表面，再在表面涂色	将板料放置到划线平板上的合适位置，并使板料在平板上保持平稳
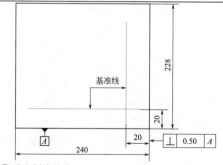	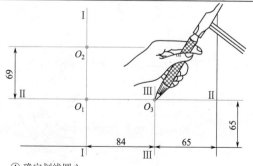
③ 确定划线基准	④ 确定划线圆心
以板料底边为基准，距离 20mm 尺寸划平行线，从右边划 20mm 平行垂直线	以基准线起划 65mm 平行线得 II-II、III-III 线，交圆心 O_3，划 84mm 铅垂线（I-I）得圆心 O_1，再划 69mm 水平线得圆心 O_2。圆心找出后一定打样冲眼

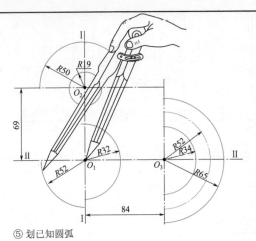

⑤ 划已知圆弧

以 O_1 为圆心，以 $R32$ 和 $R52$ 为半径划弧；以 O_2 为圆心，以 $R19$ 和 $R50$ 为半径划弧；以 O_3 为圆心，以 $R34$、$R52$ 和 $R65$ 为半径划弧

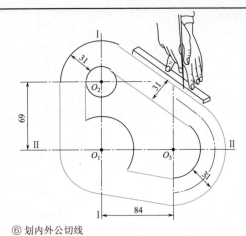

⑥ 划内外公切线

划出三条内弧切线和三条对弧切线，相距 31mm

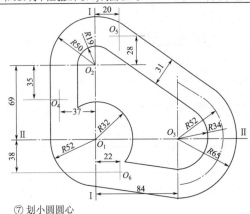

⑦ 划小圆圆心

划出水平线 38mm、35mm、28mm，得小圆圆心 O_4、O_5、O_6

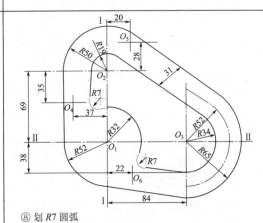

⑧ 划 R7 圆弧

以 O_1 为圆心，以 $(32+7)$ mm 长为半径，分别划出上下两条圆弧，再做 R19 和 R32 圆弧两条开口公切线的平行线，距离均为 7mm，分别交两点得 R7 圆弧圆心。以所得圆心为圆心，$R7$mm 为半径，划出两圆弧与 R32 和两切线相切

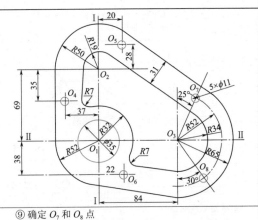

⑨ 确定 O_7 和 O_8 点

通过圆心 O_3 点，分别沿 25° 和 30° 划线得圆心 O_7 和 O_8。划出孔 $\phi 35$mm 和孔 $5\times\phi 11$mm 的圆周线

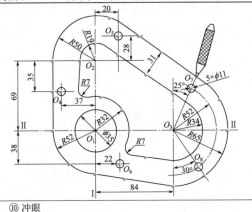

⑩ 冲眼

检查所划线无误后，在划线交点处，按一定间隔在所划线上打上样冲眼

（3）实例三

① 加工实例图样　用常用工具在板材上划出如图 3-61 所示的图样。

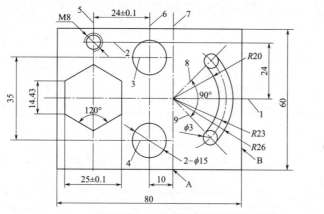

图 3-61　平面划线应用实例三图样

② 操作步骤与方法　操作步骤与方法如下：

① 涂色

将板料去毛刺倒角，并用砂布打磨表面，再在表面涂色

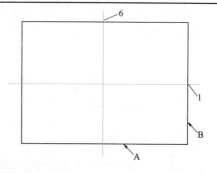

② 划垂直中心线

划出相互垂直的中心线 1、6

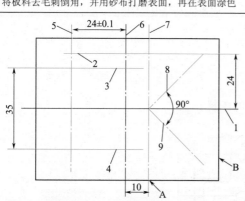

③ 划其余基线

以 1、6 为定位基线，先划出基准线 2、3、4，再划 5、7，最后划出 8、9 基准线

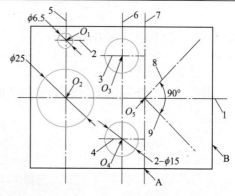

④ 划圆

先以基线 2、5 的交点 O_1 为圆心，以 6.5mm 为直径划圆；

再以基线 1、5 的交点 O_2 为圆心，以 25mm 为直径划圆；

以基线 3、6 的交点 O_3 为圆心，以 15mm 为直径划圆；

以基线 4、6 的交点 O_4 为圆心，以 15mm 为直径划圆

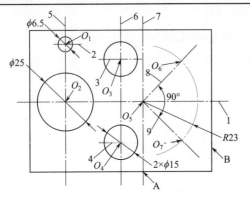

⑤ 划圆弧

以基线 1、7 的交点 O_5 为圆心，以 23mm 为半径划圆弧得到该圆弧与基线 8、9 交点 O_6、O_7

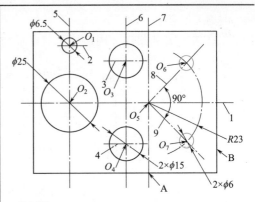

⑥ 划圆

分别以 O_6、O_7 为圆心，6mm 为直径划圆

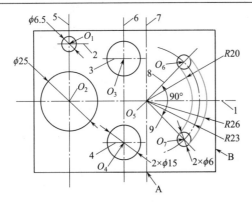

⑦ 划圆弧

以 O_5 为圆心，分别以 20mm、26mm 为半径划圆弧，与两个 ϕ6mm 圆相切

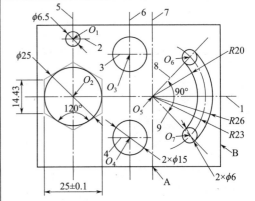

⑧ 划六边形线

划与 ϕ25 圆相切的正六边形。完成后检查线是否正确，并在 O_1、O_2、O_3、O_4、O_6、O_7 处和 R20、R26 的圆弧上以及正六边形上打样冲眼

3.3.2 立体划线应用实例

（1）加工实例图样

用常用工具在零件上划出如图 3-62 所示的图样。

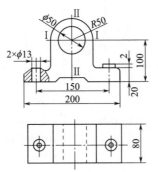

图 3-62　立体划线应用实例一图样

（2）操作步骤与方法

操作步骤与方法如下：

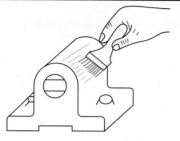

① 涂色

将零件去毛刺倒角，并用砂布打磨表面，再在表面涂色

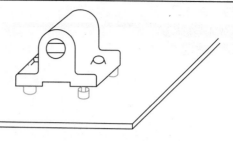

② 安放

工件安放在平台上，并用千斤顶支撑，根据 $\phi50\text{mm}$ 孔的中心平面，调节千斤顶使工件保持水平

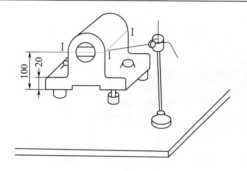

③ 划中心线 I - I

设定相互垂直的中心线 I - I、II - II 为划线基准，先划 $\phi50\text{mm}$ 孔中心线 I - I

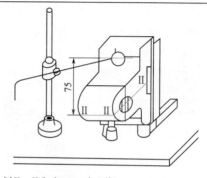

④ 划 II - II 和 $\phi13\text{mm}$ 中心线

将工件旋转 90°，以侧面定位，采用同样的安放方法，划出 $\phi50\text{mm}$ 孔中心线 II - II 和 $\phi13\text{mm}$ 的中心线

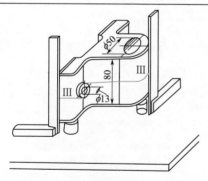

⑤ 划圆

再将工件旋转 90°，以前（或后）面定位，用千斤顶支撑并调节至水平状态，划出厚度中心线 III - III

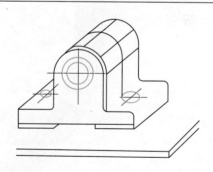

⑥ 检查

在各交点处打样冲眼，并以各处交点为圆心划圆，完成后检查所划线是否正确

第**4**章　工件锯削

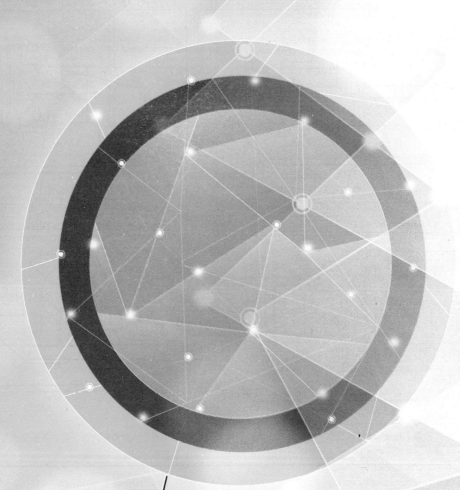

机械加工基础技能双色图解　好钳工是怎样炼成的

用手锯对材料或工件进行切断或切槽等的加工方法叫锯削，常见的锯削工作如图 4-1 所示。

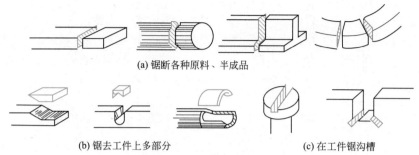

(a) 锯断各种原料、半成品

(b) 锯去工件上多部分　　　　　(c) 在工件锯沟槽

图 4-1　常见的锯削工作

4.1　常用锯削工具的认知与使用

4.1.1　常用锯削工具

（1）锯弓

锯弓是用来安装锯条的，可分为固定式和可调式两种，如图 4-2 所示。前者只能安装一种长度的锯条；后者锯弓的长度可调，能安装不同长度的锯条，是最常用的一种。

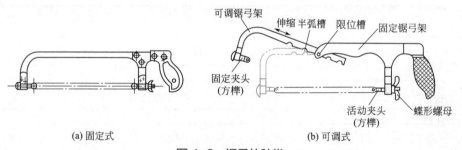

(a) 固定式　　　　　　　　(b) 可调式

图 4-2　锯弓的种类

锯弓的两端都有夹头，与锯弓的方孔配合，靠手柄端为活动夹头，用蝶形螺母拉紧锯条。

（2）锯条

手用锯条一般是 300mm 长的单面齿锯条，其宽度为 12～13mm，厚度为 0.6mm，如图 4-3 所示。锯条是用碳素工具钢或合金钢制成的，并经热处理淬硬。

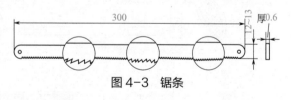

图 4-3　锯条

锯割时，锯入工件的锯条会受到锯缝两边的摩擦阻力，锯入越深，阻力就越大，甚至会把锯条"咬住"，因此制造时会将锯条上的锯齿按一定规律左右错开排成一定的形状，即锯路，如图 4-4 所示。

锯齿粗细是用锯条上每 25mm 长度内的齿数多少来表示的，目前 14～18 为粗齿，24 为中齿，32 齿为细齿。锯齿的粗细也可以齿距（t）的大小分为粗齿（$t=1.6mm$）、中齿（$t=1.2mm$）、细齿（$t=0.8mm$）三种。

锯削时要达到较高的工作效率，同时使锯齿具有一定的强度，则切削部分必须具有足够的容屑槽及保证锯齿有较大的楔角。锯条锯齿角度是：前角为 0°，楔角为 50°，后角为40°。锯齿角度如图4-5所示。

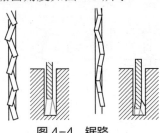

图4-4　锯路

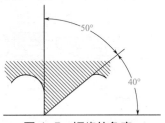

图4-5　锯齿的角度

4.1.2　工具的使用

（1）锯弓的握法

锯削时锯弓的握法是：右手满握锯柄，左手轻扶锯弓伸缩弓前端，如图4-6所示。

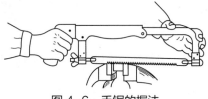

图4-6　手锯的握法

（2）锯条的安装

① 锯条的选择　锯齿的粗细应与工件材料的软硬以及厚薄相适应。一般情况下，锯软材料或断面较大的材料时选用粗齿锯条；锯硬材料或薄材料时选用细齿锯条。选择锯条时可参考表4-1。

表 4-1　锯条的选用

材料的种类	每分钟来回次数	锯齿粗细程度	每 25mm 长的齿数
轻金属、紫铜和其他软性材料	80～90	粗	14～18
强度在 $5.88×10^3Pa$ 以下的钢	60	中	24
工具钢	40	细	32
壁厚中等的管子和型钢	50	中	24
薄壁管子	40	细	32
压制材料	40	粗	14～18
强度超过 $5.88×10^3Pa$ 的钢	30	细	32

② 锯条的安装　手锯在前推时才能起到切削的作用，因而在安装手锯时应使其齿尖的方向向前，如图4-7所示。

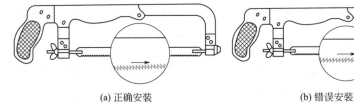

(a) 正确安装　　　　　　　　　(b) 错误安装

图4-7　锯条的安装

提示

　　在调节锯条松紧时，蝶形螺母不宜太紧，否则会折断锯条；也不宜太松，这样锯条易扭曲，锯缝容易歪斜。其松紧程度以用手扳动锯条，有轻微转动量但无晃动量时较为合适，如图4-8所示。另外，安装好后还应检查锯条平面与锯弓平面平行，不能歪斜、扭曲。

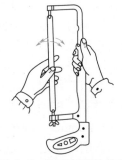

图4-8　锯条松紧的检查

4.2 锯削的基本操作

4.2.1 锯削加工的步骤和方法

（1）工件的装夹

如图4-9所示，工件一般应夹持在台虎钳的左面，且应装夹牢固，同时应保证锯缝离钳口侧面大约有20mm的距离（即伸出钳口长度不宜过长），并使锯缝与钳口侧面保持平行。

（2）锯削的站立姿势

锯削时，操作者应站在台虎钳的左侧，左脚向前迈半步，与台虎钳中轴线成30°角，右脚在后，与台虎钳中轴线成75°角，两脚间的距离与肩同宽，身体与台虎钳中轴线的垂线成45°角，如图4-10所示。

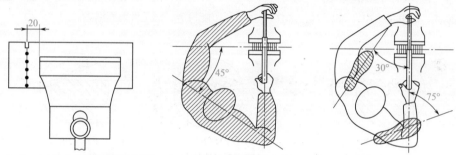

图4-9 工件在台虎钳上的装夹   图4-10 锯削的站立姿势

（3）锯削的压力

锯削时，右手控制推力与压力，左手配合右手扶正锯弓，应注意压力不宜过大，返回行程时应为不切割状态，故而不应加压。

（4）运锯的方法

运锯的方法有直线往复式和摆动式两种，如图4-11所示。直线往复式适用于手锯缝底面要求平直的沟槽和薄型工件加工；摆动式也称弧线式，前进时右手下压而左手上提，操作自然。

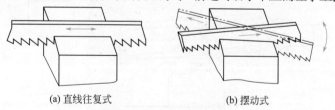

(a) 直线往复式   (b) 摆动式

图4-11 运锯的方法

（5）运锯的速度

锯削时，手锯推进时，身体略向前倾，左手上翘，右手下压；回程时，右手上抬，左手自然跟进。锯削运动的速度一般应保持为40次/min左右。锯削硬材料时应慢些，同时锯削行程也应保持均匀，返回行程应相对快一些。

（6）起锯的方法

起锯是锯削工作的开始，起锯的好坏直接影响锯削质量的好坏。起锯有远起锯和近起锯两种，如图4-12所示。

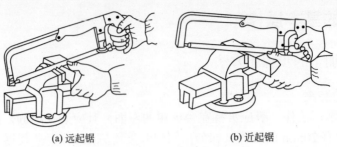

(a) 远起锯　　　　　　　　　(b) 近起锯

图 4-12　起锯的方式

 提示

一般情况时，锯削采用远起锯。因为远起锯锯齿是逐渐切入工件的，锯齿不易卡住，起锯也较方便。起锯时，起锯角以 15° 左右为宜，如图 4-13 所示。锯角太大，则锯齿易被工件棱边卡住而崩齿，起锯角太小，则不易切入材料，锯条还可能打滑，把工件表面锯坏。

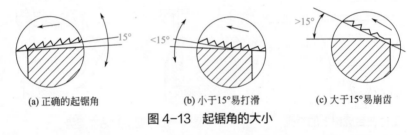

(a) 正确的起锯角　　　　　(b) 小于15°易打滑　　　　　(c) 大于15°易崩齿

图 4-13　起锯角的大小

为了使起锯的位置正确和平稳，左手拇指要靠住锯条，以挡住锯条来定位，使锯条正确地锯在所需的位置上，如图 4-14 所示。当起锯锯至槽深 2～3mm 时，拇指即可离开锯条，然后扶正锯弓逐渐使锯痕向后成水平，再往下正常锯削。

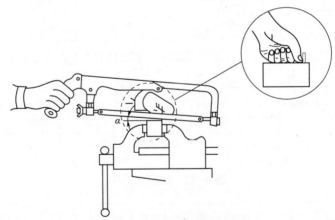

图 4-14　用拇指挡住锯条起锯

（7）锯削的动作

锯削的动作如图 4-15 所示。锯割时，双手握锯放在工件上，左臂略弯曲，右臂要与锯削方向保持一致。向前锯削，身体与手锯一起向前运动。此时，右腿伸直向前倾，身体也随之前倾，重心移至左腿上，左膝弯曲，身体前倾 15°。随着手锯行程的增大，身体倾斜角度也随之增大至 18°，当手锯推至锯条长度的 3/4 时身体停止运动，手锯准备回程，身体倾斜角度回到15°。整个锯削过程中身体摆动要自然。

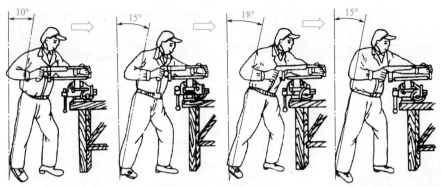

图 4-15　锯削的动作

（8）锯削方向的控制

按锯削线锯削，获得平直锯缝是锯削质量的基本要求。为此，锯削时必须较好地控制锯削方向。

① 锯削时应经常观察锯缝是否偏离锯削线，若有偏离趋势，应尽快纠正。

② 锯削时应尽量保持锯削的行进方向和钳口边缘线始终平行。

③ 锯削过程中应尽量保持锯弓不要左右晃动。

在锯削过程中，由于下列原因常发生锯缝歪斜：

① 工件安装时，锯缝线方向未能与铅垂线方向一致。

② 锯条安装太松或与锯弓平面扭曲。

③ 使用锯齿两面磨损不均的锯条。

④ 锯削压力过大，使锯条左右偏摆。

⑤ 锯弓未挟正或用力歪斜，使锯条偏离锯缝。

在锯削过程中，如发现歪斜应及时纠正：如图4-16所示，将锯弓上部向歪斜同方向偏斜，轻加压力向下锯削，利用锯齿大于锯背厚度的锯路现象将锯缝纠正过来，待锯缝回到正确的位置上以后，及时将锯弓挟正，按正常的方法进行锯削。

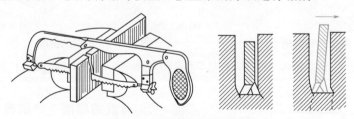

图 4-16　歪斜锯缝的纠正

4.2.2　各种材料的锯削方法

（1）棒料的锯削

当锯削的断面要求平整时，则应从开始连续锯至结束，如图4-17所示。若锯出的断面要求不高时，每锯到一个深度（这个深度以不超过中心为准）后，可将工件旋转180°后进行对接锯削，最后一次锯断，如图4-18所示，这样可减少锯削拉力，容易锯

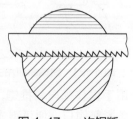

图 4-17　一次锯断

入，而且可以提高工作效率。

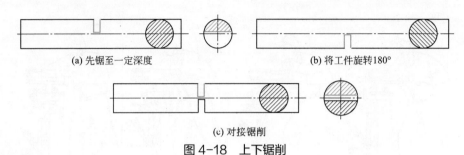

(a) 先锯至一定深度　　　　　　　　　(b) 将工件旋转180°

(c) 对接锯削

图 4-18　上下锯削

提示

　　在锯削直径较大的工件，当断面质量要求不高时，可分几个方向锯削，但锯削深度不得超过中心，最后将工件折断，如图 4-19 所示。

（2）型钢的锯削

　　① 扁钢、条料的锯削　锯削扁钢时，尺可能采用远起锯的方法，从扁钢的宽度方向锯下去，注意起锯的角度不宜过大，如图 4-20（a）所示。这样锯缝较长，同时参加锯削的锯齿多，往复的次数较少，因此减少锯齿被钩住和折断的危险，并且锯缝较浅，锯条不会被卡住，从而延长了锯条的寿命。如果从扁钢窄的一面起锯，如图 4-20（b）所示，则锯缝短，参加锯割的锯齿少，锯缝深，会使锯齿迅速变钝，甚至折断。

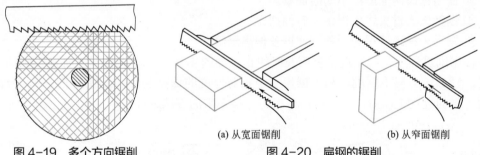

图 4-19　多个方向锯削　　　　　(a) 从宽面锯削　　　　(b) 从窄面锯削

　　　　　　　　　　　　　　图 4-20　扁钢的锯削

　　当工件较大且快要锯断时，应该用手扶住要锯断的一端，如图 4-21 所示，以免零件落地砸脚。

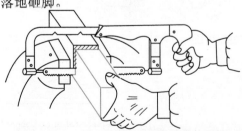

图 4-21　要锯断时用手扶住要锯断的一端

　　② 薄板的锯削　锯削薄板时，要尽量从宽的面上锯下去，使锯齿不易被钩住。当只能从窄面上锯下去时，极易产生弹动，影响锯削质量，可用两块木板夹持，连木板一起锯下，既可避免锯齿被钩住，同时也增强了板料的刚度，锯削时不会产生弹动，如图 4-22（a）所示。也可将薄板夹在台虎钳上，用手锯作横向斜推锯，使手锯与薄板接触的齿数增加，避免锯齿崩裂。锯削时，应使锯条紧靠钳口，便可锯成与钳口平行的直锯缝，如图 4-22（b）所示。

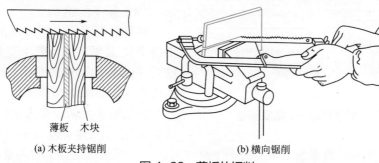

薄板　木块

(a) 木板夹持锯削　　　　　　　　(b) 横向锯削

图 4-22　薄板的锯削

③ 槽钢的锯削

a. 槽钢锯削前的夹持。锯削前应正确夹持槽钢，以免使槽钢在锯削加工过程中发生变形而影响使用。如图 4-23 所示为槽钢在台虎钳上锯削前的夹持方法。

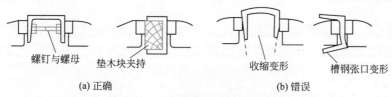

螺钉与螺母　　垫木块夹持　　　　　　　收缩变形　　　　槽钢张口变形

(a) 正确　　　　　　　　　　　　　　(b) 错误

图 4-23　槽钢锯削前的夹持方法

b. 槽钢锯削方法。锯削槽钢时，也应尽量在宽的一面进行锯削，因此必须将槽钢从三个面方向锯削，如图 4-24 所示，这样才能得到较平整的断面，并能延长锯条的使用寿命。

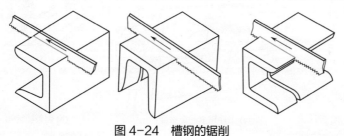

图 4-24　槽钢的锯削

提示

若将槽钢装夹一次，从上面一直锯到底，如图 4-25 所示，这样锯削的效率低，锯缝深而不平整，锯齿也容易折断。

图 4-25　槽钢的一次锯削

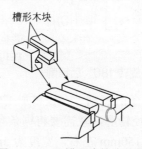

槽形木块

图 4-26　用槽形木块夹住管子

图 4-27　管子转动一个角度锯削

（3）管子的锯削

　　锯削前把管子水平夹持在台虎钳上，不能夹持太紧，以免管子变形，对于薄壁管子或精加工过的管子，应采用槽形木块夹住，如图 4-26 所示。

　　锯削时不可从一个方向锯削至结束，这样锯削锯齿容易被勾住而崩齿，而且这样锯出的锯缝会因为锯条的跳动而不平整。所以，当锯条锯到管子的内壁时，应将管子向推锯方向转过一个角度，如图 4-27 所示，然后锯条再沿原来的锯缝继续锯削，这样不断转动，不断锯削，直至锯削结束。

提示

　　锯削管子前，可划出垂直于轴线的锯削线，由于锯削时对线的精度要求不高，最简单的方法是用矩形纸条（划线边必须直）按锯削尺寸绕住工件外圆，如图 4-28 所示，然后用滑石划出。

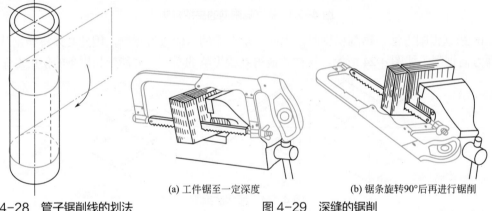

(a) 工件锯至一定深度　　　　　　(b) 锯条旋转90°后再进行锯削

图 4-28　管子锯削线的划法　　　　　　图 4-29　深缝的锯削

（4）深缝的锯削

　　对于深缝的锯削，可以先用顺锯的方法将工件锯至一定的深度，如图 4-29（a）所示。当锯缝深度超过锯弓宽度时，可将锯条旋转 90°，安装后再进行锯削，如图 4-29（b）所示。

　　当工件的宽度超过锯弓的宽度时，旋转 90° 也不能向下锯时，可以将锯弓旋转 180°，安装锯条后再进行锯削，如图 4-30 所示。

（5）曲线轮廓的锯削

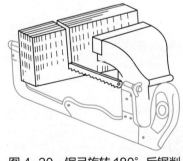

图 4-30　锯弓旋转 180° 后锯削

　　① 曲线锯条的磨制　在板料加工中，有时需要进行曲线轮廓的锯削。为尽量锯削比较小的曲线半径轮廓，就需要将锯条条身磨制成如图 4-31 所示的形状与尺寸，即其工作部分的长度为 150mm 左右，宽度为 5mm 左右，两端采用圆弧过渡。在磨制曲线锯条时应及时放入水中进行冷却，以防退火而降低锯条硬度，同时要在细条身两端磨出圆弧过

渡，以利于切削并防止条身折断。

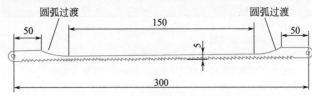

图4-31 曲线锯条的形状与尺寸

② 外曲线轮廓的锯削 进行外曲线轮廓的锯削时，要尽量调紧锯条，先从工件外部锯出一个切线入口，如图4-32（a）所示，然后再沿着曲线轮廓加工线进行锯削，如图4-32（b）所示，则得到一曲线轮廓工件。

③ 内曲线轮廓的锯削 内曲线轮廓的锯削操作步骤与方法如下：

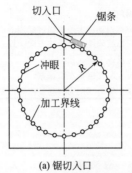

(a) 锯切入口

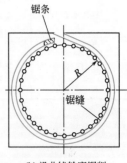

(b) 沿曲线轮廓锯削

图4-32 外曲线轮廓的锯削

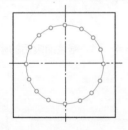

① 划线
用划规在工件毛坯件上划出内曲线加工线并冲眼

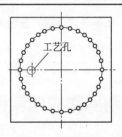

② 钻工艺孔
先从工件内部接近加工线的地方钻出一个直径为15～18mm的工艺孔

③ 锯切入口
穿上锯条，并尽量调紧，在工艺孔处锯出一弧线切入口

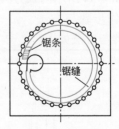

④ 锯削
沿内曲线轮廓加工线进行锯削，完成锯削

4.2.3　锯削质量分析

锯削质量分析见表4-2。

表 4-2　锯削时的质量分析

质量问题	产生原因
锯条折断	① 工件未装夹紧固 ② 锯条安装过松或过紧 ③ 锯削压力过大或锯削方向突然发生改变 ④ 强行纠正歪斜的锯缝或调换新锯条后仍在原锯缝用力锯入 ⑤ 锯削时锯条中间局部磨损，拉长锯时锯条卡住 ⑥ 中途停顿时，手锯未从工件中取下而碰断
锯齿崩裂	① 锯条选择不当 ② 起锯时起锯角过大 ③ 锯削运动突然摆动过大或锯齿过猛撞击
锯缝歪斜	① 工件安装时锯缝未能与铅垂线方向一致 ② 锯条安装过松或歪斜、扭曲 ③ 锯削压力过大，使锯条左右偏摆 ④ 锯削时未扶正锯弓或用力过猛使锯条背离锯缝中心平面

 提示

　　当锯条局部几个齿崩裂后，应及时在砂轮上进行修整，即将相邻的 2～3 齿磨低成凹圆弧，如图 4-33 所示，并把已断的齿根磨光。如不及时处理，会使崩裂齿的后面各齿相继崩裂。

图 4-33　锯齿崩裂后的修整

4.3　锯削操作应用实例

4.3.1　长方体锯削

（1）加工实例图样
　　锯削如图 4-34 所示的长方体图样。

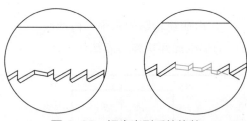

（2）操作步骤与方法
　　操作步骤与方法如下：

图 4-34　长方体锯削图样

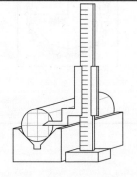

① 划线

将圆钢放在 V 形铁上，用高度尺划出锯削加工线

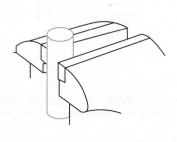

② 工件装夹

将工件竖着装夹在台虎钳上，工件伸出钳口不要过长，并应使锯缝离开钳口侧面约 20mm，以防锯削时产生振动

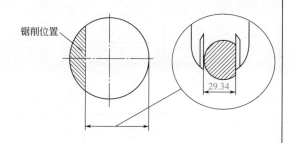

③ 锯一面

按划线位置，以近起锯的方式锯削一面，用游标卡尺检查，保证尺寸（29.34±0.5）mm

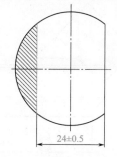

④ 锯对应面

正确装夹工件，按划线位置，以近起锯的方式锯削对应面，用游标卡尺检测对边尺寸应为（24±0.5）mm

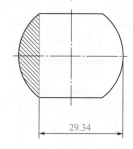

⑤ 锯第三面

按划线位置锯削第三面，并用角尺检测相邻面的垂直度

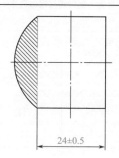

⑥ 锯第四面

以近起锯的方式按划线位置锯削第四面，用游标卡尺检测对边尺寸应为（24±0.5）mm

4.3.2　V形块的锯削

（1）加工实例图样

锯削如图4-35所示的V形块图样。

（2）操作步骤与方法

操作步骤与方法如下：

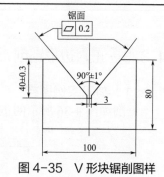

图4-35　V形块锯削图样

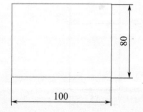

① 备料

准备一块方钢板料（100mm×80mm），并对坯料毛刺等进行清理

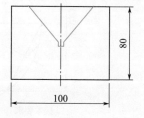

② 划线

按图样尺寸在板料上划出锯削加工线

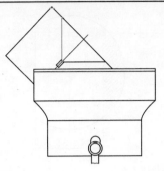

③ 锯一面

将工件夹于台虎钳左端，控制其露出钳口的高度，并将锯削线置于铅垂位置（锯削线与钳口边缘平行），采用细齿锯条锯削第一面

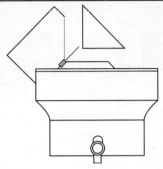

④ 锯对应面

将工件翻转180°采用同样的方法进行装夹，锯削第二面

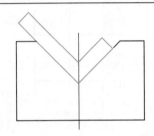

⑤ 检测

用锉刀倒棱，用90°角尺检测两锯削表面的垂直度误差，并用游标卡尺测量锯削尺寸

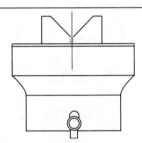

⑥ 锯直槽

将工件正常装夹于台虎钳上（保证两斜面中心线垂直于台虎钳），以近起锯的方式轻锯中间直槽至尺寸（40±0.3）mm

4.3.3　正六边形锯削

（1）加工实例图样

锯削如图4-36所示的正六边形图样。

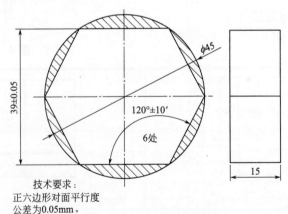

技术要求：
正六边形对面平行度
公差为0.05mm。

图4-36　正六边形锯削图样

（2）操作步骤与方法

操作步骤与方法如下：

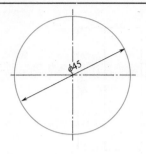

① 备料

准备一圆钢 $\phi45$mm×15mm，并对坯料毛刺等进行清理

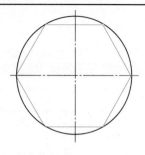

② 划线

将坯料夹持在分度头三爪卡盘上，按图样尺寸在坯料上划出锯削加工线

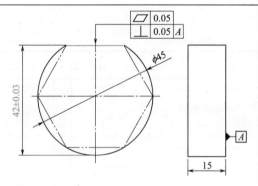

③ 加工基准面

台虎钳按要求装夹工件，按划线位置，以近起锯的方式锯削基准面，保证尺寸（42±0.03）mm

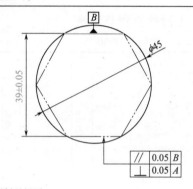

④ 锯削平行面

正确装夹工件，按划线位置，以近起锯的方式锯削平行面（对应面），用游标卡尺检测对边尺寸应为（39±0.05）mm

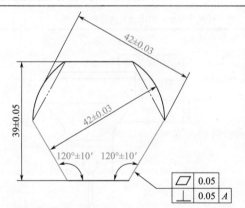

⑤ 锯削第三、四面

正确装夹工件，按划线位置锯削对称的第三、四面，控制尺寸（42±0.03）mm，并用角尺检测相邻面的角度（120°）

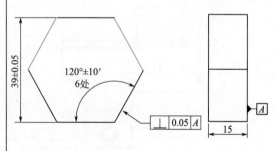

⑥ 锯削第五、六面

正确装夹工件，按划线位置锯削对称的第三、四面，控制尺寸（39±0.05）mm，并保证正六边形平行度公差为0.05mm

4.3.4 直角块锯削

（1）加工实例图样

锯削如图4-37所示的直角块形图样。

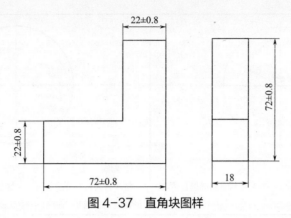

图 4-37　直角块图样

（2）操作步骤与方法

操作步骤与方法如下：

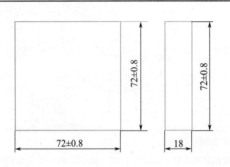

① 备料

准备 72mm×72mm×18mm 方块钢料，并清理坯料毛刺等

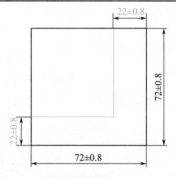

② 划线

按图样尺寸要求，划出直角块锯削加工线

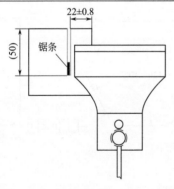

③ 锯一面

将工件正确装夹在台虎钳上（保证加工线与钳口垂直），以近起锯的方式锯削一面，用游标卡尺检查，保证尺寸（22±0.8）mm

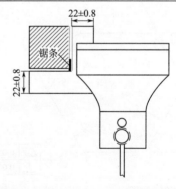

④ 锯垂直面

将工件翻转 90° 装夹在台虎钳上，按划线位置，以近起锯的方式锯削垂直面，用游标卡尺检测尺寸（22±0.8）mm，并控制两锯削面的垂直度

第 5 章 工件錾削

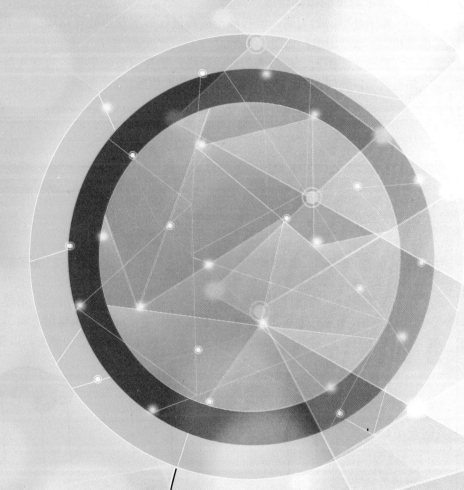

机械加工基础技能双色图解

好钳工是怎样炼成的

鏨削是用锤子打击鏨子对金属工件进行切削加工的方法，是钳工较为重要的基本加工方法。目前主要用于不便于机械加工的场合，如去除毛坯上的凸缘、毛刺，分割材料，鏨削平面及沟槽等。

5.1 常用鏨削工具

鏨削时主要的工具是鏨子和手锤。

5.1.1 鏨子

鏨子一般用优质碳素工具钢锻成，并经过刃磨和热处理，硬度可达 56～63HRC。

（1）鏨子的结构组成

鏨子是鏨削的刀具，锻打成形后再进行刃磨和热处理而成。鏨子主要由切削部、鏨身和头三部分组成，如图 5-1 所示。

鏨刃主要由前、后刀面的交线形成；鏨身的截面形状主要有八角形、六角形、圆形和椭圆形，如图 5-2 所示，使用最多的是八角形。

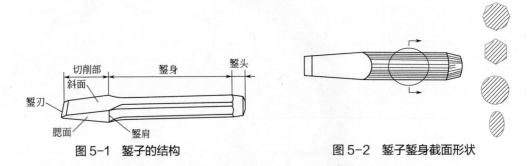

图 5-1　鏨子的结构　　　　　　　图 5-2　鏨子鏨身截面形状

鏨头有一定的锥度，鏨头端部略呈球面，便于稳定锤击。如果鏨子头部是平的，如图 5-3（b）所示，则锤击时与手锤的接触不稳，难以控制鏨切方向。当鏨子头部经锤子不断敲击后，就易形成毛刺，如图 5-3（c）所示，必须立即磨去，以免碎裂时飞溅伤人。

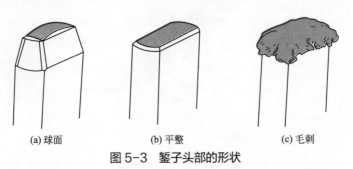

(a) 球面　　　　　　　(b) 平整　　　　　　　(c) 毛刺

图 5-3　鏨子头部的形状

（2）鏨子的种类与用途

根据鏨子锋口的不同，鏨子可分为扁鏨、尖鏨、油槽鏨三种。其结构特点和用途见表 5-1。

表 5-1　錾子的结构特点与用途

錾子的种类	图示	结构特点	用途说明
扁錾		切削部分扁平、切削刃略带圆弧	用于去除凸缘、毛边和分割材料
尖錾		切削刃较强，切削部分的两个侧面从切削刃起向柄部逐渐变狭	用于錾槽和分割曲线板料
油槽錾		切削刃强，并呈圆弧形或菱形，切削部分常做成弯曲形状	用于錾削润滑油槽

（3）錾子的工件角度与选择

① 錾子的工作角度　錾子錾削时的工作角度如图 5-4 所示。它的主要角度有三个：楔角、后角和前角。

a. 楔角。它是前刀面与后刀面之间的夹角，用符号 β_0 表示。

b. 后角。它是后刀面与切削平面之间的夹角，用符号 α_0 表示。其大小由錾子被手握的位置所决定，一般取 $5° \sim 8°$。

c. 前角。它是前刀面与基面之间的夹角，用符号 γ_0 表示。其作用是减少錾削时切屑变形，并使錾削轻快省力。前角可由下式来计算：

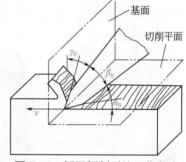

图 5-4　錾子錾削时的工作角度

$$\gamma_0 = 90° - (\beta_0 + \alpha_0)$$

② 錾子工作角度的选择　影响錾削质量和效率的主要因素是錾子的楔角和錾削时后角的大小。

a. 楔角的选择。楔角小，錾子刃口锋利，但强度较差，易崩刃。楔角大，錾子强度好，但錾削时阻力大，不易切削，如图 5-5 所示。楔角大小应根据工件软硬度来选择，錾削工具钢等硬材料时，β_0 取 $60° \sim 70°$；錾削中等硬度材料时，β_0 取 $50° \sim 60°$；錾削铜、铝、锡等软材料时，β_0 取 $30° \sim 45°$。

b. 后角的选择。后角太大会使切入太深；太小又会使錾子容易滑出而无法錾削，如图 5-6 所示。一般后角以 $5° \sim 8°$ 为宜。在錾削过程中，后角应尽量保持不变，否则加工表面将不平整。

图 5-5　錾子的楔角

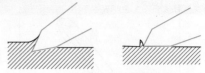

图 5-6　錾子后角对錾削的影响

5.1.2　手锤

（1）手锤的规格

錾削用手锤如图 5-7 所示，由锤头和木柄两部分组成。锤子的质量用来表示手锤的规格，常用的有 0.22kg、0.44kg、0.66kg、0.88kg、1.1kg 等几种。

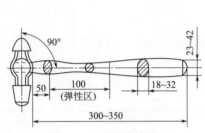

图 5-7　手锤的结构

图 5-8　锤柄长度的确定

锤头一般用碳素钢（T7 或 T8）制成，并经淬火硬处理。锤柄用坚韧的木料制成，一般选檀木的较多。锤子的锤柄长度为 300 ～ 350mm，锤头越重，安装的手柄越长，如 1.1kg 锤头应安装 350mm 长锤柄。但也可根据人的小臂长度来确定，如图 5-8 所示。

（2）手锤的安装

如图 5-9 所示，安装手锤时，要使锤柄中线与锤头中线垂直；锤柄安装在锤头中必须稳固可靠，要防止脱落而造成事故。为此，装锤柄的孔应做成椭圆形。锤柄敲紧在孔中后，端部再打入楔子，让其不能松动。锤柄也应是椭圆形，这样手握持时，手锤便不会转动，锤击点更为准确。

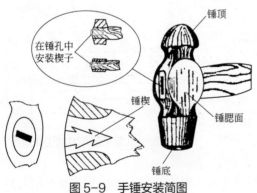

图 5-9　手锤安装简图

5.2　錾子的刃磨与热处理

5.2.1　錾子的刃磨

（1）錾子的刃磨要求

① 錾子的几何形状和合理角度应根据加工材料的性质来定。

② 錾子楔角的大小应根据工件材料的软硬来决定。

③ 尖錾的切削刃长度应与所加工的槽宽相对应，两个侧面间的宽度从切削刃起向顶部逐渐变窄。使得在錾槽形成 $1°\sim3°$ 的副偏角。

④ 錾子切削刃要与錾子的几何中心线垂直，并应在錾子的对应平面上。

⑤ 刃磨时加在錾子上的压力不能过大。

⑥ 左右移动时要平稳均匀。

⑦ 刃磨时应及时沾水冷却，以防退火。

（2）砂轮的选用

刃磨錾子的砂轮大多采用平砂轮，一般为氧化铝砂轮。氧化铝砂轮又称刚玉砂轮，多呈白色，其磨粒韧性好，比较锋利，硬度较低，自锐性好。

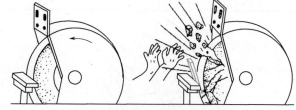

图5-10　托板与砂轮间的距离

在磨削时，必须注意砂轮机上托板与砂轮间的距离不能过大，以防止錾子被砂轮带入，夹在砂轮与托板之中，引起砂轮爆裂，造成安全事故，如图5-10所示。

（3）錾子刃磨方法

錾子刃磨方法如下：

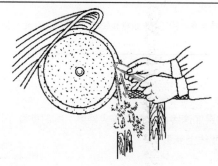

① 磨斜面

两手一前一后，前端用右手的大拇指和食指捏住，其他三指自然弯曲，小指下部支持在固定的托板上，左手的五指轻轻捏住錾身，刃磨两斜面

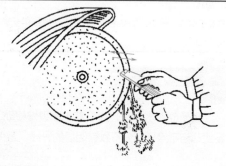

② 磨腮面

以同样的姿势捏住錾子，刃磨两腮面（全宽移动要平稳），控制錾刃宽度

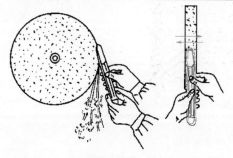

③ 磨刃口

两手握住錾子，在砂轮的外缘上刃磨刃口，两手要同时左右移动

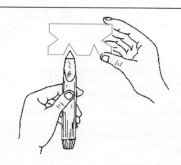

④ 检查

刃磨过程中，可即时用角度样板来检测楔角，以保证使用要求

5.2.2 錾子的热处理

錾子的热处理包括淬火和回火两个步骤，其目的是为使錾子切削部具有较高的硬度和一定的韧性。

（1）淬火

淬火的操作步骤如下：

① 加热

将錾子放入火炉中，加热至760℃左右（即加热至錾子呈樱红色时）

② 淬火

加热至要求后，用夹钳将其取出，并迅速垂直浸入水中进行冷却（浸入深度 5～6mm），即完成淬火

 提示

錾子放入水中时，应沿着水面缓慢移动。其目的是加速冷却，提高淬火硬度。同时使錾子淬硬部分与不淬硬部分不致有明显的界线，避免錾子在此线上断裂。

（2）回火

錾子的回火是利用本身的余热进行的。其操作步骤如下：

① 取錾

等冷却好后（即錾子露出水面部分呈黑色时），将錾子从水中取出

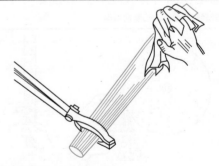

② 去氧化皮

用抹布迅速擦去錾子切削部的氧化皮

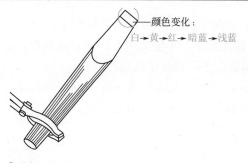

③ 观色

观察錾子刃部的颜色变化，开始出水时呈白色，由于刃口温度逐渐升高，颜色由白至黄，再至红色，然后变为暗蓝色，再变为浅蓝色

④ 再冷却

当錾子刃口部分的颜色呈紫红色与暗蓝色之间（尖錾刃口部分呈黄褐色与红色之间）时，将錾子再次放入水中冷却

5.3 錾削的基本操作技术

5.3.1 錾削操作动作要领

（1）錾削安全知识

① 根据錾削要求正确选用錾子的种类。

② 錾削的工件要用台虎钳夹持牢固、可靠，一般錾削表面高于钳口 10mm 左右，如图 5-11 所示，底面若与钳身脱开，则须加装木块垫衬，以保证錾削时的安全。

③ 錾削时要戴防护眼镜。

④ 錾削方向要偏离人体，或加防护网，加强安全措施。

⑤ 錾削时，要目视錾子切削刃，手锤要沿錾子的轴线方向锤击錾子中央。

⑥ 錾身锤击处，若有毛刺或严重开裂时，要及时清除或磨掉，避免碎裂伤手。

⑦ 手锤松动时，要及时更换或修整，以防止锤头脱落飞出伤人。

⑧ 錾屑要用刷子刷掉，不得用手去抹和用嘴吹。

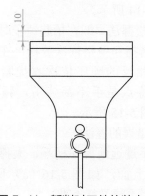

图 5-11 錾削时工件的装夹

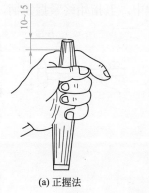

(a) 正握法　　　　(b) 反握法

图 5-12 錾子的握法

（2）錾子的握法

錾子主要是用左手的中指、无名指和小指握住，食指的大拇指自然地接触，常用的

握法有两种。

① 正握法　如图 5-12（a）所示，左手手心向下，拇指和食指夹住錾子，錾子头部伸出 10～15mm 左右，其余三指向手心弯曲握住錾子，不能太用力，应自然放松，以免敲击时掌心承受的振动过大，或一旦锤子打偏后伤手，该握法应用广泛。

② 反握法　如图 5-12（b）所示，左手手心向上，大拇指放在錾子侧面略偏上，自然伸曲，其余四指向手心弯曲握住錾子，这种握錾子的方法錾削力较小，錾削方向不容易掌握，一般在不便于正握錾子时才采用。

提示

> 　　正握法由于手对錾子的握力不大，当锤击不准而误击到手上时，手很容易顺錾子滑下，不致被严重击伤，若将食指和大拇指也一起捏紧，则误击时轻则击破皮肉，重则击伤筋骨，并且握得太紧，錾削时工件产生的反弹力由錾子传到手腕，容易受振并引起疲劳。

（3）手锤的握法

锤子用右手握住，采用五个手指满握的方法，大拇指轻轻压在食指上，虎口对准锤子方向，木柄尾端露出 15～30mm，如图 5-13 所示。

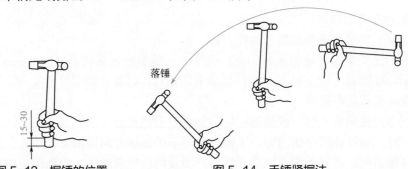

落锤

15~30

图 5-13　握锤的位置　　　　图 5-14　手锤紧握法

用锤子进行敲击时，锤子的握法有两种。

① 紧握法　即用五个手指握住锤子，无论是抬起锤子或是进行锤击时都保持不变，其特点是在挥锤和落锤过程中，五指始终紧握锤柄，如图 5-14 所示。

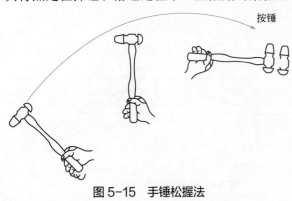

按锤

图 5-15　手锤松握法

② 松握法　即在抬起锤子时，小指、无名指和中指依次放松，在落锤时又以相反的顺序依次收拢紧握锤柄，其特点是手不易疲劳，锤击力大，如图 5-15 所示。

③ 错误的握法

a. 手过远地握在柄端，大拇指放在锤柄上面，如图 5-16（a）所示。这样既握不稳又打不准。

b. 手过近地靠近锤头，如图 5-16（b）所示，这样不能利用手腕的运动，并且手距离工件太近，锤击时软弱无力。

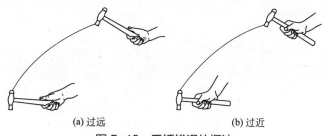

(a) 过远　　　　　　　　(b) 过近

图 5-16　手锤错误的握法

（4）站立姿势

鏨削时正确的站立姿势是为了便于用力，且全身不易产生疲劳现象。通常左脚向前半步，右脚在后，两脚之间的距离约为一锤柄长，重心置于左脚，稳定站在台虎钳的近旁。腿不要过分用力，左膝盖稍微弯曲，右腿站稳伸直，两脚站成"V"形。头部不要探前或后仰，应面向工件，目视鏨子刃口，如图 5-17 所示。

（5）挥锤的方法

挥锤方法分为腕挥法、肘挥法和臂挥法三种。

① 腕挥法　腕挥法是以腕关节动作为主，肘关节、肩关节相互协调进行的一种挥锤方法，如图 5-18 所示。

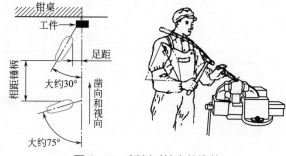

图 5-17　鏨削时站立的姿势

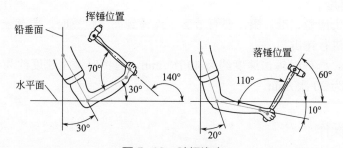

图 5-18　腕挥姿态

腕挥法的特点是腕关节的动作幅度为 40°（110°−70°=40°）左右，前臂的挥起幅度为 40°（10°+30°=40°）左右，锤子的挥起幅度为 80°（140°−60°=80°）左右。由于锤子的挥起幅度小，因而锤击力量也比较小，一般用于起鏨、收鏨和精鏨。腕挥时采用紧握法握锤。

② 肘挥法　肘挥法是以肘关节动作为主，肩关节、腕关节相互协调所进行的一种挥锤方法，如图 5-19 所示。

肘挥的动作特点是前臂与水平面大致成 80°，前臂的挥起幅度为 90°（80°+10°=90°）左右，手锤的挥起幅度为 140°（200°−60°=140°）左右。由于手锤的挥起幅度较大，因而锤击力量也比较大。肘挥时采用松握法握锤。

③ 臂挥法　臂挥法是以肩关节动作为主，前、后大幅度动作的一种挥锤方法，如图 5-20 所示。

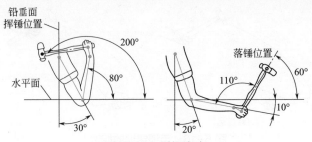

图 5-19　肘挥姿态

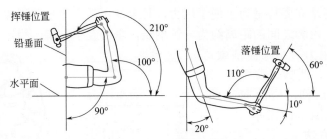

图 5-20　臂挥姿态

臂挥的动作特点是后臂提起与铅垂面大致成 90°，前臂的挥起幅度为 110°（100°+10°=110°）左右，锤子的挥起幅度为 150°（210°-60°=150°）左右。由于挥锤位置为最高极限，因而锤子的挥起幅度最大，所以锤击力量也最大，一般用于大力錾削。臂挥时采用松握法握锤。

（6）锤击速度

錾削时的锤击应稳、准、狠，要有节奏。挥锤到高度位置时，要有一个短暂的停顿，然后再用力落锤进行锤击。

一般情况下，腕挥时锤击速度约为 40 次 /min，肘挥时锤击速度约为 35 次 /min，臂挥时锤击速度约为 30 次 /min。

5.3.2　錾削操作

（1）錾削的方法

錾削分三个步骤，即起錾、正常錾削和结束錾削。

① 起錾　起錾时，錾子尽可能向右倾斜 45°左右，从工件边缘尖角处开始，使錾子从尖角处向下倾斜约 30°，轻击錾子，切入工件，如图 5-21 所示。

另外，还有一种起錾的方法，称为正面起錾，即起錾时全部刃口贴住工件錾削部位的端面，如图 5-22 所示，錾出一个斜面（3°～5°），然后按正常角度錾削。这样的起錾可避免錾削的弹跳和打滑，且便于掌握加工余量。

② 正常錾削　起錾完成后就可进行正常錾削了。当錾削层较厚时，要使后角 α_0 小一些；当錾削层厚度较薄时，其后角 α_0 要大些，如图 5-23 所示。

③ 结束錾削　当錾削到工件尽头时，要防止工件材料边缘崩裂，脆性材料尤其要注意。因此，錾到尽头 10mm 左右时，必须调头錾去其余部分，如图 5-24 所示。

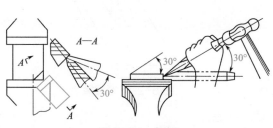

图 5-21　起錾

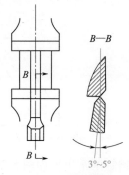

图 5-22　正面起錾

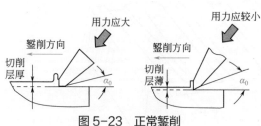

图 5-23　正常錾削

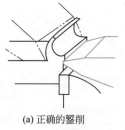

(a) 正确的錾削　　　(b) 错误錾削

图 5-24　结束錾削

（2）各种材料的錾削方法

① 平面的錾削

a. 较窄平面的錾削。如图 5-25 所示，錾子的刃口要与錾削方向保持一定角度，使錾子容易被自己掌握。

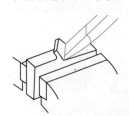

图 5-25　较窄平面的錾削

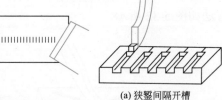

(a) 狭錾间隔开槽　　　(b) 錾剩余部分

图 5-26　大平面的錾削

b. 大平面的錾削。如图 5-26 所示，可先用狭錾间隔开槽，槽深一致，然后用扁錾錾去剩余部分。

② 槽的錾削

a. 直槽的錾削。直槽的錾削通常按以下步骤进行：

• 根据錾削直槽的几何尺寸，将尖錾磨成如图 5-27 所示的结构尺寸。

• 按图样尺寸划出直槽加工线，如图 5-28 所示。

• 粗、精錾直槽达到其技术要求，如图 5-29 所示。

• 修整槽边刺并进行检测。

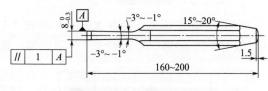

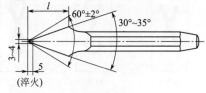

图 5-27　尖錾的刃磨尺寸

图 5-28 直槽錾削加工线

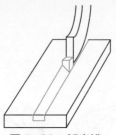

图 5-29 錾直槽

直槽錾削常出现如图 5-30 所示的质量问题。

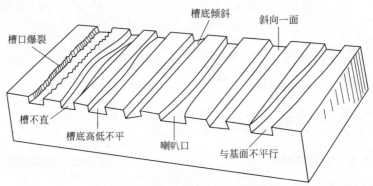

图 5-30 直槽錾削常见质量问题

b. 键槽的錾削。对于带圆弧的键槽，应先在键槽两端钻出与槽宽相同的两上盲孔，再用狭錾錾削，如图 5-31 所示。

c. 油槽的錾削。油槽分为平面油槽和曲面油槽两种，其作用是向运动机件的接触部位输送存储润滑油。錾削方法如图 5-32 所示。

图 5-31 键槽的錾削　　图 5-32 油槽的錾削

平面油槽的形式一般有 X 形、S 形和"8"字形等，如图 5-33 所示；曲面油槽的形式一般有"1"字形、X 形和"王"字形等，如图 5-34 所示。

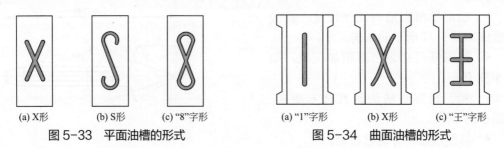

(a) X形　　(b) S形　　(c)"8"字形　　　(a)"1"字形　　(b) X形　　(c)"王"字形

图 5-33 平面油槽的形式　　　图 5-34 曲面油槽的形式

油槽錾削时要求槽形粗细均匀，深浅一致，槽面光滑，通常可按以下步骤进行錾削：

- 根据錾削油槽的类型分别选择对应的油槽錾，再按油槽的几何尺寸对所选的油槽錾进行粗磨、热处理和精磨。最后用油石修磨前、后刀面，以保证錾出的油槽表面光滑。
- 按图样尺寸要求划出油槽加工线。
- X 形油槽的錾削应先连续、完整錾出第一条油槽，再分两次錾削第二条槽，即錾至与第一条油槽交会后不再连续錾下去，而是调头从第二条油槽的另一端重新开始錾削，直至与第一条油槽交会。

对 "8" 字形油槽，得把 "8" 字形油槽分成两大部分进行錾削，即中间两条相交的直线槽为第一部分（第一部分的錾削与 X 形油槽方法基本相同），两边的两个半圆槽为第二部分，两条相交的直线槽錾好后，再来錾两个半圆槽。

对 "王" 字形油槽，首先应依次錾出三条周向油槽，然后錾出中间轴向油槽。

 提示

在錾 "8" 字形油槽半圆槽和 "王" 字形油槽的中间轴向油槽时要注意收錾接头处的圆滑过渡。

- 修整槽边刺并进行检测。

③ 板材的錾削　板材的錾削分为薄板、较大板材和复杂板材三种情况。

a. 薄板的錾削。厚度不超过 2mm 的薄钢板可采用夹在台虎钳上錾断的方法，如图 5-35 所示。先将薄板料牢固地夹持在台虎钳上，錾切线与钳口平齐，然后用左手正握法握扁錾，沿着钳口錾削，錾子刃口紧靠工件錾切线，錾子中心与水平面成 30°角，以保证錾子錾削时有 5°～8°的工作后角。

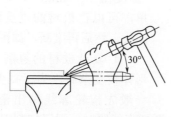

图 5-35　錾薄板料的姿态

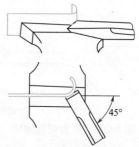

图 5-36　薄板料的錾切法

錾切时錾身与板料在水平面内成 45°角。刃口与钳口上平面平齐，用扁錾、锤子沿钳口自右向左錾切，如图 5-36 所示。

 提示

錾切时，錾子的刃口不能平对着板料，否则錾切时不仅费力，而且由于板料的弹动和变形，易造成切断处产生不平整或撕裂，形成废品，如图 5-37 所示的就是错误的錾削方法。

b. 较大板材料的錾切。比较大的板材不能在台虎钳上錾切，可用软垫板垫在铁砧或平板上，然后从一面沿錾切线（必要时距錾切线 2mm 左右作加工余量）进行錾切，如图 5-38 所示。

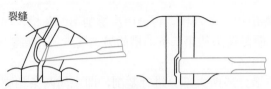

图 5-37　错误錾切薄板料方法

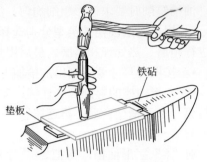

图 5-38　在铁砧上錾切板料

铁砧

垫板

提示

錾切较大板材用錾子的切削刃应磨成弧形，使前后錾痕便于连接齐正，如果用平刃錾切则易错位，如图 5-39 所示。开始时錾子稍微倾斜，然后逐步扶正，依次进行錾切，如图 5-40 所示。

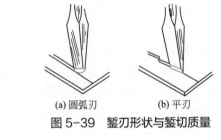

(a) 圆弧刃　　　　(b) 平刃

图 5-39　錾刃形状与錾切质量

(a) 倾斜起錾　　　　(b) 扶正錾削

图 5-40　錾切方法

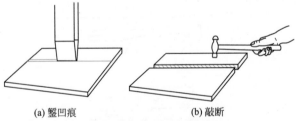

(a) 錾凹痕　　　　(b) 敲断

图 5-41　厚板材的錾切

c. 厚板材的錾切。錾切厚板材（厚度在 2 ～ 4mm）时，如果形体简单，可以在板材的正反两面先錾出凹痕，然后再敲断，如图 5-41 所示。

d. 复杂板材的錾削。当錾切的形体较复杂时，为了减少工件变形，一般先按轮廓线钻出密集的排孔，然后利用扁錾、尖錾逐步錾切，如图 5-42 所示。錾切直线段时，錾子切削刃的宽度可略长（用扁錾），錾切曲线时，錾子切削刃的宽度要根据曲率的大小而定，如曲线的曲率大（半径小）则切削刃要短，如曲线的曲率小（半径大）则切削刃可略长一些。

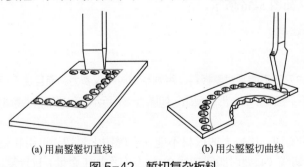

(a) 用扁錾錾切直线　　　　(b) 用尖錾錾切曲线

图 5-42　錾切复杂板料

（3）錾削常见缺陷与防止措施

錾削常见缺陷与防止措施见表 5-2。

表 5-2　錾削常见缺陷与防止措施

常见缺陷	原因分析	防止措施
錾削表面粗糙、凸凹不平	① 錾子刃口不锋利 ② 錾子掌握不正确，左右、上下摆动 ③ 錾削时后角变化（时小时大） ④ 锤击力不均匀	① 刃磨錾子刃口 ② 提高錾削操作技能
錾子刃口崩裂	① 錾子刃部淬火硬度过高 ② 零件材质硬度过高或硬度不均匀 ③ 锤击力太猛	① 降低錾子刃部淬火硬度 ② 零件退火，降低材质硬度 ③ 减少锤击力
錾子刃口卷边	① 錾子刃口淬火硬度偏低 ② 錾子楔角太小 ③ 一次錾削量太大	① 提高錾子刃部淬火硬度 ② 刃磨錾子，增大其楔角 ③ 减少一次錾削量
零件棱边、棱角崩缺	① 錾削收尾时未调头 ② 錾削过程中錾子方向掌握不稳，左右摆动	① 錾削收尾时调头錾削 ② 控制錾子方向，保持稳定
錾削尺寸超差	① 工件装夹不牢 ② 钳口不平，有缺陷 ③ 錾子方向掌握不正、偏斜超线	① 将工件装夹牢固 ② 磨平钳口 ③ 控制錾子方向

5.4　錾削操作应用实例

5.4.1　圆钢棒的錾削

（1）加工实例图样

圆钢棒的錾削图样如图 5-43 所示。

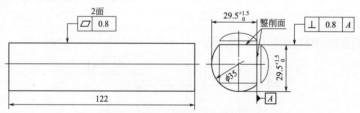

图 5-43　圆钢棒料錾削图样

（2）操作步骤与方法

操作步骤与方法如下：

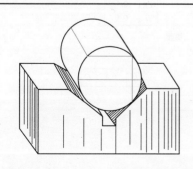

① 划线

将坯料放在 V 形角上，按图样尺寸划出錾削加工线

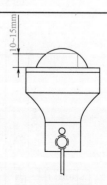

② 工件装夹

按划线位置找正并在台虎钳上夹紧工件。所划的加工面线条应平行于钳口，錾削面高于钳口 10～15mm，下面加衬垫

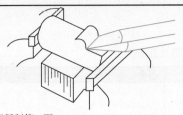

③粗錾削第一面

用扁錾以 0.5 ～ 1.5mm 的錾削余量粗錾第一面

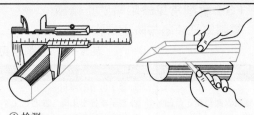

④检测

粗錾完成后，用锉刀修去毛刺，毛刺修整后，用游标卡尺检测尺寸应为 31 ～ 31.5mm；用刀口形直尺检测第一面平面度误差（平面度误差值的大小可用塞尺确定，应达到图样上要求的 0.8mm，即测量时 0.8mm 厚的塞尺不得通过）

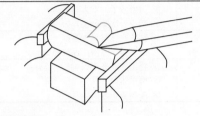

⑤精錾削第一面

用扁錾以 0.5mm 的削余量，以肘挥的挥锤方式对平面进行修整加工，达到图样规定的尺寸和平面度要求（即 :$29.5_{0}^{+0.15}$ mm 和 $\boxed{\diagdown}\ \boxed{0.8}$），且錾削痕迹应整齐一致

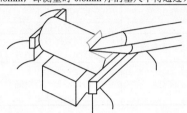

⑥錾第二面

按第一面的錾削方法，粗、精錾第二面至图样要求，并保证垂直度要求为 $\boxed{\perp}\ \boxed{0.8}\ \boxed{A}$

5.4.2　十字形槽的錾削

（1）加工图样

十字形槽的錾削图样如图 5-44 所示。

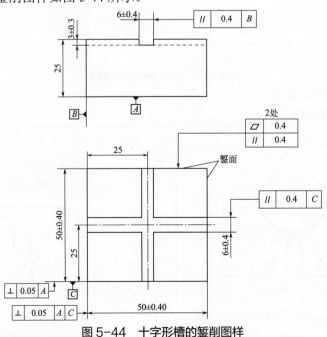

图 5-44　十字形槽的錾削图样

（2）操作步骤与方法

操作步骤与方法如下：

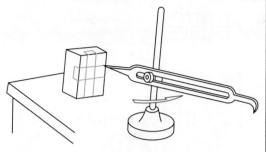

① 划线

将坯料放在 V 形角上，按图样尺寸划出錾削加工线

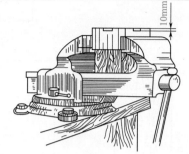

② 装夹

将坯料按划线位置夹持在台虎钳上，并找正位置，使中间槽底划线高出钳口 10mm 左右

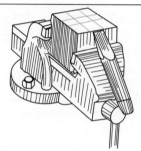

③ 錾第一槽

采用正面起錾方法錾出一个斜面，然后按正常錾削錾出第一条槽

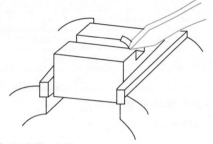

④ 调头錾第一条槽

当錾到尽头约 10mm 时，调头錾去第一条槽部分

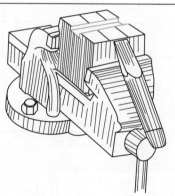

⑤ 錾第二条槽

采用和錾第一条槽的方法起錾，錾出一个斜面后按正常錾削錾出第二条槽

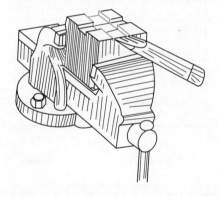

⑥ 调头錾第二条槽

当錾到尽头约 10mm 时，采用同样的方法调头錾去其余部分

5.4.3　带油槽方铁的錾削

（1）加工图样

带油槽方铁的錾削图样如图 5-45 所示。

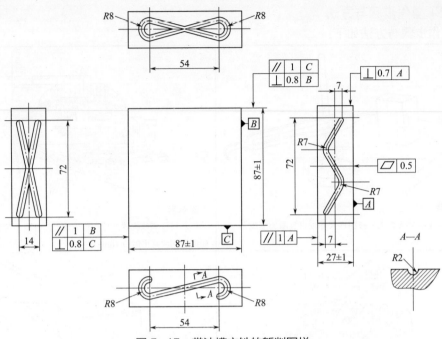

图 5-45　带油槽方铁的錾削图样

（2）操作步骤与方法

操作步骤与方法如下：

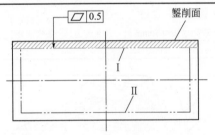

① 錾大平面 I

划出大平面加工线，錾削大平面 I，保证平面度公差 0.5mm

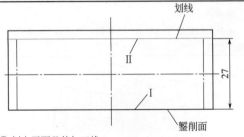

② 划大平面 II 的加工线

以大平面 I 为粗基准，划尺寸 27mm 加工线

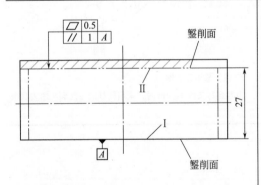

③ 錾大平面 II

在划线位置錾削大平面 II，保证尺寸 27mm，平面度公差为 0.5mm，对基准面 I 的平行度公差为 1mm

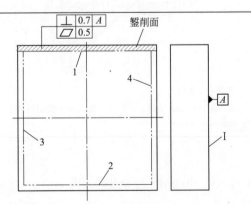

④ 錾侧面 1

錾削侧面 1，保证平面度公差 0.5mm，对大平面 I 的垂直度公差为 0.7mm

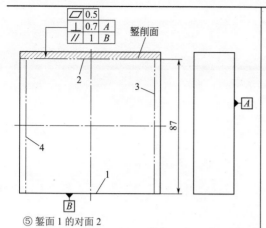

⑤ 錾面 1 的对面 2

以侧面 1 为粗基准，划尺寸 87mm 加工界线，錾削对面 2，保证尺寸 87mm，平面度公差为 0.5mm，对大平面 I 的垂直度公差为 0.7mm，对侧面 1 的平行度公差为 1mm

⑥ 錾侧面 4

按要求装夹工件錾削侧面 4，保证平面度公差为 0.5mm，对大平面 I 的垂直度公差为 0.7mm，对侧面 1 的垂直度公差为 0.8mm

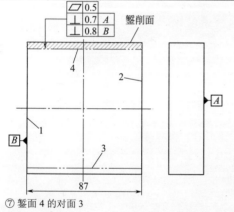

⑦ 錾面 4 的对面 3

以侧面 4 为粗基准，划尺寸 87mm 的加工界线，錾削对面 3，保证尺寸 87mm，平面度公差为 0.5mm，对大平面 I 的垂直度公差为 0.7mm，对侧面 1 的垂直度公差为 0.8mm，对侧面 4 的平行度公差为 1mm

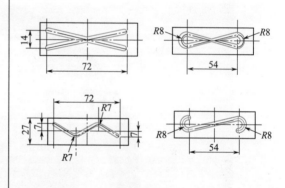

⑧ 錾油槽

划出各油槽加工线，根据錾削油槽的类型分别选择对应的油槽錾，錾出各油槽

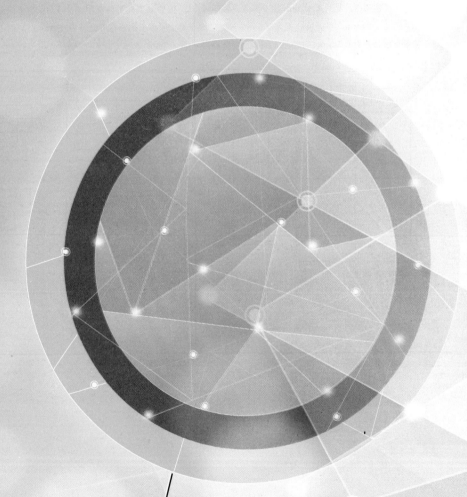

机械加工基础技能双色图解

好钳工是怎样炼成的

用锉刀对工件表面进行切削加工，使其尺寸、形状、位置和表面粗糙度等达到要求的加工方法就叫锉削。锉削后工件的尺寸精度可达 0.01mm，表面粗糙度值可达 $Ra0.8\mu m$。是锯、錾之后对工件进行较高精度的加工。

6.1 锉刀的结构与选用

6.1.1 锉刀的结构

（1）基本结构

锉刀通常是用高碳钢（T13 或 T12）制成的，经热处理后其切削部分硬度可达 62～72HRC。锉刀由锉刀面、锉刀边、锉刀舌、锉齿和锉柄等组成，如图 6-1 所示。

① 锉刀面　锉刀面是锉刀的主要工作面。上面制有锋利的锉齿，起主要的锉削作用，每个锉齿都相当于一个对金属材料进行切削的切削刃。锉刀面在纵长方向略成凸弧形，其目的是防止热处理变形后某一锉刀面变凹，以及抵消锉削时因锉刀上下摆动而产生工件中凸的现象，保证工件能锉得平整。

② 锉刀边　锉刀边是指锉刀的两个侧面，一边有齿，一边没有齿，无齿的一边叫安全边或光边，它可使锉削内直角的一个面时不会伤着邻面。

③ 锉刀舌　锉刀舌是指锉刀的尾部，用来装锉刀木柄。

④ 锉柄　为握住锉刀和用力方便，钳工锉必须装上锉柄。锉柄是用硬木或塑料制成的。木质锉柄是由柄体和柄箍构成的（木质锉柄必须装上柄箍才能使用），其形状如图 6-2 所示。塑料锉柄为整体式，其形状与木质锉柄大致相同。锉柄的长度尺寸 L 的规格范围为 80～120mm，D 为 20～32mm。

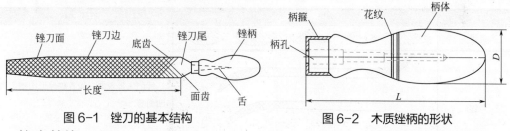

图6-1　锉刀的基本结构　　　　图6-2　木质锉柄的形状

（2）锉纹

锉刀的锉纹也称齿纹，有单锉纹和双锉纹之分，如图 6-3 所示。单锉纹是指锉刀上只有一个方向的齿纹，它多为铣制的齿，其强度较弱，锉削时较为费力，适于锉削软材料；双锉纹是指锉刀上有 2 个方向排列的齿纹，它大多采用剁制的方法制成，其强度高，锉削时较省力，适于锉削硬工件。

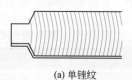
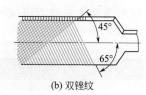

(a) 单锉纹　　　(b) 双锉纹

（3）锉刀的切削角度

锉刀工作时形成的切削角度如图

图6-3　锉刀的锉纹

6-4 所示。图 6-4（a）为铣齿加工的锉齿角度，前角为正值，切削刃锋利，容屑槽大，楔角较小，锉齿的强度低，工作时，全齿宽同时参加切削，需要很大的切削力，适用于锉

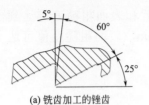

(a) 铣齿加工的锉齿

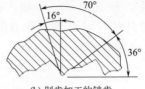

(b) 剁齿加工的锉齿

图6-4 锉刀的切削角度

削铝、铜等软材料。图6-4（b）是剁齿加工的齿形，锉齿交错，前角为负值，切削刃较钝，工作时起刮削作用，楔角大，强度高，适用于锉削硬钢、铸铁等硬材料。

6.1.2 锉刀的种类与规格

（1）锉刀的种类与用途

锉刀分为钳工锉、异形锉（特种锉）的整形锉（俗称什锦锉）三类。

① 钳工锉 钳工锉按其断面形状的不同，钳工锉又分为扁锉、方锉、三角锉、半圆锉和圆锉五种，其用途见表6-1。

表6-1 钳工锉的种类与用途

种类		图示	用途
扁锉	齐头		锉削平面、外曲面
	尖头		
方锉			锉削凹槽、方孔
三角锉			锉削三角槽、大于60°内角面
半圆锉			锉削内曲面、大圆孔用与圆弧相接平面
圆锉			锉削圆孔、小半径内曲面

② 异形锉 异形锉是用来加工零件特殊表面用的，有弯头和直头两种，其种类与用途见表6-2。

表6-2 异形锉的种类与用途

种类	图示	用途
直锉		
弯锉		锉削成形表面，如各种异形沟槽、内凹面等

③ 整形锉 整形锉用于修整工件上细小的部分，它由5把、8把、10把或12把不同断面形状的锉刀组成一组，其种类与用途见表6-3。

表6-3 整形锉的种类与用途

种类	图示	用途
普通整形锉		修整零件上细小的部位，工具、夹具、模具制造中锉削小而精细的零件

种类	图示	用途
人造金刚石整形锉	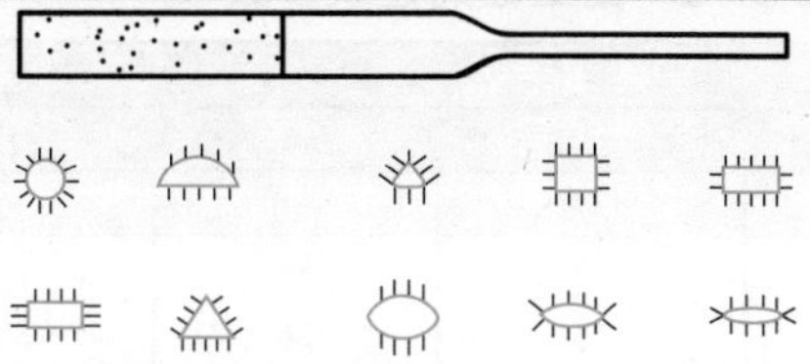	锉削硬度较高的金属（如硬质合金、淬硬钢），修配淬火处理后的各种模具

（2）锉刀的类别、规格与锉纹参数

① 锉刀的类别与形式代号见表 6-4。

表 6-4　锉刀的类别与形式代号

类别	类别代号	形式代号	形式	类别	类别代号	形式代号	形式
钳工锉	Q	01	齐头扁锉	整形锉	Z	01	齐头扁锉
		02	尖头扁锉			02	尖头扁锉
		03	半圆锉			03	半圆锉
		04	三角锉			04	三角锉
		05	矩形锉			05	矩形锉
		06	圆锉			06	圆锉
异形锉	Y	01	齐头扁锉			07	单面三角锉
		02	尖头扁锉			08	刀形锉
		03	半圆锉				
		04	三角锉			09	双半圆锉
		05	矩形锉				
		06	圆锉			10	椭圆
		07	单面三角锉				
		08	刀形锉			11	圆形扁锉
		09	双半圆锉				
		10	椭圆锉			12	菱形锉

② 锉刀的规格　锉刀的规格主要是指尺寸规格。钳工锉以锉身长度作为尺寸规格，异形锉和整形锉是以锉刀全长为尺寸规格。

钳工锉的公称尺寸见表 6-5。

表 6-5　钳工锉的公称尺寸　　　　　　　　　　　　mm

规格尺寸 L		扁锉		半圆锉			三角锉	方锉	圆锉
					薄形	厚形			
in	mm	b	δ	b	δ	δ	b	b	d
4	100	12	2.5 (3.0)	12	3.5	4.0	8.0	3.5	3.5
5	125	14	3.0 (3.5)	14	4.0	4.5	9.5	4.5	4.5
6	150	16	3.5 (4.0)	16	4.5	5.0	11.0	5.5	5.5
8	200	20	4.5 (5.0)	20	5.5	6.5	13.0	7.0	7.0
10	250	24	5.5	24	7.0	8.0	16.0	9.0	9.0
12	300	28	6.5	28	8.0	9.0	19.0	11.0	11.0
14	350	32	7.5	32	9.0	10.0	22.0	14.0	14.0
16	400	36	8.5	36	10.0	11.5	26.0	18.0	18.0
18	450	40	9.5					22.0	

③ 锉纹参数　钳工锉的锉纹号按主锉纹条数分为 1～5 号，1 号为粗齿锉刀，2 号为中齿锉刀，3 号为细齿锉刀，4 号为双细齿锉刀，5 号为油光锉刀。锉齿的粗细规格是

按锉纹的齿距大小来表示的。其粗细等级化具体数值见表 6-6。

表 6-6　钳工锉的锉纹参数

规格/mm	主锉纹条数					辅锉纹条数
	锉纹号					
	1	2	3	4	5	
100	14	20	28	40	56	
125	12	18	25	36	50	
150	11	16	22	32	45	
200	10	14	20	28	40	为主锉纹条数的 75%～95%
250	9	12	18	25	36	
300	8	11	16	22	32	
350	7	10	14	20		
400	6	9	12			
450	5.5	8	11			
公差	±5%（其公差值不足 0.5 条时可圆整为 0.5 条）					±8%

规格/mm	边锉纹条数	主锉纹斜角 λ		辅锉纹斜角 ω		边锉纹斜角 θ
		1～3 号锉纹	4～5 号锉纹	1～3 号锉纹	4～5 号锉纹	
100						
125						
150						
200						
250	为主锉纹条数的 100%～120%	65°	72°	45°	52°	90°
300						
350						
400						
450						
公差	+20%	±5°				±10°

异形锉和整形锉按主锉条数，锉纹号可分为 00，0，1，…，8 共 10 种，其锉纹斜角及每 10mm 轴向长度内的锉纹参数见表 6-7。锉齿的齿高不小于主锉纹法向齿距的 40%。在锉刀梢端 10mm 长度内齿高不小于 30%。

表 6-7　异形锉和整形锉的锉纹参数

规格尺寸/mm	主锉纹条数										辅锉纹条数	边锉纹条数
	锉纹号											
	00	0	1	2	3	4	5	6	7	8		
75	—	—	—	—	50	56	63	80	100	112		
100	—	—	—	40	50	56	63	80	100	112		
120	—	—	32	40	50	56	63	80	100	—	为主锉纹条数的 65%～85%	为主锉纹条数的 50%～110%
140	—	25	32	40	50	56	63	80	—	—		
160	20	25	32	40	50	—	—	—	—	—		
170	20	25	32	40	50	—	—	—	—	—		
180	20	25	32	40	—	—	—	—	—	—		
偏差	±5%											

④ 锉刀的编号　示例见表 6-8。

表 6-8　锉刀的编号示例

锉刀的编号	锉刀的类型、规格	锉刀的编号	锉刀的类型、规格
Q-02-200-3	钳工锉类的尖头扁锉，200mm，3 号锉纹	Z-04-140-00	整形锉类的三角锉，140mm，00 号锉纹
Y-01-170-2	异形锉类的齐头扁锉，170mm，2 号锉纹	Q-03-250-1	钳工锉类的半圆厚型锉，250mm，1 号锉纹

6.2　锉削的基本操作

6.2.1　锉削准备

（1）锉刀使用安全知识

① 不可使用无柄或木柄裂开的锉刀，用无柄的锉刀会刺伤手腕，用木柄裂开的锉刀会夹破手心，如图 6-5 所示。

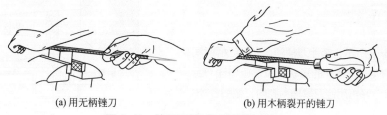

(a) 用无柄锉刀　　　　　(b) 用木柄裂开的锉刀

图 6-5　使用无柄或木柄裂开锉刀

② 锉削时，不可将锉刀柄撞击到工件上，否则手柄会突然脱开，锉刀尾部会弹起而刺伤人体，如图 6-6 所示。

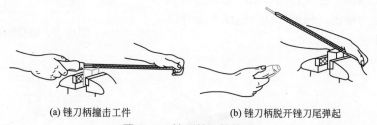

(a) 锉刀柄撞击工件　　　　(b) 锉刀柄脱开锉刀尾弹起

图 6-6　锉刀的不慎使用

③ 锉刀应先用一面，用钝后再用另一面。锉削过程中，只允许推进时对锉刀施加压力，返回时不得加压，以避免锉刀加速磨损、变钝。

④ 锉刀严禁接触油脂或水，锉削中不得用手摸锉削表面，以免锉削时锉刀在工件上打滑，无法锉削，或齿面生锈，损坏锉齿的切削性能。粘着油脂的锉刀一定要用煤油清洗干净，涂上白粉。

⑤ 不可用锉刀锉削毛坯的硬皮及淬硬的表面，否则锉纹会很快磨损而丧失锉削能力。

⑥ 锉刀不可当锤子或撬杠使用，因为锉刀经热处理淬硬后，其性能变脆，受冲击或弯曲时容易断裂。

⑦ 锉刀用完后，要用钢丝或铜片顺着齿纹方向将切屑刷去，如图 6-7 所示。以免切屑堵

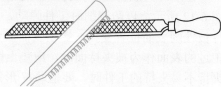

图 6-7　用钢丝刷清除锉刀铁屑

塞，使锉刀的切削性能降低。

⑧ 锉刀放置时，不要露在钳台外面，以防锉刀落下砸伤脚和摔断锉刀。

⑨ 锉刀存放时严禁与硬金属或其他工具互相重叠堆放，以免碰坏锉刀的锉齿或锉伤其他工具。

（2）锉刀柄的装拆

① 锉刀柄的安装　锉刀应安装好锉刀柄。安装锉刀柄的方法有两种，一是利用锉刀自重蹾入锉刀木柄，二是利用锤子敲击木柄安装，如图6-8所示。

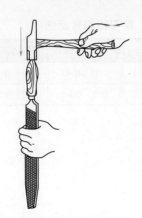

(a) 利用锉刀自重蹾入　　(b) 锤子敲击装入

图6-8　锉刀柄的安装

> **提示**
>
> 如图6-9所示，装锉刀柄前，先在锉柄中间钻出相应的孔，阶梯孔的形状及尺寸应与锉刀舌相吻合。检查好再用锉刀尾插入孔内，如图6-10所示。

② 锉刀柄的拆卸　在台虎钳上拆卸锉刀柄时，将锉刀孔端搁在台虎钳钳口上，把锉刀柄孔端向钳口略用力撞击，利用惯性作用便可脱开锉刀，如图6-11所示。

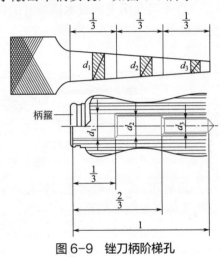

图6-9　锉刀柄阶梯孔

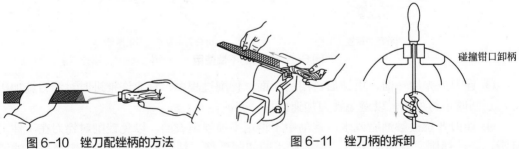

图6-10　锉刀配锉柄的方法　　　　图6-11　锉刀柄的拆卸

（3）工件的夹持

锉削时一般将工件夹持在台虎钳中部，露出钳口不可过高，一般为15～20mm，如图6-12所示，以防锉削时工件弹动，产生振纹。工件应适度夹紧，装夹过松，锉削时工件被锉削表面位置变化，影响表面质量；装夹过紧，有些开口零件可能产生变形。已加工过的表面作为被夹持面时，应垫上钳口铁，如图6-13所示，以免夹伤已加工表面。在夹持不易夹持的工件时，要借助V形钳口铁等辅助工具，如图6-14所示。

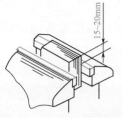
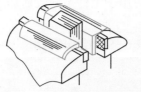

用V形钳口铁夹
持圆柱形工件

图 6-12　工件的装夹要求　　图 6-13　钳口垫铁装夹工件　　图 6-14　V形铁装夹工件

6.2.2　锉削的操作要领

（1）锉刀的选择

每种锉刀都有它适当的用途和不同的使用场合，只有合理地选择，才能充分发挥它的效能和不致于过早地丧失锉削能力。锉刀的选择决定于工件锉削余量的大小、精度要求的高低、表面粗糙度的大小和工件材料的性质。

① 按工件的材质来选择　锉削较软的金属材料时，宜选择单纹锉刀或粗锉刀；锉削钢铁等较硬的金属材料时，宜选用双纹锉刀。

② 按工件加工部位的形状选择　锉刀的断面形状要和工件的形状相适应，不同表面的锉削如图 6-15 所示。锉削内圆弧面时，要选择半圆锉或圆锉（小直径的工件）；锉削内角表面选择三角锉；锉削内直角表面时，可以选用扁锉等。选用扁锉锉削内直角表面时，要注意没有齿的窄面（光边）靠近内直角的一个面，以免碰伤该直角表面。

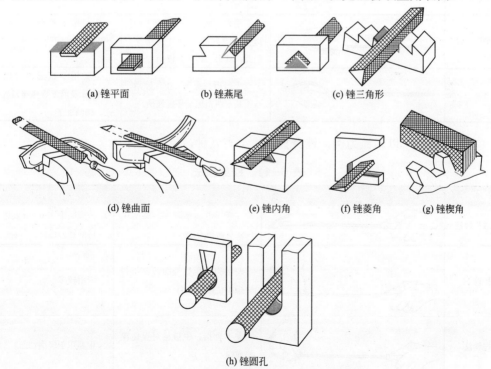

(a) 锉平面　　　　　(b) 锉燕尾　　　　　(c) 锉三角形

(d) 锉曲面　　　(e) 锉内角　　　(f) 锉菱角　　　(g) 锉楔角

(h) 锉圆孔

图 6-15　不同锉削表面锉削时锉刀的选择

③ 按工件加工表面余量、精度及表面粗糙度选择　一般情况下，粗齿锉刀和中齿锉刀主要用于粗加工，细齿锉刀主要用于半精加工，双细齿锉刀主要用于精加工，油光锉

刀主要用于光整加工。

表6-9列出了不同种类的锉刀应用于工件不同表面加工余量、精度及表面粗糙度值的范围。

表6-9　锉刀的选用

锉刀种类	适用场合		
	加工余量 /mm	尺寸精度 /mm	表面粗糙度 Ra 值 /μm
粗齿锉	0.5 ～ 2.0	0.3 ～ 05	6.3 ～ 25
中齿锉	0.2 ～ 0.5	0.1 ～ .3	6.3 ～ 12.5
细齿锉	0.05 ～ 0.2	0.05 ～ 0.2	3.2 ～ 6.3
双细齿锉	0.05 ～ 0.1	0.01 ～ 0.1	1.6 ～ 3.2
油光锉	002 ～ 0.05	0.01 ～ 0.05	0.8 ～ .6

④ 按工件锉削面积选择　根据工件锉削面积的大小，合理选择锉刀的长度规格。

（2）锉刀的握法

锉刀握持的方法较多，锉削不同的工件形状，选用不同的锉刀，其握持的方法也有所不同，但概括起来主要有两种形式，即锉柄握法和锉身握法。

① 锉柄握法　锉柄握法主要有拇指压柄法、食指压柄法和抱柄法三种，见表6-10。

表6-10　锉柄握法

方法	图示	说明	应用
拇指压柄法		右手拇指向下压住锉柄，其余四指环握锉柄	使用最多
食指压柄法		右手食指前端压住锉身上面，拇指伸直贴住锉柄（或锉身）侧面，其余三指环握锉柄	主要用于整形锉刀以及200mm及以下规格锉刀的单手锉削
抱柄法		双手拇指并拢向下压住锉柄，双手其余四指抱拳环握锉柄	主要用于整形锉刀以及200mm及以下规格锉刀进行孔、槽的加工

② 锉身握法　以扁锉为例，锉身握法主要有八种，见表6-11。

表6-11　锉身握法

方法	图示	说明	应用
前掌压锉法		左手手掌自然伸展，掌面压住锉身前部刀面	一般用于300mm及以上规格的锉刀进行全程锉削
扣锉法		左手拇指压住刀面，食指和中指扣住锉梢端面	应用较多
捏锉法		左手食指、中指相对捏住锉梢前端	主要用于锉削曲面
中掌压锉法		左手手掌自然伸展，掌面压住锉身中部刀面	一般用于300mm及以上规格的锉刀进行短程锉削

方法	图示	说明	应用
三指压锉法		左手食指、中指和无名指压住锉身中部刀面	一般用于 250mm 及以下规格的锉刀进行短程锉削
双指压锉法		左手食指和中指压住锉身中部刀面	一般用于 200mm 及以下规格的锉刀进行短程锉削
八字压锉法		左手拇指与食指、中指呈八字状压住锉身刀面	一般用于 250mm 及以下规格的锉刀进行短程锉削
双手横握法		左手拇指与其余四指的指头相对夹住锉身侧刀面	一般用于横推锉削

（3）动作准备

① 手臂姿态　锉削时，对手臂姿态的要求是：要以锉刀纵向中心线（或轴线）为基准，右手持锉柄时，前臂、上臂基本与锉刀纵（轴）向中心在一个垂直平面，并与身体正面大约成 45°角，如图 6-16 所示。在锉削过程中，应始终保持这种姿态。

② 站立姿态　锉削时，对站立姿态的要求是：要以锉刀纵（轴）向中心线的垂直投影线为基准，两脚跟大约肩宽，右脚与锉刀纵（轴）向中心线的垂直投影线大约成 75°角，且右脚的前 1/3 处踩在投影线上，左脚与锉刀纵（轴）向中心线的垂直投影线大约成 30°角，如图 6-17 所示。在锉削过程中，应始终保持这种姿态。

③ 动作姿态　锉削操作时，可将一个锉削行程分为锉刀推进行程和锉刀回退行程两个阶段。锉削速度一般为 40 次 /min 左右，推进行程时稍慢，回退行程时稍快。

为充分理解锉削动作中的姿态特点，将锉刀面三等分，据此将锉刀推进行程又分为前 1/3 推进行程、中 1/3 推进行程和后 1/3 推进行程三个细分阶段。各阶段的操作要点如下。

a. 准备动作。左右脚按照站立姿态要领站好，左腿膝关节稍微弯曲，右腿绷直（右腿在整个锉削过程中始终都处于绷直状态），身体前倾 10°左右，身体重心分布于左右脚，右肘关节尽量后抬，锉削前部锉刀面准备接触工件表面，如图 6-18 所示。

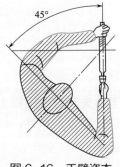
图 6-16　手臂姿态

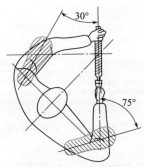
图 6-17　站立姿态

图 6-18　准备动作姿态

b. 前 1/3 推进行程。身体前倾 15°左右，同时带动右臂向前进行 1/3 推进行程。此时左腿膝关节仍保持弯曲，身体重心开始移向左脚，左手开始对锉刀施加压力，如图 6-19（a）所示。

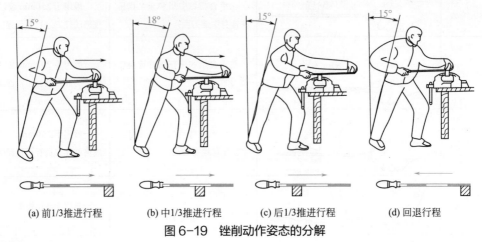

(a) 前1/3推进行程　　(b) 中1/3推进行程　　(c) 后1/3推进行程　　(d) 回退行程

图 6-19　锉削动作姿态的分解

 提示

锉削是在滑行中接触工件表面并开始前 1/3 推进行程的，而不是先把刀面放在工件表面后再推送锉刀进行锉削。

c. 中前 1/3 推进行程。身体继续前倾至 18°左右，并继续带动右臂向前进行中 1/3 推进行程。此时左腿膝关节弯曲到位，身体重心大部分移至左腿，左手施加的压力为最大，如图 6-19（b）所示。

d. 后 1/3 推进行程。当开始后 1/3 锉削行程时，身体停止前倾并开始回退至 15°左右，在回退的同时，右臂继续向前进行后 1/3 推进行程。此时左臂尽量伸展，左手施加的压力逐渐减小，身体重心后移，如图 6-19（c）所示。

e. 回退行程。后 1/3 推进行程完成后，左右臂可稍停顿一下，然后将锉刀稍抬起一点，回退至前 1/3 推进行程开始阶段，也可以贴着工件表面（左手对锉刀不施加压力）回退，如图 6-19（d）所示。至此，一个锉削行程全部完成。

6.2.3　常见形状的锉削操作技法

（1）平面锉削的操作技法

① 平面锉削的步骤　平面锉削通常可按以下步骤操作：

a. 熟悉图样，准备好工具、量具和辅具。

b. 根据零件的形状和要求，首先确定第一锉削基准，并将工件夹紧在台虎钳上适当的位置，对其进行粗锉、精锉；然后确定第二锉削基准，同样进行粗锉、精锉；依次类推，直至满足工件的几何公差要求。

c. 理顺锉纹，用油光锉进行光整加工，达到表面粗糙度要求。

d. 正确使用钢直尺、角尺等各类量具对锉削平面进行检测。

② 平面锉削的平衡要求　锉削是手工操作，锉削若不平衡，使锉刀纵向摆动和横向倾斜，就会产生锉削缺陷。纵向摆动的典型特征是锉削时锉刀容易出现先低后高的现象，把工件表面锉成纵向凸圆弧状，如图 6-20 所示。横向倾斜的典型特征是锉削时锉刀易出现左低右高或左高右低的现象，把工件表面锉成横向倾斜形状，如图 6-21 所示。

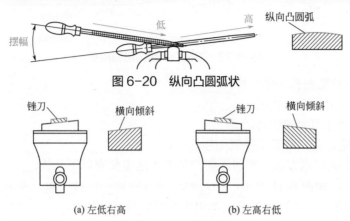

图 6-20　纵向凸圆弧状

(a) 左低右高　　　　　　　　(b) 左高右低

图 6-21　倾斜缺陷

为保持锉削的平衡，平面在锉削时应注意：

a. 锉刀的推进行程应平行于钳口平面。在夹持工件时，应在钳口左（或右）侧留出适当宽度的"基准面"作为校正锉刀姿态的"校正位"，如图 6-22（a）所示，再将锉刀面的中间部位轻轻地置于"校正位"，以使双手获得纵、横两方向的平衡手感，如图 6-22（b）所示，然后再将锉刀移动至工件的表面进行锉削，如图 6-22（c）所示。

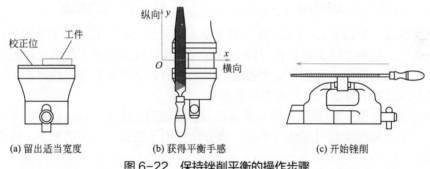

(a) 留出适当宽度　　　　(b) 获得平衡手感　　　　(c) 开始锉削

图 6-22　保持锉削平衡的操作步骤

b. 锉削速度的快慢对锉削平面的平衡控制所产生的影响最大。一般而言，锉削速度越快，则锉刀的摆幅和倾斜量就越大；锉削速度越慢，则锉刀的摆幅和倾斜量就越小。一般锉削速度以 40 次 /min 左右为宜。

c. 一般来说，锉刀的刀面并不是很平整。以扁锉为例，一般在刀面的纵方向和横截方向都略呈不规则的凸凹状，且每把锉刀凸起面和凹陷面的分布情况都不尽相同，但从横截方向来看，其基本特征有两种，一是刀面横向中凸，如图 6-23（a）所示，二是刀面横向中凹，如图 6-23（b）所示。横向中凹的刀面一般用于粗锉加工，横向中凸的刀面一般用于半精锉或精锉加工。

观察刀面状况的方法很简单，先在刀面涂上粉笔灰，并用手指反向压一下，然后在工件表面全程锉削五六次，刀面颜色比较深、比较黑的区域就是凸起面，与工件表面没有接触到的面没有颜色变化，就是凹陷面。

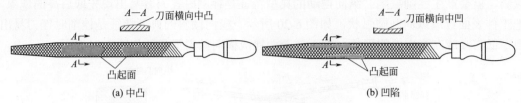

(a) 中凸　　　　　　　　　(b) 凹陷

图 6-23　刀面凸起和凹陷的检查

锉刀刀面涂粉笔灰有 3 个作用：

- 可看出锉刀的刀面状况。
- 易去掉嵌在刀面的切屑。
- 可减少吃刀量，降低工件表面粗糙度。

③ 平面锉削的基本方法　平面锉削的基本方法主要有以下几种。

a. 顺向锉法。如图 6-24 所示，锉刀的运动方向始终保持一致。顺向锉锉纹较整齐、清晰一致，比较美观，表面质量低，适用于小平面精锉的场合。

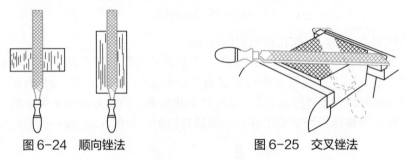

图 6-24　顺向锉法　　　　　　图 6-25　交叉锉法

b. 交叉锉法。如图 6-25 所示，锉刀的运动方向为交叉、交替的两个不同方向，故使锉纹呈交叉状。这种方法的好处是每锉一遍都可以从锉纹上判断工件的平面度情况，便于纠正锉削，因此锉削平面的平面度较好，但工件的表面质量稍差，纹路不如顺向锉法美观。该方法适用于锉削余量大的平面粗加工。

c. 推锉法。如图 6-26 所示，两手横握锉刀往复锉削。由于推锉时锉刀的平衡易于掌握，切削量小，因而能获得平整的平面。该方法常用于狭长小平面的加工，特别适用于各种配合的修锉。

d. 全程锉法。全程锉法是锉刀在推进时，其行程的长度与刀面长度相当的一种锉法，如图 6-27 所示。该方法一般用于粗锉和半精锉加工。

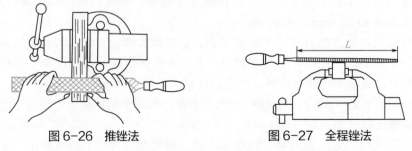

图 6-26　推锉法　　　　　　图 6-27　全程锉法

e. 短程锉法。短程锉法是锉刀在推进时，其行程长度只是刀面长度的 1/4 ～ 1/2，甚至更短的一种锉法，如图 6-28 所示。该方法一般用于半精锉和精锉加工。

④ 平面锉削的基本锉削工艺　平面锉削的基本锉削工艺可按以下要求进行：

a. 粗锉。当加工余量大于 0.5mm 时，一般选用 300～350mm 的粗齿、中齿锉刀进行大吃刀量加工，以快速去除工件上大部分余量，留下半精锉余量 0.5mm 左右。

b. 半精锉。当加工余量为 0.5～1mm 时，一般选用 200～300mm 的中齿、细齿锉刀对工件进行小吃刀量加工，留精锉余量 0.1mm 左右。

c. 精锉。当加工余量小于或等于 0.1mm 时，一般选用 100～200mm 的细齿、双细齿锉刀对工件进行微小吃刀量加工，同时消除半精锉削加工产生的锉痕，达到尺寸和形位精度以及表面粗糙度要求。

d. 光整锉削。对精锉后的工件表面进行理顺锉削纹理方向并进一步降低表面粗糙度的加工，一般选用 100～200mm 的双细齿、油光锉刀以及整形锉进行加工，或用砂布、砂纸垫在锉刀下进行打磨。

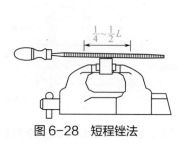

图 6-28　短程锉法

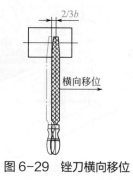

图 6-29　锉刀横向移位

　　锉刀在一个位置锉削五六次后，要横向移动一个待加工位置再锉削，横向移动的距离一般为 1/2 或 2/3 的锉身宽度，另外 1/2 或 1/3 的锉身宽度应覆盖在已加工位置上，如图 6-29 所示。

e. 平面度的一般检测方法。

• 平面度的检查方法。常用刀口尺或钢直尺以透光法来检验其平面度。若直尺与工件表面间透过的光线微弱均匀，说明该平面平直。若透过的光线强弱不一，则该平面高低不平，光线最强的部位是最凹的地方。检查平面度应按纵向、横向、对角方向进行，如图 6-30 所示。

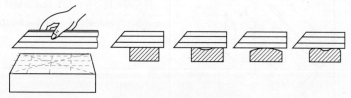

图 6-30　平面度的检查

• 垂直度的检查方法。如图 6-31 所示，用角尺检验加工面与基准面的垂直度时，应将角尺的短边轻轻地贴紧在工件的基准面上，长边靠在被检验的表面上，用透光法检查，要求与检查平面度相同。

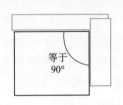
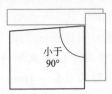
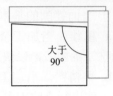

图6-31　垂直度检查

- 平行度的检查方法。锉削检查平行度的方法较多，通常使用的方法有两种。

如图6-32所示，是用百分表检查被加工表面的平行度的方法。检查时，将工件基准面放置在标准平台上，移动工件，从百分表的刻度盘上读出最大值与最小值，二者之差即为被测表面的平行度误差。

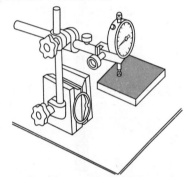

图6-32　用百分表检查平行度

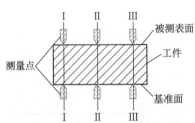

图6-33　用游标卡尺检查平行度

如图6-33所示是用游标卡尺检查平行度的方法。测量时应多测量几个位置，找出最高点（最大值）与最低点（最小值），二者之差即为被测表面的平行度误差。

（2）曲面锉削的操作技法

① 锉削外圆弧面　当锉削余量大时，应分步采有粗锉、精锉加工，即先用顺向锉法横对着圆弧面锉削，按圆弧的弧线锉成多边菱形，最后再精锉外圆弧面。精锉的方法主要有两种，见表6-12。

表6-12　外圆弧面精锉方法

方法	图示	说明
轴向滑动锉法		操作时，锉刀在作与外圆弧面轴线相平行推进的同时，还要作一个沿外圆弧面向右或向左的滑动
周向摆动锉法		操作时，锉刀在作与外圆弧面轴线相平行推进的同时，右手还要作一个沿圆弧面垂直下压锉柄的摆动

② 锉削内圆弧面 内圆弧面的锉削通常选用圆锉、半圆锉或方锉（弧半径较大时）来完成。用圆锉或半圆锉粗锉内圆弧面时，锉刀的动作要同时合成三个运动，即锉刀与内圆弧面轴线平行的推进运动和锉刀刀体的自身旋转（顺时针或逆时针方向）运动以及锉刀沿内圆弧面向右或向左的横向滑动，如图6-34（a）所示。

用圆锉或半圆锉精锉内圆弧面时，采用双手横握法握持刀体，锉刀的动作要同时合成两个运动，即锉刀与内圆弧面轴线上垂直的推进运动和锉刀刀体的自身旋转运动，如图6-34（b）所示。

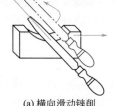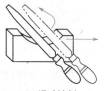

(a) 横向滑动锉削　　　　(b) 滑动锉削

图6-34　内圆弧面的锉削方法

③ 锉削球面 锉削球面通常选用扁锉加工。锉刀在完成外圆弧锉削复合运动的同时，还需要环绕中心作周向摆动，其操作方法见表6-13。

表6-13　球面锉削的方法

方法	图示	说明
纵倾横向滑动锉法		锉刀根据球面半径 SR 摆好纵向倾斜角度 α，并在运动中保持平稳，锉刀在作推进的同时，刀体还要作自左向右的弧形滑动
侧倾垂直摆动锉法		操作时，锉刀根据球面半径 SR 摆好侧倾斜角度 α，并在运动中保持平稳，锉刀在作推进的同时，右手还要垂直下压摆动锉柄

 提示

无论是采用纵倾横向滑动锉法，还是侧倾垂直摆动锉法，都应把球面分成四个区域进行对称锉削，依次循环地锉至球面顶部，如图6-35所示。

(a) 纵倾横向滑动分区锉削　　　(b) 侧倾垂直摆动分区锉削

图6-35　分区对称锉削示意

（3）形面锉削的操作技法

① 清角的锉削操作 如图6-36所示，为防止加工干涉或便于装配和形面加工，需将工件内棱角处加工出一定直径的工艺孔或一定边长的工艺槽，这些工艺孔和槽称为清角。

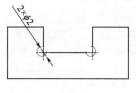

(a) 工艺孔　　　　　　(b) 工艺槽

图6-36　清角

工艺孔可采用钻孔或锉削加工；工艺槽可采用锉削或锯削加工。

这种有内槽的工件，通常采用钻排孔后錾断或锯削的方法将内部实体材料抽掉，如图6-37所示。

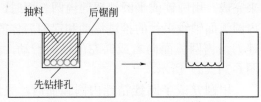

图6-37 内槽锉削加工前的抽料

② 四方体改圆柱体的锉削方法 操作时，首先粗锉、精锉纵向四面至尺寸要求，如图6-38（a）所示；然后将正四棱柱改锉成正八棱柱，锉削其纵向四面至尺寸要求，如图6-38（b）所示；根据工件直径，还可将正八棱柱改锉成正十六棱柱，锉削其纵向八面至尺寸要求，如图6-38（c）所示，一般分面越多就越接近圆；精锉时可采用圆向滑动锉法或周向摆动锉削，如图6-38（d）所示。

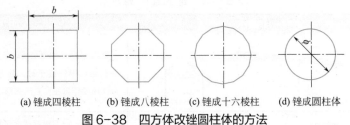

图6-38 四方体改锉圆柱体的方法

③ 两平面接凸圆弧面锉削方法 如图6-39（a）所示，首先粗、精锉相邻两平面（1、2面），达到图样要求，然后除去一角，如图6-39(b)所示，再粗、精锉圆弧面并达要求，如图6-39（c）所示。

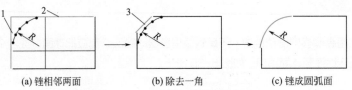

图6-39 两平面接凸圆弧面锉削方法

④ 平面接凹圆弧面的锉削方法 如图6-40（a）所示的工件，首先粗锉凹圆弧面1，如图6-40（b）所示，后粗锉平面2，如图6-40（c）所示，再半精锉凹圆弧面1，如图6-40（d）所示，半精锉平面2，如图6-40(e)所示，最后精锉凹圆弧面1和平面2，如图6-40(f)所示。

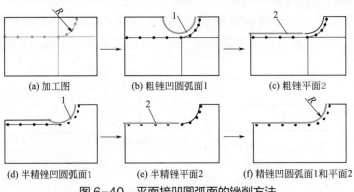

图6-40 平面接凹圆弧面的锉削方法

提示

平面接凹圆弧面的锉削工艺是将凹圆弧面和平面作为两个独立的面进行锉削加工，即先锉凹圆弧面，后锉平面，通过粗锉、半锉精和精锉三个基本工序进行先后加工并达到加工要求。先锉凹圆弧面，这样可形成安全空间，保障平面锉削的加工质量，防止在锉削平面时出现对凹圆弧面的加工干涉，如图6-41（a）所示，同时也可防止在测量平面的直线度时出现测量干涉，如图6-41（b）所示。

⑤ 凸圆弧面接凹圆弧面的锉削方法　如图6-42（a）所示加工工件，锉削前先除去加工线外多余部分，如图6-42（b）所示，然后粗锉凹圆弧面1和凸圆弧面2，如图6-42（c）所示，再半精锉凹圆弧面1和凸圆弧面2，如图6-42（d）所示，最后精锉凹圆弧面1和凸圆弧面2，如图6-42（e）所示。

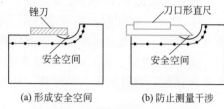

图 6-41　平面锉削防干涉的方法

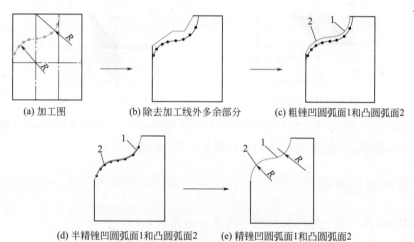

(a) 加工图　　　(b) 除去加工线外多余部分　　　(c) 粗锉凹圆弧面1和凸圆弧面2

(d) 半精锉凹圆弧面1和凸圆弧面2　　　(e) 精锉凹圆弧面1和凸圆弧面2

图 6-42　凸圆弧面接凹圆弧面的锉削方法

6.2.4　锉配操作

通过锉削使两个或两个以上的互配件达到规定的形状、尺寸和配合要求的加工操作称为锉配。锉配是钳工特有的一项综合操作技能。

（1）锉配的原则

① 锉配应采用基轴制，即先加工凸件（轴件），以凸件（轴件）为基件配锉凹件（孔件）。

② 尽量选择面积较大且精度要求高的面作为第一基准面，以第一基准面控制第二基准面，再以第一基准面和第二基准面共同控制第三基准面。

③ 先加工外轮廓面，后加工内轮廓面，以外轮廓面控制内轮廓面。

④ 先加工面积较大的面，后加工面积小的面，以大面控制小面。

⑤ 先加工平行面，后加工垂直面。

⑥ 先加工基准平面，后加工角度面，再加工圆弧面。

⑦ 对称性零件应先加工一侧，以利于间接测量。

⑧ 按加工工件的中间公差进行加工。

⑨ 应选择有关的外表面作为划线和测量基准面，以保证获得较高的锉配精度。

⑩ 在不便使用标准量具的前提情况下，应制作辅助量具进行测量，在不便直接测量的情况下，应采用间接测量。

（2）锉配的基本方法

锉配加工的基本方法主要有以下几种。

① 试配　锉配时，将基准件用手的力量插入并退出配合件，在配合件的配合面上留下接触痕迹，以确定修锉部位的操作称为试配。

② 同向锉配　锉配时，将基件的某个基准面与配合件的相同基准面置于同一个方向上进行试配、修锉和配入的操作，称为同向锉配，如图6-43所示。

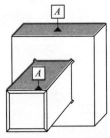

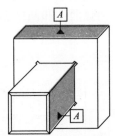

图6-43　同向锉配　　　　　图6-44　换向锉配

③ 换向锉配　锉配时，将基准件的某个基准面进行一个径向或轴向的位置转换，再进行试配、修锉和配入的操作，称为换向锉配，如图6-44所示。

6.2.5　锉削质量分析

锉削时常常会出现一些质量问题，具体分析见表6-14。

表6-14　锉削质量分析

质量情况	原因分析
工件尺寸锉小	① 划线不准确
	② 锉削时未及时测量
	③ 测量有误差
平面中凸、塌边、塌角	① 操作不熟练，用力不均匀，不能使锉刀平衡
	② 锉刀选用不当或锉刀中间凹
	③ 左手或右手施加压力时重心偏于一侧
	④ 工件未夹正或使用的锉刀扭曲变形
	⑤ 锉刀在锉削时左右移动不均匀
表面粗糙度差	① 精锉时没能采取好的措施
	② 粗锉时锉痕太深，在精锉时余量过小，无法锉除原有锉痕
	③ 切屑嵌在锉刀齿纹中未及时清除，把表面拉伤
工件表面夹伤	① 装夹已加工面时没采用软钳口
	② 夹紧力过大

6.3 锉削操作应用实例

6.3.1 六方体的锉削

（1）加工实例图样

六方体锉削图样如图 6-45 所示。

（2）操作步骤与方法

操作步骤与方法如下：

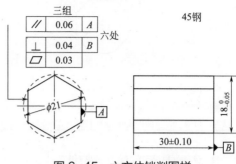

45钢

图 6-45 六方体锉削图样

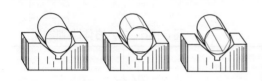		

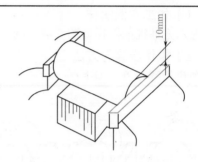

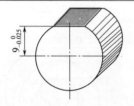	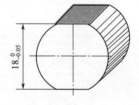
① 划线 将坯料放在 V 形铁上，用高度尺划出锉削加工线，并打样冲眼	② 工件装夹 工件用台虎钳装夹，下面垫垫角，并使其高出钳口约 10mm
③ 锉第一面 按划线位置，粗、精锉第一面，要求平面度误差在 0.03mm 以内，与圆柱轴心的距离为 $9_{-0.025}^{0}$ mm，B 面的垂直度误差在 0.04mm 以内	④ 锉对面 按划线位置正确装夹工件，以第一面为基准，粗、精锉其相对面，要求平面度误差在 0.03mm 以内，与第一面的距离为 $18_{-0.05}^{0}$ mm，平行度误差在 0.06mm 以内
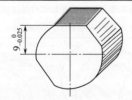	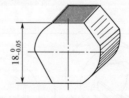
⑤ 锉第三面 粗、精锉第三面，要求平面度误差在 0.03mm 以内，与圆柱轴心的距离为 $9_{-0.025}^{0}$ mm，B 面的垂直度误差在 0.04mm 以内，与第一面的夹角为 120°	⑥ 锉第四面 以第三面为基准，粗、精锉其相对面，要求平面度误差在 0.03mm 以内，与第一面的距离为 $18_{-0.05}^{0}$ mm，平行度误差在 0.06mm 以内

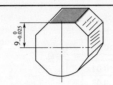

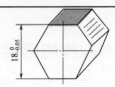

⑦锉第五面

粗、精锉第五面,要求平面度误差在 0.03mm 以内,与圆柱轴心的距离为 $9_{-0.025}^{0}$ mm,*B* 面的垂直度误差在 0.04mm 以内,与第一、二面的夹角为 120°

⑧锉第六面

以第五面为基准,粗、精锉其相对面,要求平面度误差在 0.03mm 以内,与第五面的距离为 $18_{-0.05}^{0}$ mm,平行度误差在 0.06mm 以内

6.3.2 内六方体的锉削

(1)加工实例图样

内六方体锉削图样如图 6-46 所示。

(2)操作步骤与方法

操作步骤与方法如下:

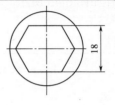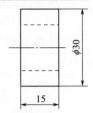

图 6-46　内六方体锉削图样

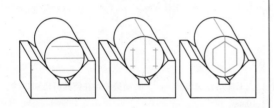	
①划线 将坯料放在 V 形铁上,用高度尺划出锉削加工线,并打样冲眼	②钻中心孔 选用 $\phi16$mm 麻花钻,钻出中心孔
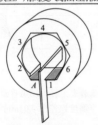	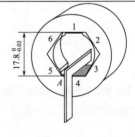
③锉第一面 粗、精锉第一面,要求平直,且与大平面垂直	④锉对面 以第一面为基准,粗、精锉其相对面(第四面),要求与第一面平行,且其距离为 $17.8_{-0.02}^{0}$ mm
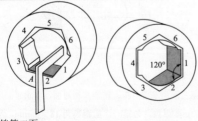	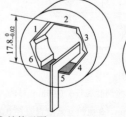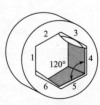
⑤锉第二面 粗、精锉第二面,要求与第一面的夹角为 120°,且与大平面垂直	⑥锉第五面 以第二面为基准,粗、精锉其相对面(第五面),要求与第二面平行,且其距离为 $17.8_{-0.02}^{0}$ mm,并与第 4 面的夹角为 120°

注:其他两面(第三、第六面)的锉削方法与上相同,这里不再赘述。

6.3.3 圆弧形面的锉配

（1）加工实例图样

圆弧形面的锉配图样如图 6-47 所示。

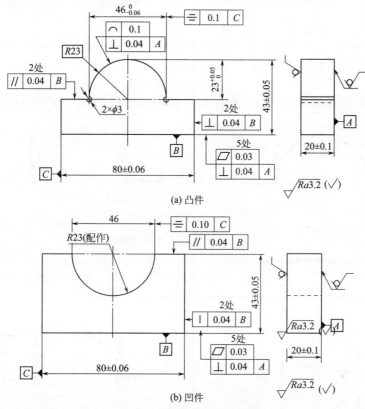

(a) 凸件

(b) 凹件

图 6-47 圆弧形面的锉配图样

（2）操作步骤与方法

① 凸件加工 操作步骤与方法如下：

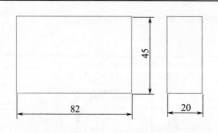

① 备料

准备 82mm×45mm×20mm 方块钢料，并清理坯料毛刺等

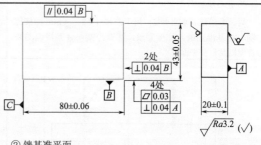

② 锉基准平面

粗、精锉 B 基准面，使其达到平面度和与 A 基准面的垂直度要求；然后粗、精锉 B 基准面的对面，使其达到尺寸、平面度、平行度和与 A 基准面的垂直度要求；再粗锉、精锉 C 基准面，使其达到平面度和与 A、B 基准面的垂直度要求；接着粗、精锉 C 基准面的对面，使其达到尺寸、平面度、平行度和与 A/B 基准面的垂直度要求；最后光整锉削，理顺锉纹，使四面锉纹纵向达到表面粗糙度要求，同时四周倒角 C0.4

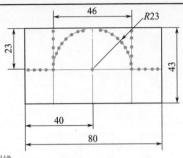

③ 划线

根据图样尺寸，划出凸圆弧轮廓加工线，检查无误后在相关各面打上样冲眼

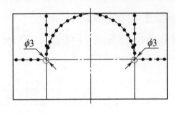

④ 钻工艺孔

选用 $\phi 3$mm 麻花钻在相应位置钻出 $2 \times \phi 3$mm 工艺孔

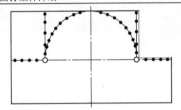

⑤ 锯右侧角

按划线锯除右侧一角，留 1mm 粗锉余量

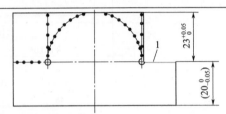

⑥ 锉右台肩面 1

粗、精锉右台肩面 1，用工艺尺寸 $20_{-0.05}^{0}$ mm 间接控制凸圆弧高度尺寸 $23_{0}^{+0.05}$ mm；注意控制右台肩 1 与基准面 B 的平行度、与 A 基准面的垂直度及自身的平面度

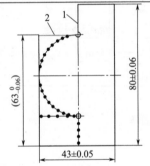

⑦ 锉右垂直面 2

粗、半精锉右垂直面 2，用工艺尺寸 $63_{-0.06}^{0}$ mm 间接控制与 C 基准面的对称度要求，注意控制与 A 基准面的垂直度以及自身平面度

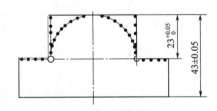

⑧ 锯左侧角

按划线锯除左侧一角，留 1mm 粗锉余量

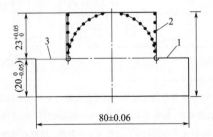

⑨ 锉左台肩面 3

粗、精锉左台肩面 3，用工艺尺寸 $20_{-0.05}^{0}$ mm 间接控制凸圆弧高度尺寸 $23_{0}^{+0.05}$ mm，注意控制左台肩 3 与基准面 B 的平行度、与 A 基准面的垂直度及自身的平面度

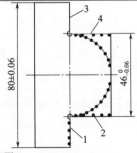

⑩ 锉左垂直面 4

粗、精锉左垂直面 4，控制凸圆弧宽度尺寸 $46_{-0.06}^{0}$ mm 和 A 基准面的垂直度以及自身平面度

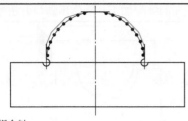

⑪ 锯余料

根据划线要求，锯除凸圆弧加工线外多余部分

半径样板　　直角尺

⑫ 锉凸圆弧

粗、精锉凸圆弧面，用半径样板检测轮廓并用角尺检测垂直，使其达到图样要求的轮廓度和与 *A* 基准面的垂直度；最后将凸圆弧面台肩面倒角 *C*0.4 并作必要修整

② 凹件加工　操作步骤与方法如下：

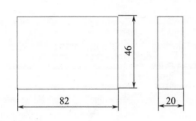

① 备料

准备 82mm×46mm×20mm 方块钢料，并清理坯料毛刺等

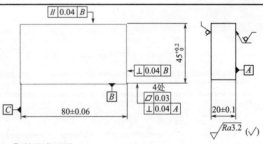

② 锉基准平面

粗、精锉 *B* 基准面，使其达到高度尺寸 $45^{+0.2}_{0}$、平面度和与 *A* 基准面的垂直度要求；然后粗、精锉 *C* 基准面，使其达到平面度和与 *A*、*B* 基准面的垂直度要求；再粗锉、精锉 *C* 基准面的对面，使其达到尺寸、平面度和与 *A/B* 基准面的垂直度要求；最后光整锉削，理顺锉纹，使四面锉纹纵向达到表面粗糙要求，同时四周倒角 *C*0.4

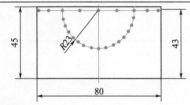

③ 划线

根据图样尺寸，划出凸圆弧轮廓加工线，检查无误后在相关各面打上样冲眼

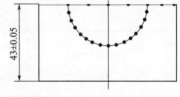

④ 锉 *B* 基准面对面

锉 *B* 基准面对面，使其达到尺寸（43±0.05）mm、平面度和与 *A/B* 基准面的垂直度要求，倒角 *C*0.4

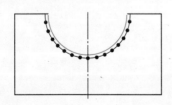

⑤ 除料

按划线位置要求先钻出工艺排孔，再采用手锯将多余部分交叉锯掉，留 1mm 的粗锉余量

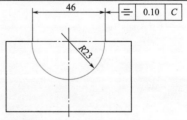

⑥ 锉凹圆弧面

粗、半精锉凹圆弧面，控制与 *A* 基准面的垂直度，倒角 *C*0.4，留 0.1mm 的锉配余量

③ 锉配　完成凹圆弧面的半精锉后，就可进行圆弧面的锉配加工。操作步骤与方法如下：

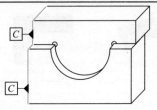

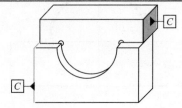

① 同向锉配

在凹圆弧面上涂抹显示剂，然后把凸件与凹件进行同向试配，观察接触痕迹，确定修锉部位并进行修锉

② 换向锉配

同向锉配后，再在凹圆弧面上涂抹显示剂，把凸件径向旋转180°与凹件进行换向试配，观察接触痕迹，确定修锉部位并进行修锉

提示

① 凸、凹圆弧体锉配时易出现配入后圆弧面间局部间隙过大而超差和侧面错位时超差等缺陷，如图6-48所示。只有当凸件全部配入，且换向配合间隙小于0.1mm，侧面错位量小于或等于0.1mm时，锉配才算完成。

② 在进行锉配时，要根据试配痕迹谨慎修锉凸、凹圆弧面，以防因局部修锉过多而造成塌面缺陷，如图6-49所示。

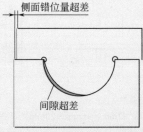

图6-48　圆弧体锉配缺陷

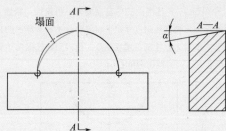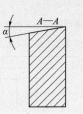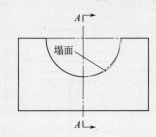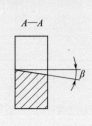

图6-49　锉配塌面缺陷

第**7**章　孔加工

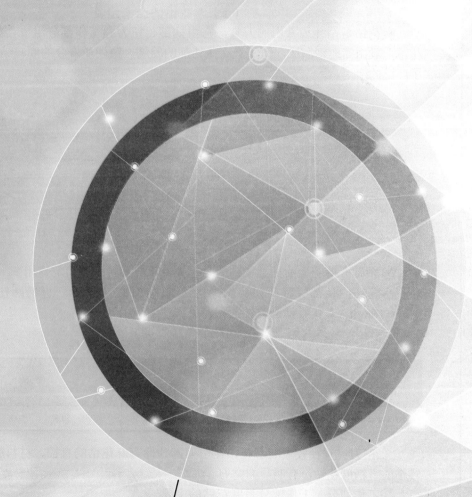

机械加工基础技能双色图解

好钳工是怎样炼成的

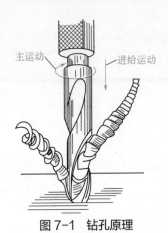

图7-1 钻孔原理

7.1 钻孔

用麻花钻在工件实体部分加工出孔的方法称为钻孔，如图7-1所示。钻削时工件固定不动，钻床主轴带动刀具（麻花钻）作旋转运动（主运动），同时使刀具向下轴向移动（进给运动）。

用麻花钻钻孔时，由于麻花钻结构和钻削条件的影响，致使加工精度不高，因此钻孔只是一种粗加工方法。

7.1.1 认识麻花钻

（1）麻花钻的结构组成

麻花钻是钻孔最常用的刀具，它由柄部、空刀和工作部分组成，如图7-2所示。麻花钻一般由高速钢制成，但随着高速切削的发展，镶硬质合金的麻花钻（图7-3）也得到了广泛的应用。

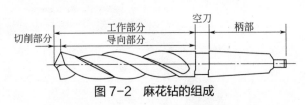

图7-2 麻花钻的组成

图7-3 镶硬质合金麻花钻

① 柄部 麻花钻的柄部在钻削时起夹持定心和传递转矩的作用。

麻花钻的柄部有直柄和莫氏锥柄两种，如图7-4所示。直柄麻花钻的直径一般为0.3～16mm。莫氏锥柄麻花钻的直径见表7-1。

表7-1 莫氏锥柄麻花钻的直径

莫氏锥柄号 （Morse No.）	No.1	No.2	No.3	No.4	No.5	No.6
钻头直径 d/mm	3～14	14～23.02	23.02～31.75	31.75～50.8	50.8～75	75～80

② 空刀 直径较大的麻花钻在空刀部分标有麻花钻的直径、材料牌号与商标。直径较小的直柄麻花钻没有明显的空刀。

③工作部分 工作部分是麻花钻的主要切削部分，由切削部分和导向部分组成。切削部分主要起切削作用；导向部分在钻削过程中能起到保持钻削方向、修光孔壁的作用，同时也是切削的后备部分。

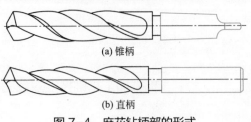

（a）锥柄

（b）直柄

图7-4 麻花钻柄部的形式

（2）麻花钻工作部分的几何形状

麻花钻的几何形状如图7-5所示，它的切削部分可看成是正反两把车刀。所以其几何角度的概念和车刀基本相同，但也有其特殊性。

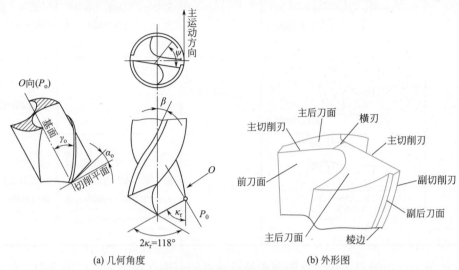

(a) 几何角度　　　　　　(b) 外形图

图7-5　麻花钻的几何形状

① 螺旋槽　麻花钻的工作部分有两条螺旋槽，其作用是构成主切削刃、排出切屑和通入切削液。螺旋槽上螺旋角的有关内容见表7-2。

表7-2　麻花钻切削刃上不同位置处的螺旋角、前角和后角的变化

角度	螺旋角 β	前角 γ_o	后角 α_o
定义	螺旋槽上最外缘的螺旋线展开成直线后与麻花钻轴线之间的夹角	基面与前刀面间的夹角	切削平面与后刀面间的夹角
变化规律	麻花钻切削刃上的位置不同，其螺旋角 β、前角 γ_o 和后角 α_o 也不同		
	自外缘向钻心逐渐减小	自外缘向钻心逐渐减小，并且在 $d/3$ 处前角为0°，再向钻心则为负前角	自外缘向钻心逐渐增大
靠近外缘处	最大（名义螺旋角）	最大	最小
靠近钻心处	较小	较小	较大
变化范围	18°～30°	－30°～+30°	8°～12°
关系	对麻花钻前角的变化影响最大的是螺旋角。螺旋角越大，前角就越大		

② 前刀面　指切削部分的螺旋槽面，切屑由此面排出。

③ 主后刀面　指麻花钻钻顶的螺旋圆锥面，即与工件过渡表面相对的表面。

④ 主切削刃　指前面与主后面的交线，担负着主要的切削工作。钻头有两个主切削刃。

⑤ 顶角　在通过麻花钻轴线并与两条主切削刃平行的平面上，两条主切削刃投影间的夹角称为顶角，用符号 $2\kappa_r$ 表示。一般麻花钻的顶角 $2\kappa_r$ 为100°～140°，标准麻花钻的顶角 $2\kappa_r$ 为118°。在刃磨麻花钻时可根据表7-3来判断顶角的大小。

表 7-3　麻花钻顶角的大小对切削刃和加工的影响

顶角	图示	切削刃形状	对加工的影响	适用材料
$2\kappa_r > 118°$	凹形切削刃 >118°	凹曲线	顶角大，则切削刃短、定心差，钻出的孔容易扩大；同时前角也增大，使切削省力	适用于钻削较硬的材料
$2\kappa_r = 118°$	直线形切削刃 118°	直线	适中	适用于钻削中等硬度的材料
$2\kappa_r < 118°$	凸形切削刃 <118°	凸曲线	顶角小，则切削刃长、定心准，钻出的孔不易扩大；同时前角也减小，使切削阻力大	适用于钻削较软的材料

　　⑥ 前角　主切削刃上任一点的前角是过该点的基面与前刀面之间的夹角，如图 7-6 所示。前角用符号 γ_0 表示。其有关内容见表 7-2。

　　⑦ 后角　主切削刃上任一点的后角是该点正交平面与主后刀面之间的夹角，用符号 α_0 表示。后角的有关内容见表 7-2。为了测量方便，后角在圆柱面内测量，如图 7-7 所示。

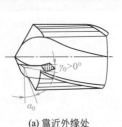

(a) 靠近外缘处

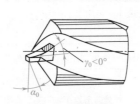

(b) 靠近钻心处

图 7-6　麻花钻前角和后角的变化

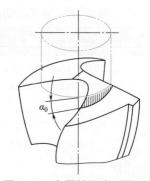

图 7-7　在圆柱面内测量后角

　　⑧ 横刃　麻花钻两主切削刃的连接线称为横刃，也就是两个主后面的交线。横刃担负着钻心处的钻削任务。横刃太短，会影响麻花钻的钻尖强度，横刃太长会使轴向力增大，对钻削不利。

　　⑨ 横刃斜角　在垂直于钻头轴线的端面投影中，横刃与主切削刃之间的夹角称为横刃斜角，用符号 ψ 表示。横刃斜角的大小与后角有关，后角增大时，横刃斜角减小，横刃也就变长。后角小时，情况相反，横刃斜角一般为 55°。

　　⑩ 棱边　也称刃带，它既是副切削刃，也是麻花钻的导向部分。在切削中能保持确定的钻削方向、修光孔壁及作为切削部分的后备部分。

　　（3）麻花钻的刃磨

　　① 麻花钻的刃磨要求　麻花钻的刃磨质量直接关系到钻孔的尺寸精度、表面粗糙度

和钻削效率。

麻花钻一般只刃磨两个主后面并同时磨出顶角、后角以及横刃斜角。麻花钻的刃磨要求如下：

a. 保证顶角（$2\kappa_r$）和后角 α_o 大小适当。

b. 两条主切削刃必须对称，即两主切削刃与轴线的夹角相等，且长度相等。

c. 横刃斜角 ψ 为 55°。

② 麻花钻的刃磨方法　麻花钻的刃磨方法如下：

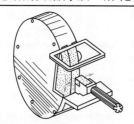　① 砂轮的修整　检查砂轮表面是否平整，如果不平整或有跳动，则应先对砂轮进行修正	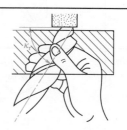　② 握刀摆位置　右手握住麻花钻前端作支点，左手紧握麻花钻柄部，摆正麻花钻与砂轮的相对位置，使麻花钻轴心线与砂轮外圆柱面母线在水平面内的夹角等于顶角的 1/2，同时钻尾向下倾斜
　③ 刃磨一后面　以麻花钻前端支点为圆心，缓慢使钻头作上下摆动并略带转动，同时磨出主切削刃和主后刀面。但要注意摆动与转动的幅度和范围不能过大，以免磨出负后角或将另一条主切削刃磨坏	　④ 刃磨另一后面　当一个主后刀面刃磨好后，将麻花钻转过 180° 刃磨另一主后刀面。刃磨时，人和手要保持原来的位置和姿势

 提示

① 麻花钻在刃磨时，两个主后刀面要经常交换刃磨，边磨边检查，直至符合要求为止。

② 刃磨时用力要均匀，不能过大，应经常目测磨削情况，随时修正。

③ 刃磨时，钻头切削刃的位置应略高于砂轮中心平面，以免磨出负后角，致使钻头无法使用。

④ 刃磨时不要用刃背磨向刀口，以免造成刃口退火。

⑤ 刃磨时应注意磨削温度不宜过高，要经常用水冷却，以防钻头退火降低硬度，使切削性能降低。

③ 麻花钻角度的检测　麻花钻角度的检测方法有目测法和角度尺检测法，见表 7-4。麻花钻刃磨的好坏，直接影响钻孔的质量，具体情况见表 7-5。

表 7-4　麻花钻角度的检测方法

方法	图示	说明
目测法检测	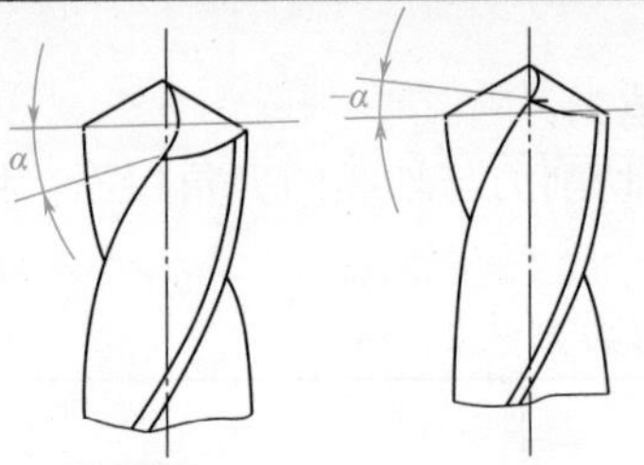 (a) 正确　　(b) 错误	把刃磨好的麻花钻垂直竖在与眼等高的位置上，转动钻头，交替观察两条主切削刃的长短、高低以及后角等。如果不一致，则必须进行修磨，直到一致为止
用角度尺检测	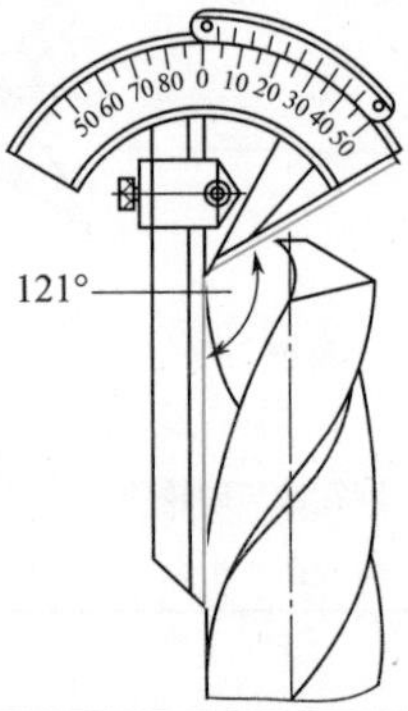 121°	将游标万能角度尺的一边贴在麻花钻的棱边上，另一边靠近钻头的刃口上，测量刃长和角度
用样板检测	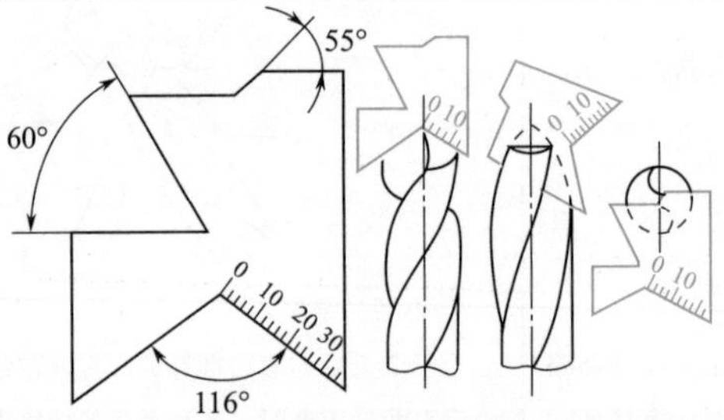 60° 55° 116°	将钻头靠近到样板上，使主切削刃与样板上的斜面相贴，检查切削刃角度是否与样板上的角度相符。将钻头的另一个切削刃转到样板位置，检查其角度

表 7-5　麻花钻刃磨情况对钻孔质量的影响

刃磨情况	麻花钻刃磨正确	麻花钻刃磨不正确		
		顶角不对称	切削刃长度不等	顶角不对称、刃长不等
图示	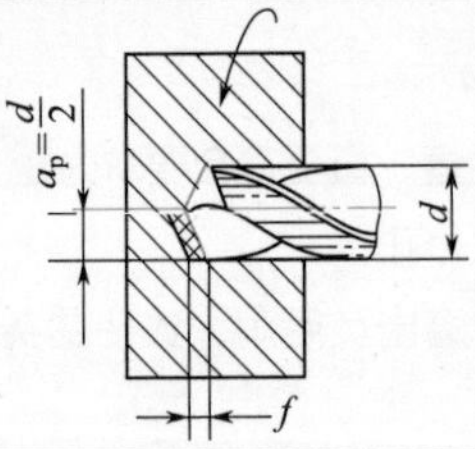 $a_p = \dfrac{d}{2}$　d　f	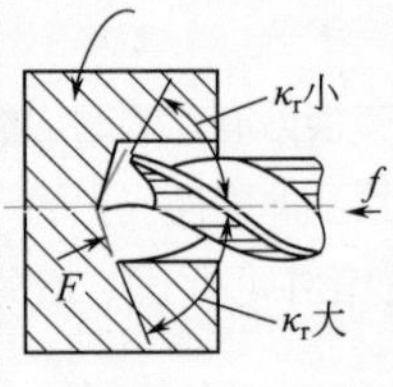 κ_r小　F　κ_r大	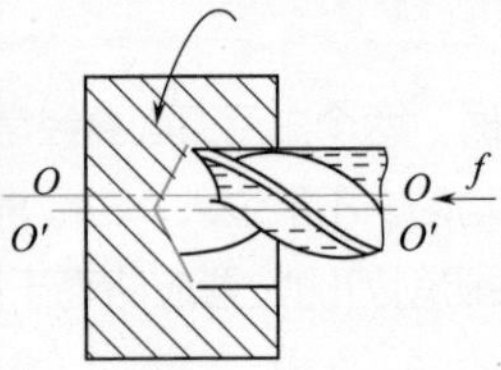 O O'　f　O O'	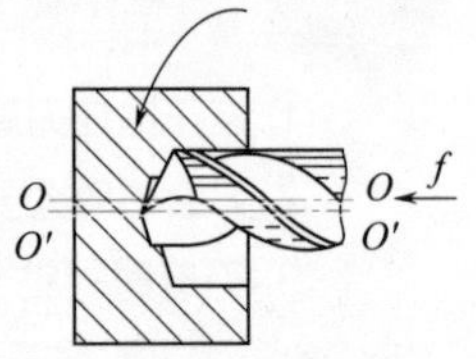 O O'　f　O O'
钻削情况	钻削时两条主切削刃同时切削，两边受力平衡，使钻头磨损均匀	钻削时只有一条切削刃切削，另一条不起作用，两边受力不平衡，使钻头很快磨损	钻削时，麻花钻的工作中心由 $O\text{-}O$ 移到 $O'\text{-}O'$，切削不均匀，使钻头很快磨损	钻削时两条主切削刃受力不平衡，而且麻花钻的工作中心由 $O\text{-}O$ 移到 $O'\text{-}O'$，使钻头很快磨损
影响	钻出的孔不会扩大、倾斜和产生台阶	钻出的孔扩大和倾斜	钻出的孔径扩大	钻出的孔径不仅扩大而且还会产生台阶

④ 麻花钻的修磨　由于麻花钻在结构上存在很多缺点，因而麻花钻在使用时，应根据工件材料、加工要求，采用相应的修磨方法进行修磨。修磨的部位主要有：

a. 修磨横刃。横刃修磨的几何参数如图 7-8 所示，修磨后横刃的长度为原来的 1/3～1/5，并形成内刃，使内刃斜角 $\tau=20°\sim30°$，内刃处前角度 $\gamma_\tau=0°\sim15°$，切削性能得以改善。

修磨时，麻花钻与砂轮的相对位置保持为钻头轴线在水平面内与砂轮侧面向左倾斜 15°角，在垂直平面内与刃磨点的砂轮半径方向约成 55°下摆角，如图 7-9 所示。

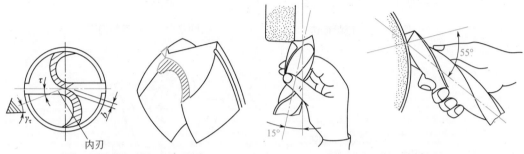

图 7-8　横刃修磨的几何参数　　　　图 7-9　横刃修磨方法

b. 修磨主切削刃。如图 7-10 所示。修磨出钻头第二顶角 $2K_\tau$ 和过渡刃 f_0，一般 $2K_\tau=70°\sim75°$，$f_0=0.2D$。修磨后增加主切削刃的总长度和刀尖角 ε_τ 以增加刀齿强度，改善散热条件，延长钻头寿命。

c. 修磨分屑槽。如图 7-11 所示，在两个后刀面上磨出几条相互错开的分屑槽，使切屑变窄，以利排屑。

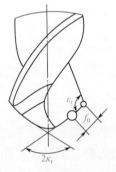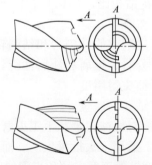

图 7-10　修磨主切削刃　　　　图 7-11　修磨分屑槽

d. 修磨棱边。如图 7-12 所示，修磨是在靠近主切削刃的一段棱边上，磨出副后角 $\alpha'=6°\sim8°$，并保留棱边宽度为原来的 1/3～1/2。以减小对孔壁的摩擦，提高钻头寿命。

e. 修磨前刀面。如图 7-13 所示，修磨时将主切削刃和副切削刃交角处的前刀面磨去一块，以减小前角，达到提高刀齿强度的目的。

（4）群钻的刃磨

群钻是把标准麻花钻的切削部分磨出两条对称的月牙槽，形成圆弧刃，并在横刃和钻心处经修磨形成两条内直刃。这样，加上横刃和原来的两条外直刃，就将标准麻花钻的"一尖三刃"磨成了"三尖七刃"，如图 7-14 所示。修磨后钻尖高度降低，横刃长度缩短，圆弧刃、内直刃和横刃处的前角均比标准麻花钻相应处大。

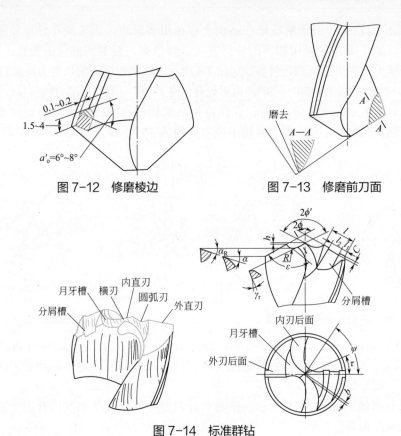

图 7-12　修磨棱边　　　　　　　　图 7-13　修磨前刀面

0.1~0.2

1.5~4

$a'_o = 6° \sim 8°$

磨去

$A-A$

$2\phi'$

2ϕ

h

α_R

α

γ_τ

R

ε

l

l_0

C

月牙槽　横刃　内直刃　圆弧刃　外直刃

分屑槽

分屑槽

内刃后面

外刃后面

月牙槽

ψ

τ

b

图 7-14　标准群钻

和标准麻花钻相比，群钻具有以下优点：

① 前角分布合理。

② 降低了钻削时的钻削力和钻削转矩。

③ 改善了分屑、排屑和断屑性能。

④ 提高了钻头耐用度。

⑤ 提高了钻孔的质量。

群钻的刃磨有机械刃磨和手工刃磨两种。机械刃磨的质量好，效率高，但需要用专门的刃磨工具，适用于大批量生产。而在一般没有专门刃磨工具的工厂中，只能采用手工刃磨。标准群钻的刃磨方法和步骤如下：

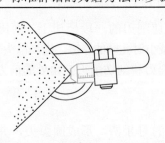

① 修整砂轮

群钻刃磨前，先用金刚石修整砂轮轮廓

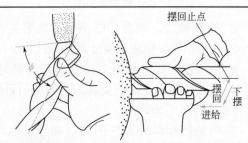

摆回止点

ϕ

摆回

下摆

进给

② 磨外直刃

钻刃接触砂轮，一手握住钻头某个固定的部位作定位支点，一手将钻尾上下摆动，同时磨削，磨出外刃后面，保证外刃后角

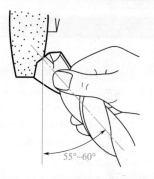

③ 磨月牙槽

使钻头主切削刃基本水平。开始刃磨时，钻头水平向前缓慢平稳送进，磨出后面，形成圆弧刃（刃磨时切不可在垂直面内上下摆动）

④ 修磨横刃

刃磨时，要使钻头上的磨削点逐渐由外刃背向钻心移动，磨出内刃后面

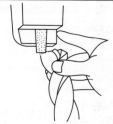

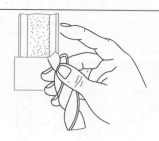

⑤ 刃磨外直刃上的分屑槽

选用片砂轮（或小砂轮），使片砂轮侧面（或小砂轮的圆角平分面）与外直刃垂直，并对准外直刃的中间，刃磨时，在垂直面摆动钻尾，磨出分屑槽和分屑槽后角，保证槽距、槽宽和槽深

⑥ 检测

用样板检测两内直刃的对称性和斜角是否一致

7.1.2　钻孔的操作要领

（1）钻孔前的划线

钻孔前，必须按孔的位置和尺寸要求划出孔位的十字中心线，并打上样冲眼（位置要准，样冲眼要尽量小），然后按照孔的直径要求划出孔的圆周加工线。

对钻削直径较大的孔，应划出几个大小不等的检查圆，如图 7-15（a）所示，以便钻孔时检查和找正钻孔位置。当钻孔的位置精度要求较高，为了避免样冲眼所产生的偏差，也可直接划出以孔中心线为对称中心的几个大小不等的方格，如图 7-15（b）所示，作为钻孔时的检查线。然后将中心样冲眼敲大，以便准确落钻定心。

(a) 检查圆　　　　　(b) 检查方格

图 7-15　孔位检查线形式

（2）工件的装夹方法

工件钻孔时，根据工件的不同形状以及钻削力的大小（或钻孔直径的大小）等情况，采用不同的装夹方法，以保证钻孔质量与安全。常用的基本装夹方法见表 7-6。

表 7-6 钻孔时常用的基本装夹方法

装夹方法	图示	说明
平口钳装夹	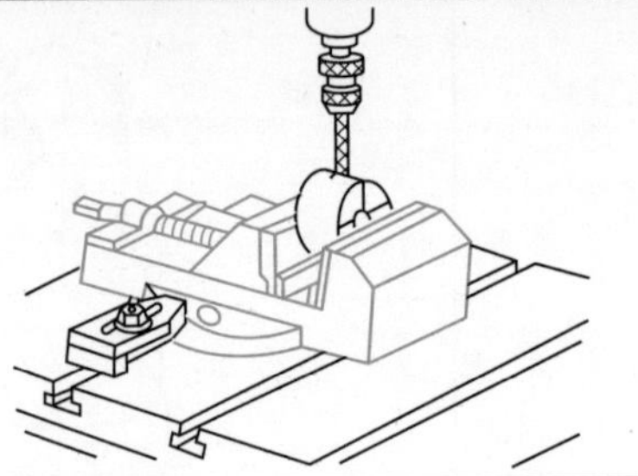	平整的工件可用平口钳装夹，装夹时，应使工件表面与麻花钻垂直，而当钻孔直径大于 8mm 时，需要将平口钳固定，以减少振动
V 形铁装夹	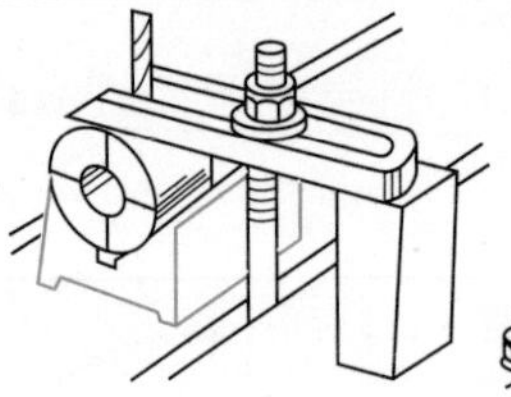 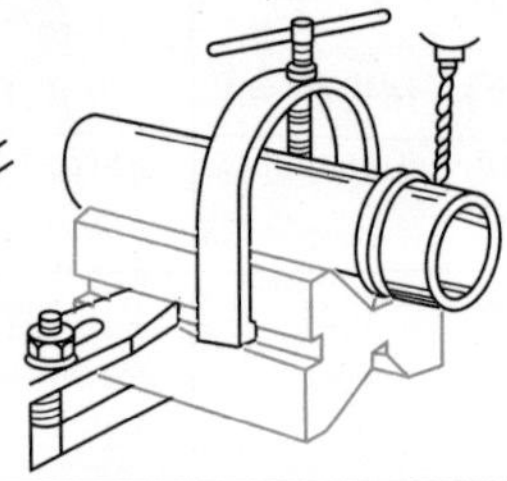	对于圆柱形的工件，可用 V 形块装夹并配以压板压紧，但必须使钻头轴心线与 V 形块两斜面的对称平面重合，并要牢牢夹紧
螺旋压板装夹	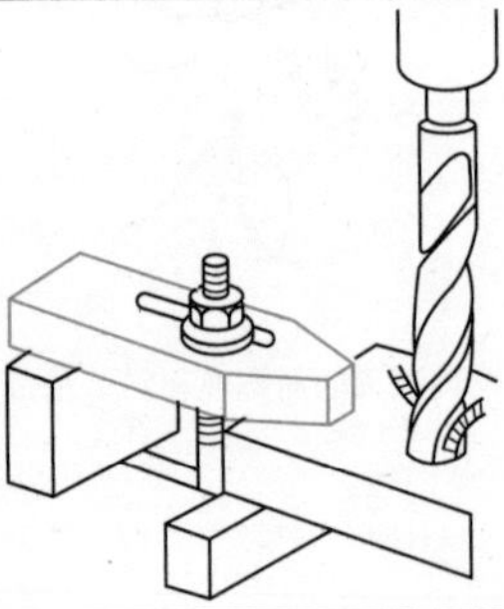 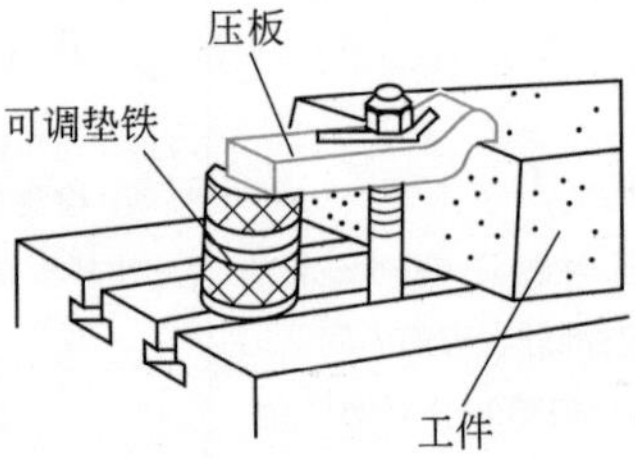 压板 可调垫铁 工件	对较大的工件且钻孔直径在 10mm 以上时，钻削时可用螺旋压板装夹
角铁装夹	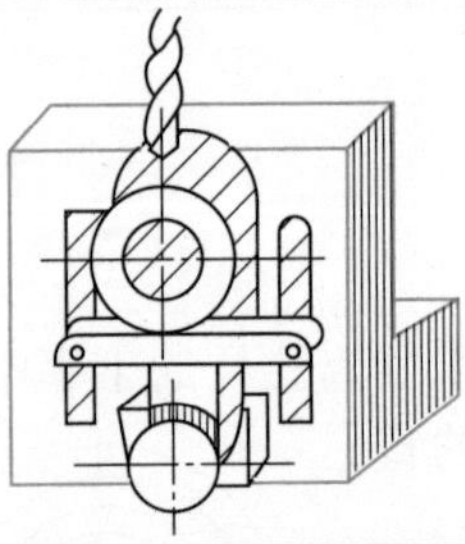	对于形状复杂且不好装夹的工件，可采用角铁装夹，并且角铁必须用压板固定在钻床工作台上
台虎钳装夹	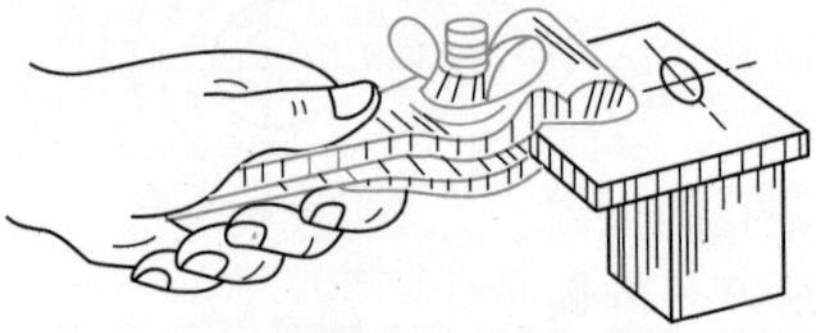	在小型工件或薄板件上钻小孔时可将工件放置在定位块上，用台虎钳进行夹持
卡盘装夹	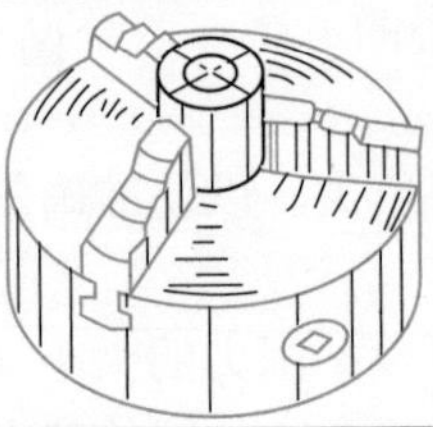	在圆柱形端面上钻孔时，可采用三爪卡盘直接装夹

（3）麻花钻的装拆

① 直柄麻花钻的装拆　如图 7-16 所示，直柄麻花钻用钻夹头夹持。先将麻花钻柄部塞入钻夹装头的三个卡爪内，其夹持长度不能小于 15mm，然后用钻夹头钥匙旋转外套，使环形螺母带动卡爪移动，作夹紧或松开动作。

② 锥柄麻花钻装拆　锥柄钻头用柄部的莫氏锥体直接与钻床主轴连接。连接时必须将钻头锥柄及主轴锥孔揩擦干净，且使矩形扁尾与主轴上的腰形孔对准，利用加速冲力一次装夹，如图 7-17（a）所示。当麻花钻锥柄小于主轴锥孔时，可采用如图 7-17（b）所示的过渡套来连接。

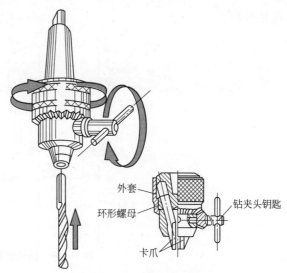

外套
环形螺母
钻夹头钥匙
卡爪

图 7-16　用钻夹头夹持

(a) 装夹方法　　　　(b) 过渡套　　　　(c) 拆卸方法

图 7-17　锥柄钻头的装拆

拆卸时用斜铁敲入钻床主轴上的腰形孔内，斜铁带圆弧的一边向上与腰形孔接触，再用锤子敲击斜铁后端，利用斜铁斜面所产生的分力，使钻头与主轴分离，如图 7-17（c）所示。

 提示

　　过渡套使用时应根据钻头锥柄莫氏圆锥度的号数和钻床主轴孔莫氏圆锥孔的号数来选择。立式钻床主轴孔一般为 3 号或 4 号莫氏圆锥孔，摇臂钻床主轴孔一般为 5 号或 6 号莫氏圆锥孔。

　　当钻床主轴锥孔与钻头锥柄相差较多时，若用几个过渡套配接起来使用，将增加装拆的麻烦，还增加了钻头与钻床主轴的同轴度误差。因此，可采用特制的锥套，如内锥孔为 1 号莫氏锥度，而外圆锥则为 3 号莫氏锥度或更大号数的锥度。

　　在生产过程中，为提高钻孔效率，往往还使用自动退卸钻头装置，其结构如图 7-18 所示。在拆卸麻花钻时，不需要用斜铁插入主轴腰形孔内敲打，只要将主轴向上轻轻提起，使装置的外套碰到装在钻床主轴箱外的垫圈，这时装置中的横销就会将麻花钻推出。

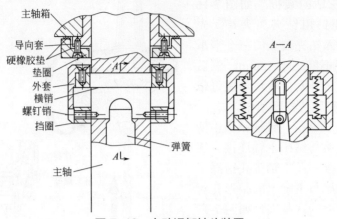

图7-18 自动退卸钻头装置

对于同一工件上多规格的钻孔，往往需用不同的孔加工刀具（如麻花钻、扩孔钻、锪钻等），经过几次更换和装夹才能完成。在这种情况下，可采用快换钻夹头来实现不停机装换刀具，以减少更换刀具的时间。快换钻夹头结构如图7-19所示。

（4）钻速的选择与调整

① 钻削用量的选择　钻削用量是指在钻削过程中的切削速度 v、进给量 f 和背吃刀量 a_p 的总称，如图7-20所示。

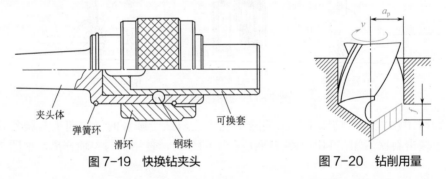

图7-19 快换钻夹头　　　　图7-20 钻削用量

钻孔时由于背吃刀量已由麻花钻直径所定，所以只需选择切削速度和进给量即可。选用较高的切削速度 v 和进给量 f，都能提高生产效率。但切削速度太高会造成强烈摩擦，降低钻头寿命。如果进给量太大时，虽对钻头寿命影响较小，但将直接影响到已加工表面的残留面积，而残留面积越大，加工表面越粗糙。由此可知，对钻孔的生产率来说 v 和 f 的影响是相同的，对钻头用寿命来说，v 比 f 的影响大；对钻孔的表面粗糙度来说，一般情况下，f 比 v 的影响大。因此钻孔时选择切削用量的基本原则：在允许范围内，尽量选择较大的 f，当 f 受到表面粗糙度和钻头刚度的限制时，再考虑选择较大的 v。

具体选择时，应根据钻头直径、钻头材料、工件材料、表面粗糙度等方面决定。一般情况可查表7-7和表7-8。当加工条件特殊时，可作一定的修整或按试验确定。

表 7-7　钻钢材时的切削用量（用切削液）

钢材的性能	进给量 f/(mm/r)													
由好到差	0.20	0.27	0.36	0.49	0.66	0.88								
	0.16	0.20	0.27	0.36	0.49	0.66	0.88							
	0.13	0.16	0.20	0.27	0.36	0.49	0.66	0.88						
	0.11	0.13	0.16	0.20	0.27	0.36	0.49	0.66	0.88					
	0.09	0.11	0.13	0.16	0.20	0.27	0.36	0.49	0.66	0.88				
		0.09	0.11	0.13	0.16	0.20	0.27	0.36	0.49	0.66	0.88			
			0.09	0.11	0.13	0.16	0.20	0.27	0.36	0.49	0.66	0.88		
				0.09	0.11	0.13	0.16	0.20	0.27	0.36	0.49	0.66	0.88	
					0.09	0.11	0.13	0.16	0.20	0.27	0.36	0.49	0.66	0.88
						0.09	0.11	0.13	0.16	0.20	0.27	0.36	0.49	0.66
							0.09	0.11	0.13	0.16	0.20	0.27	0.36	0.49
钻头直径/mm	切削速度 v/(m/min)													
≤4.6	43	37	32	27.5	24	20.5	17.7	15	13	11	9.5	8.2	7	6
≤9.6	50	43	37	32	27.5	24	20.5	17.7	15	13	11	9.5	8.2	7
≤20	55	50	43	37	32	27.5	24	20.5	17.7	15	13	11	9.5	8.2
≤30	55	55	50	43	37	32	27.5	24	20.5	17.7	15	13	11	9.5
≤60	55	55	55	50	43	37	32	27.5	24	20.5	17.7	15	13	11

注：钻头为高速钢标准麻花钻

表 7-8　钻铸铁时的切削用量

铸铁硬度（HBS）	进给量 f/(mm/r)												
140～152	0.20	0.24	0.30	0.40	0.53	0.70	0.95	1.3	1.7				
153～166	0.16	0.20	0.24	0.30	0.40	0.53	0.70	0.95	1.3	1.7			
167～181	0.13	0.16	0.20	0.24	0.30	0.40	0.53	0.70	0.95	1.3	1.7		
182～199		0.13	0.16	0.20	0.24	0.30	0.40	0.53	0.70	0.95	1.3	1.7	
200～217			0.13	0.16	0.20	0.24	0.30	0.40	0.53	0.70	0.95	1.3	1.7
218～240				0.13	0.16	0.20	0.24	0.30	0.40	0.53	0.70	0.95	1.3
钻头直径/mm	切削速度 v/(m/min)												
≤3.2	40	35	31	28	25	22	20	17.5	15.5	14	12.5	11	9.5
≤9.6	45	40	35	31	28	25	22	20	17.5	15.5	14	12.5	11
≤20	51	45	45	35	31	28	25	22	20	17.5	15.5	14	12.5
＞20	55	53	47	42	37	33	29.5	26	23	21	18	16	14.5

注：钻头为高速钢标准麻花钻。

　　② 钻速的调整　在钻孔前必须对钻削速度进行调整，一般来说。麻花钻直径越大，所需钻削速度就应越低。下面以台钻为例，讲述钻速的调整。

　　台钻的钻速由五级带轮所控制，其调整的方法与步骤如下：

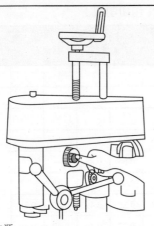

① 切断电源

先切断总电源，再用手按停钻床开关，关停钻床电源

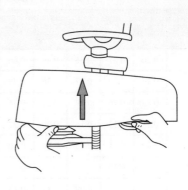

② 打开防护罩

双手将台钻顶端防护罩打开

③ 调松间距

顺时针转动松开电动机紧固手柄，把电动机左移，使 V 带松开

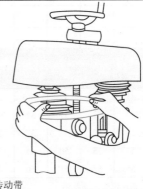

④ 调整传动带

按钻削所需速度先调整电动机一侧带轮的相应位置，然后再调整主轴上的带轮的位置

⑤ 调紧间距

速度调整到位后，把电动机右移，调紧电动机与 V 带之间的间距，再逆时针转动紧固电动机紧固手柄

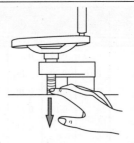

⑥ 关防护罩

速度调整完成后，关上防护罩，即可进行钻削操作了

 提示

　　V 带的松紧程度可用大拇指稍用力按压 V 带中部进行了检查，其松紧以大拇指感觉富有弹性为宜，如图 7-21 所示。

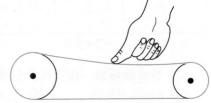

图 7-21　V 带松紧度的检查

（5）钻孔时切削液的选用

钻孔时，由于切屑变形及麻花钻与工件摩擦所产生的切削热，严重影响到麻花钻的切削能力和钻孔精度，甚至引起麻花钻退火，使钻削无法进行。为了延长麻花钻的使用寿命、提高钻孔精度和生产效率，钻削时可根据工件的不同材料和不同的加工要求合理选用切削液，见表 7-9。

表 7-9　钻孔时切削液的选用

麻花钻的种类	被钻削的材料		
	低碳钢	中碳钢	淬硬钢
高速钢麻花钻	用 1%～2% 的低浓度乳化液、电解质水溶液或矿物油	用 3%～5% 的中等浓度乳化液或极压切削油	用极压切削油
硬质合金麻花钻	一般不用，如用可选 3%～5% 的中等浓度乳化液		用 10%～20% 的高浓度乳化液或极压切削油

（6）试钻

如图 7-22 所示，试钻时，先使钻头对准钻孔划线中心钻出浅坑，观察钻孔位置是否正确，并要不断借正，使钻出的浅坑与划线圆同轴。

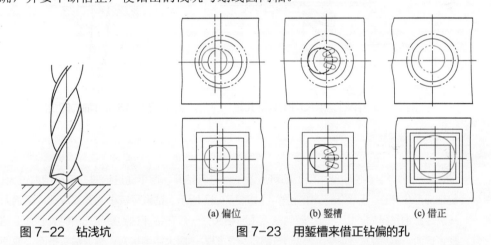

图 7-22　钻浅坑

图 7-23　用錾槽来借正钻偏的孔

(a) 偏位　　(b) 錾槽　　(c) 借正

借正时如偏位较少，可在试钻的同时用力将工件向偏位的方向推移，达到逐步借正。如偏位较多，可在借正方向打上几个样冲眼或用油槽錾子錾出几条小槽，如图 7-23 所示，以减少此处的钻削阻力，达到借正目的。若已经钻到孔径，而且孔位仍偏，就难以借正。

钻削孔距要求较高的孔时，也要用试钻来借正孔距。应注意不可先钻好第一孔，再来借正第二孔的位置，而是两孔都需边试钻边测量边借正。对孔距要求较高的孔，划线时线条要细，这是因为线条粗会影响中心位置，冲眼要准，当确定冲眼位置正确后再扩大冲眼，使麻花钻钻孔时能正确定心。测量方法如图 7-24 所示，用游标卡尺的内量爪对准试钻后的两锥坑圆心，根据测量结果进行借正。还可在钻床上用钻夹头装夹中心钻，先将工件上孔的中心点钻成中心孔形状，如图 7-25 所示，然后用麻花钻靠已钻好的中心孔来定心进行钻孔。这是因为中心钻的横刃极狭，定心效果很好，中心钻伸出部分又很短，刚性极好，能精确地定出孔的中心位置或两孔之间的距离。

钻好两孔间中心的距离，可用游标卡尺两内量爪进行测量（图 7-24），将测量结果减去孔的直径。也可用如图 7-26 所示的方法测量。根据工件钻孔直径的大小，用两个配合较紧密的直销插入孔中，再用游标卡尺测量两销之间的距离，同样需要将测量结果减去直销直径。

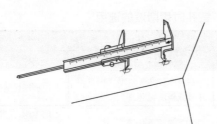

图 7-24　用游标卡尺测量借正孔距　　　图 7-25　用中心钻试钻精确定位

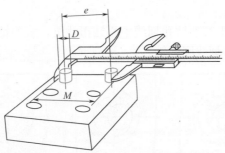
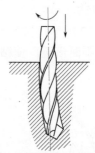

图 7-26　用游标卡尺间接测量孔距　　　图 7-27　钻孔时轴线的歪斜

 提示

当试钻达到孔的中心位置要求后，即可压紧工件进行钻孔。用手动进给时，不可用力过大，否则会使钻头产生弯曲，以致钻孔轴线歪斜，如图 7-27 所示。钻直径较小的孔或深孔，进给力要小，并需经常退钻排屑，以免因切屑阻塞而扭断钻头，一般在钻深达到直径三倍时，必须退钻排屑；孔将穿时，进给力必须减小，以防进给量突然加大，增大切削抗力，导致钻头折断，或使工件随着钻头一起转动而造成事故。用机动进给时，需调整好钻头的转速和进给量，当钻头开始切入工件和即将钻穿时，应改为手动进给。

（7）钻削加工方法的选择

为保证钻削不同孔距时孔的精度，应有针对性地选择加工方法，表 7-10 列出了钻削不同孔距精度所用的加工方法。

表 7-10　钻削不同孔距精度所用的加工方法

孔距精度 /mm	加工方法	适用范围
$\pm 0.25 \sim \pm 0.5$	划线找正，配合测量与简易钻模	单件、小批量生产
$\pm 0.1 \sim \pm 0.25$	用普通夹具或组合夹具，配合快换钻夹头	小、中批量生产
	套、盘类工件可用通用分度夹具	
$\pm 0.03 \sim \pm 0.1$	利用坐标工作台、百分表、量块、专用对刀装置或采用坐标、数控钻床	单件、小批量生产
	采用专用夹具	大批量生产

（8）钻孔时切削液的选用

为使麻花钻能及时散热，钻孔时需要加注足够的切削液，这样能提高麻花钻的使用寿命。钻孔时常用的切削液见表 7-11。

表 7-11　钻孔时常用的切削液

工件材料	切削液	工件材料	切削液
各类结构钢	3% ～ 5% 乳化液或 7% 硫化乳化液	铸铁	5% ～ 8% 乳化液或煤油（也可不用）
不锈钢、耐热钢	3% 肥皂加 2% 亚麻油水溶液或硫化切削油	铝合金	5% ～ 8% 乳化液或煤油，煤油与菜籽油的混合油（也可不用）
紫铜、黄铜、青铜	5% ～ 8% 乳化液（也可不用）	有机玻璃	5% ～ 8% 乳化液或煤油

7.1.3　各种孔的钻削方法

（1）一般工件孔的钻削

对一般工件上的孔，常采用划线钻孔的方法，如图 7-28 所示。其操作步骤为：

① 先将工件按图样要求划好线，检查无误后打上样冲眼（样冲眼要打大一些，以使麻花钻定心时不易偏离）。

② 找正中心眼与麻花钻的相对位置。

③ 调整钻头或工件在钻床中的位置，使钻尖对准钻孔中心，并进行试钻。

④ 试钻达到同心要求后，调整好冷却润滑液与进给速度，正常钻削至所需深度。

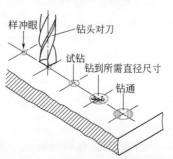

图 7-28　一般工件上钻孔的步骤

（2）圆柱形工件上孔的钻削

在轴类工件上钻孔，其关键是要使孔中心与工件中心的对称度精度达到要求。这时可采用定心工具来找正中心，其操作方法为：

① 将定心工具夹在钻夹头上，用百分表找正，使其与钻床主轴同轴，径向全跳动误差为 0.01 ～ 0.02mm。

② 使定心工具锥部与 V 形块贴合，如图 7-29 所示。

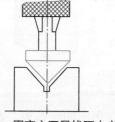

图 7-29　用定心工具找正中心

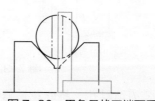

图 7-30　用角尺找正端面垂线

③ 用压板把对好的 V 形块压紧。

④ 把工件放在 V 形块上，用角尺找正端面垂线，用以解决钻孔时的定心，如图 7-30 所示。

⑤ 压紧工件，将定心工具更换成麻花钻。

⑥ 试钻并检查中心是否正确。

（3）斜孔的钻削

斜孔的钻削有三种情况：一是在斜面上钻孔，二是在平面上钻斜孔，三是在曲面上钻孔。用普通麻花钻在斜面上钻孔时，由于孔的轴心线与钻孔平面不垂直，麻花钻单面受力，致使麻花钻弯曲，无法钻入工件，甚至折断。因此需采用以下几种特殊方法，才能在斜面上顺利地进行钻孔。

① 铣出一小平面后钻斜孔　用直径等于或稍大于孔径的立铣刀或直柄键槽铣刀，在工件需钻孔处铣出一个小平面，找出孔的中心位置，用样冲打出较大的样冲孔，再用麻花钻钻孔，或用錾子在斜面上先錾一个小平面后再钻孔，如图 7-31 所示。

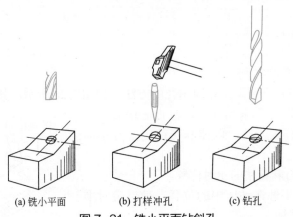

(a) 铣小平面　　　　　(b) 打样冲孔　　　　　(c) 钻孔

图 7-31　铣小平面钻斜孔

② 钻中心孔后钻斜孔　先在孔中心处用样冲打出样冲孔，然后用中心钻钻出一个较大的锥坑，再钻孔，如图 7-32 所示。

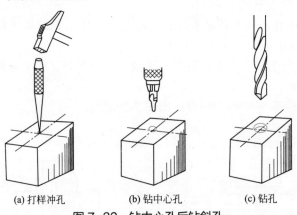

(a) 打样冲孔　　　　　(b) 钻中心孔　　　　　(c) 钻孔

图 7-32　钻中心孔后钻斜孔

③ 用圆弧刃钻斜孔　将麻花钻修磨成如图 7-33 所示的圆弧刃，直接钻出斜孔。这种麻花钻类似于立铣刀，圆弧刃各点均成相同的后角，经修磨后长度要短，增强了其刚度。

钻孔时虽然是单向受力，但由于刃呈圆弧形，麻花钻所受径向力小些，改善了切削情况。钻孔时应选择低转速手动进给。

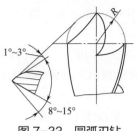

图 7-33　圆弧刃钻

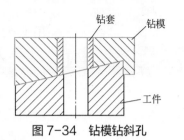

图 7-34　钻模钻斜孔

④ 采用钻模钻斜孔　为提高钻孔效率与孔质量要求,钻孔加工时,可采如图 7-34 所示的钻模来钻斜孔。

（4）半圆孔的钻削

钻削半圆孔时,由于麻花钻一般受的径向力不平衡,会使麻化钻偏斜、弯曲,钻出的孔偏心,因此常采用以下几种方法:

① 工件组合钻半圆孔　就是把两个工件合并在一起钻孔,或选择一块与工件材料相同的垫铁与工件夹在一起钻孔,如图 7-35 所示。

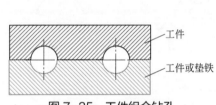

图 7-35　工件组合钻孔

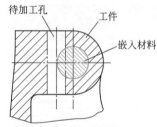

图 7-36　嵌入材料钻孔

② 嵌入材料钻半圆孔　两孔相交时,可在已加工的孔中嵌入与工件相同的材料再钻孔,如图 7-36 所示。

提示

在组合件间钻孔时,由于两个工件的材质可能不一样（常有软硬的区别）,钻孔时麻花钻易向较软材料的一边偏斜,因此应尽量采用较短的麻花钻或将麻花钻横刃磨窄至 0.5mm 以内,以加强定心。也可采用如图 7-37 所示的半孔麻花钻。

（5）小孔的钻削

在钻削加工中,一般将加工直径在 ϕ3mm 以下的孔称为小孔。有的孔虽然直径大于此值,但深度为直径的 10 倍以上,加工困难,也应按钻小孔的特点进行加工。

钻孔时,由于使用的麻花钻直径小,存在强度较差、定心不好、易滑偏、排屑不易等缺陷,给钻孔带来了不少困难。因此在钻削小孔时,须注意以下几点。

① 正确选择麻花钻的形状。一般常用直柄麻花钻头或中心钻,前者刚性差,但钻孔深度大,后者刚性好,钻孔深度小。为此,当需要经常加工小孔时,应采用加长切削部分长度中心钻等专用工具进行加工。

② 改进钻形。钻小孔的钻形有几种形式,如图 7-38 所示。其特点为:

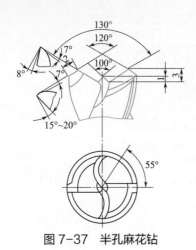

图 7-37 半孔麻花钻

a. 采用双重顶角或单边磨出第二锋角进行分屑，它用于 $\phi 2 \sim 5mm$ 钻头。

b. 适当加大顶角（$2\kappa_r = 140° \sim 160°$），减少了刃沟的摩擦阻力，使切屑向上窜出，便于排屑。

c. 钻心稍微磨偏，偏心量为 0.1 ~ 0.2mm，以适当增加孔的扩张量（在孔精度允许的情况下），减少摩擦和改善排屑。

③ 正确选择钻头尺寸并精心刃磨。小孔麻花钻必须事先选择合适的直径（一般直径比孔的基本尺寸小），采用试验方法选定。且切削刃必须对称均匀，要精心刃磨。

④ 正确安排钻孔顺序。当孔径较大时，可先用小直径麻花钻钻孔，然后用要求尺寸的麻花钻进行钻扩加工；当加工直径小而深的孔时，可先用新的麻花钻钻到一定深度，然后以此为导向再用旧麻花钻钻孔。

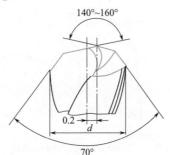
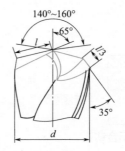
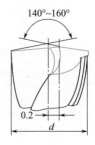

图 7-38 钻小孔的钻形

⑤ 要及时排屑，充分冷却润滑。

（6）二联孔的钻削

图 7-39 所示为常见的三种二联孔情况。钻这些孔时，由于孔较深或两孔距离较远，会使钻出孔的轴心线倾斜，两孔的同轴度达不到要求。为避免产生这些缺陷，可采用以下方法：

① 钻第一种二联孔，可采用钻小孔、钻大孔、锪大孔底平面的顺序进行加工。钻小孔时，可以先用较短的钻头，钻至大孔深度，再用接长的小钻头将小孔钻穿，然后钻大孔，锪底

图 7-39 常见的二联孔

平面。这样当钻头在钻下面小孔时，因有上面已钻好的小孔作引导，就容易保持孔的直线度要求；钻大孔时，因有小孔定心作导向，可保证两孔的同轴度要求。

② 钻第二种二联孔时，由于麻花钻伸出较长，下面的孔又无法划线和用冲样冲孔，所以很难观察上下孔的同轴程度。钻孔时，麻花钻的振摆大，不易对准中心。这时可采用如图 7-40 所示的方法，将一个外径与上面孔配合较紧密的长样冲，插进上面的孔中，在下面冲一个样冲孔，然后引进麻花钻，对准样冲孔，先以低速钻进形成浅窝后，再以高速钻孔。

③ 钻第三种二联孔时，如果批量较大时，可制一根接长钻杆，如图 7-41 所示，其外径与上面的孔径为间隙配合。钻完上面的孔后，换上装夹有小钻头的接长钻杆，以上面

的孔作为引导，加工下面的孔，这样就能保证上下两孔的同轴度要求。

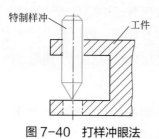

图 7-40　打样冲眼法

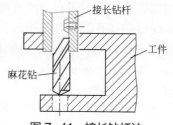

图 7-41　接长钻杆法

（7）深孔钻削

当工件的钻孔深度超过钻头的长度，而对钻孔精度要求不高的情况下，可采用如图7-42所示的接长钻柄或接长套管的方法进行钻孔。接长钻柄时，选用一直径稍大于钻头直径，长度能满足钻孔深度要求的接杆。接杆与钻头焊接时，应保证有较高的同轴度要求。焊接后将接长钻装夹在车床上车削接杆的外圆，使接杆的直径略小于麻花钻直径，这样可减少接杆与工件的摩擦。

当钻通孔而又没有接长钻时，可采用如图7-43所示的两面钻孔的方法。先在工件的一面钻孔至孔深的一半，再将一块平行垫铁用压板压在钻床工

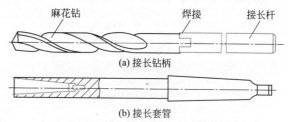

图 7-42　钻深孔的麻花钻

作台上，并钻出一个一定直径的定位孔。另制成一阶台定位销，将定位销的一端压入孔内，另一端与工件已钻孔为间隙配合，然后以定位销定位，将工件放在垫铁上进行钻孔。

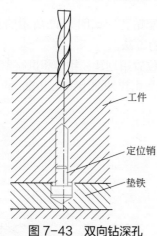

图 7-43　双向钻深孔

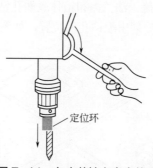

图 7-44　在麻花钻上套定位环

提示

　　深孔钻削时，必须注意冷却和排屑。当麻花钻螺旋槽已全部进入工件孔内后，再钻削时，要及时退出麻花钻，排除积在孔内和麻花钻螺旋槽内的切屑，并加注切削液，以减少切屑和麻花钻的黏结，降低切削温度。要防止连续钻进而排屑不畅，使麻花钻与接杆断裂，甚至扭断钻头。

第
7
章
孔加工

（8）不通孔的钻削

在钻削加工中，钻不通孔会经常碰到，如气、液压传动中的集成油路块、大型设备上用的双头螺栓的螺孔等。钻削不通孔的方法与钻通孔相同，但需利用钻床上的深度尺来控制钻孔的深度，或在麻花钻上套定位环（图7-44），或用粉笔作标记。定位环或粉笔标记的高度等于钻孔深度加$D/3$（D为麻花钻直径）。

（9）骑缝孔的钻削

骑缝孔是在两个零件组合成组合件时，为了防止组合件相对位置的变动，常在接缝处装螺钉或销。此时，就需在接缝处钻孔，如图7-45所示。

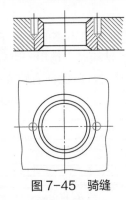

图7-45 骑缝

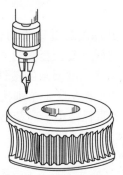

图7-46 骑缝孔的钻削

钻削时先用中心钻在骑缝处钻出锥窝，如图7-46所示。再用麻花钻钻孔。由于中心钻短而粗，刚性很好，钻尖横刃极窄，钻孔时不产生偏移，待中心钻钻出的锥窝接近需钻孔的直径时，再用麻花钻钻孔。锥窝起定心作用，引导麻花钻，防止偏斜。

（10）配钻孔的钻削

在单件生产零件的装配和修理工作中，常需要配钻孔。如图7-47所示的箱体，其顶盖、法兰盖以及箱体在机座上的位置，都用配钻孔的方法。

先将顶盖、法兰盖和箱体底面孔钻好，按照所需位置用划针在箱体和机座上已涂有蓝色或白色涂料处划出配钻孔的位置，如图7-48所示。然后用样冲冲出钻孔中心，再分别钻孔。

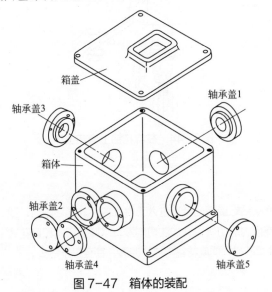

图7-47 箱体的装配

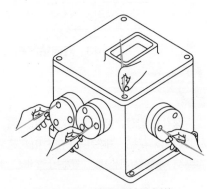

图7-48 箱体配钻孔划线

7.1.4 钻孔常见缺陷与防止措施

钻孔时常常会出现一些质量问题，具体原因与防止措施见表 7-12。

表 7-12　钻削质量分析与防止措施

质量问题	原因分析		防止措施
钻孔时孔径及圆度超差	麻花钻两切削刃不等长、不对称		修磨麻花钻，使其符合要求
	麻花钻摆动过大	钻床主轴摆动过大	检修钻床
		麻花钻在钻床夹头中安装歪	正确安装麻花钻
		麻花钻柄部磨损后圆度或圆柱度超差	更换麻花钻
	钻孔时平口钳移动	样冲眼过小，麻花钻横刃未落入定心样冲眼中，使手动落钻下压时平口钳移动	样冲眼打正后将其扩大
		平口钳底面与钻床工作台表面接触不良	检修平口钳及钻床工作台
		抓握平口钳手柄的力量不够	正确握持平口钳（必要时用 T 形螺栓固定平口钳）
钻孔时孔位精度超差	划线错误		划线后应检查校核
	打样冲眼不准（未打在两中心线交叉处）		按正确方法打正样冲眼
	钻孔时工件移动	钻孔时平口钳移动	（同上述相同）
		工件未夹持牢固	正确夹固工件
钻孔时轴线偏斜	麻花钻与工件表面不垂直		用角尺检查麻花钻与工作表面垂直度，或用钢直尺或划针盘检查工件表面与钳口上面的平行度
	钻孔弯曲	手动进给量太大	按钻削工艺要求选择手动进给量大小
		开钻后发现偏斜，强行纠正	试钻时按孔位借正要领借正已偏斜的孔位
孔内壁粗糙度值过大	麻花钻切削刃不锋利		修磨麻花钻，使其切削刃达到锋利要求
	钻孔时振动过大	主轴振动过大	检修钻床
		麻花钻未夹正	重新夹持麻花钻
		麻花钻后角过大	按要求修磨麻花钻后角
	进给量太大		根据工件材质、孔径大小等因素合理选择钻孔进给量
	钻孔时切削润滑不充分		适时加注切削液
麻花钻切削刃磨损	钻速过高		按钻削工艺要求选择合适的钻速
	冷却润滑不充分		充分冷却润滑
	麻花钻的工作角度不合理		按材质、硬度合理选择麻花钻的工作角度
麻花钻折断	麻花钻切削刃不锋利		修磨麻花钻
	工件松动或平口钳移动将麻花钻扭断		按工艺要求夹固工件，并在钻孔时防止平口钳移动
	进给力过大		根据材质及孔径大小选择进给力
	钻削用量选择不合理		按钻削工艺要求选择合适的钻削用量
	孔将钻穿时未能减小进给量		快钻穿时减小进给量
	切屑堵塞		及时提钻排屑

7.2 扩孔与锪孔

7.2.1 扩孔

用扩孔钻或麻花钻对工件上已有孔进行扩大的加工方法称为扩孔，如图 7-49 所示。

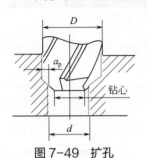

图 7-49 扩孔

（1）扩孔刀具及其加工特点

① 麻花钻扩孔 在实体材料上钻孔时，孔径较小的孔可一次钻出，如果孔径较大（$D > 30$mm），则所用麻花钻直径也较大，横刃长，进给力大，钻孔时很费力，这时可分两次钻削。第一次钻出直径为（$0.5 \sim 0.7$）D 的孔，第二次扩削到所需的孔径 D。扩孔时的背吃刀量为扩孔余量的一半。

② 扩孔钻扩孔 扩孔钻是扩孔的专用刀具，其结构形式较多，但均由工作部分、空刀和柄部组成。工作部分又分切削部分和导向部分。工作部分上有 3 ~ 4 条螺旋槽，将切削部分分成 3 ~ 4 个刀瓣，形成了切削刃和前刀面，如图 7-50 所示。

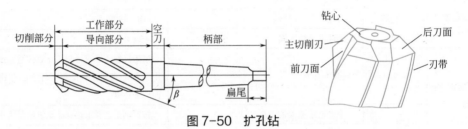

图 7-50 扩孔钻

a. 扩孔钻的特点。扩孔钻因中心不能切削，且产生的切屑体积小，所以不需要大容屑槽。它与麻花钻结构相比有较大的区别，主要表现在扩孔钻钻心粗，刚度好，切削刃多且不延伸到中心处而没有横刃，导向性好，切削平稳，可采用较大的切削用量（进给量一般为钻孔的 1.5 ~ 2 倍，切削速度约为钻孔的 1/2），因而提高了加工效率。此外采用扩孔钻扩孔质量较高，孔的尺寸精度一般可达 IT9 ~ IT10，表面粗糙度值 Ra 可达 12.5 ~ 3.2μm。

b. 扩孔钻的精度分类。扩孔钻一般有高速钢扩孔钻和镶硬质合金扩孔钻两种，如图 7-51 所示。

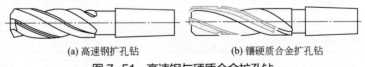

(a) 高速钢扩孔钻　　(b) 镶硬质合金扩孔钻

图 7-51 高速钢与硬质合金扩孔钻

标准高速钢扩孔钻的精度按直径分为两种：1 号扩孔钻用于铰孔前的扩孔，2 号扩孔钻用于精度为 H11 孔的最后扩孔。硬质合金锥柄扩孔钻的精度按直径分为 4 种：1 号扩孔钻一般适用于铰孔前的扩孔，2 号扩孔钻用于精度为 H11 孔的最后加工，3 号扩孔钻用于精铰前的扩孔，4 号扩孔钻一般适用于精度为 D11 孔的最后加工。硬质合金套式扩孔钻分为两种精度：1 号扩孔钻用于精铰前的扩孔，2 号扩孔钻一般用于精度孔的铰前扩孔。

（2）扩孔的操作步骤与要领

① 扩孔的操作步骤　扩孔可按以下步骤进行：

a. 熟悉加工图样，选择合适的夹具、量具和刀具。

b. 根据所选用的刀具类型选择主轴转速。

c. 装夹并校正工件。

d. 按扩孔要求进行扩孔操作，注意控制扩孔深度。

e. 卸下工件并清理钻床。

② 扩孔的操作要点　扩孔的操作要点主要有以下几个方面：

a. 正确选用及刃磨扩孔刀具。扩孔刀具的正确选用是保证扩孔质量的关键因素之一，一般应根据所扩孔的孔径大小、位置、材料、精度等级及生产批量进行选择。

用高速钢扩孔钻加工硬钢和硬铸铁时，其前角 $\gamma_0=0° \sim 5°$；加工中硬钢时，$\gamma_0=8° \sim 12°$；加工软钢时，$\gamma_0=15° \sim 20°$；加工铜、铝时，$\gamma_0=25° \sim 30°$。

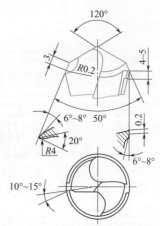

用硬质合金扩孔钻加工铸铁时，其前角 $\gamma_0=5°$；加工钢时，$\gamma_0=-5° \sim 5°$；加工高硬度材料时，$\gamma_0=-10°$。后角 α_0 一般取 $8° \sim 10°$。

在生产加工过程中，考虑到扩孔钻在制造方面比麻花钻复杂，用钝后人工刃磨困难，故常将麻花钻改磨成扩孔钻使用，如图 7-52 所示。采用这种刃磨后的扩孔钻加工中硬钢，其表面粗糙度值 Ra 可稳定在 $3.2 \sim 1.6\mu m$。

图 7-52　麻花钻改磨成扩孔钻

b. 正确选择扩孔的切削用量。对于直径较大的孔，若用麻花钻加工，则应先用小钻头钻孔；若用扩孔钻扩孔，则扩孔前的钻孔直径应为孔径的 0.9 倍；不论选用何种刀具，进行最后加工的扩孔钻的直径都应等于孔的公称尺寸。对于铰孔前所用的扩孔钻，其直径应等于铰孔后的公称尺寸减去铰削余量。

c. 注意事项。对扩孔精度要求较高的孔或扩孔工艺系统刚性较差时，应取较小的进给量；工件材料的硬度、强度较大时，应选择较低的切削速度。

（3）扩孔钻扩孔中常见缺陷与解决方法

扩孔钻扩孔常见的缺陷主要有孔径增大、孔表面粗糙等，其产生的原因与解决方法见表 7-13。

表 7-13　扩孔钻扩孔中常见缺陷与解决方法

缺陷	产生原因	解决方法
孔径增大	①扩孔钻切削刃摆差大 ②扩孔钻刃口崩刃 ③扩孔钻刃带上有切屑瘤 ④安装扩孔钻时，锥柄表面油污未擦干净，或锥面有磕、碰伤	①刃磨时保证摆差在允许范围内 ②及时发现崩刃情况，更换刀具 ③将刃带上切屑瘤用油石修整到合格 ④安装前擦净扩孔钻锥柄和机床锥孔内部油污，用油石修光磕、碰伤处

续表

缺陷	产生原因	解决方法
孔表面粗糙	① 切削用量过大 ② 切削液供给不足 ③ 扩孔钻过度磨损	① 适当降低切削用量 ② 加大切削液流量，并使喷嘴对准加工孔口 ③ 磨去全部磨损区并定期更换扩孔钻
孔位置精度超差	① 过渡套配合间隙大 ② 主轴与过渡套同轴度误差大 ③ 主轴轴承松动	① 将过渡套和扩孔钻锥柄擦干净 ② 校正机床与过渡套位置 ③ 调整主轴轴承间隙

7.2.2 锪孔

锪孔就是用锪钻或锪刀刮平孔的端面或加工出沉孔的一种方法。它主要分为锪圆柱形沉孔、锪锥形孔和锪凸台平面 3 类，如图 7-53 所示。

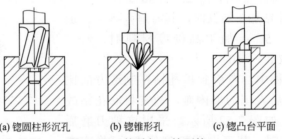

(a) 锪圆柱形沉孔　　(b) 锪锥形孔　　(c) 锪凸台平面

图 7-53　锪孔加工的形状

（1）锪孔具及其加工特点

① 柱形锪钻　柱形锪钻如图 7-54 所示，它适用于加工安装六角螺栓、带垫圈的六角螺母、圆柱头螺钉和圆柱头内六角螺钉的沉头孔。

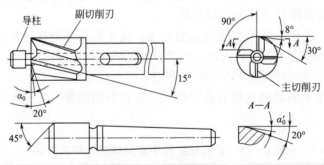

图 7-54　柱形锪钻

柱形锪钻的端面切削刃起主要切削作用，螺旋槽斜角就是它的前角 $\gamma_0=\beta=15°$，主后角 $\alpha_0=8°$。副切削刃起修光孔壁的作用，副后角 $\alpha'_0=8°$。柱形锪钻前端有导柱，以保证锪孔时良好的定心和导向。

标准柱形锪钻有整体式和套装式两种，但当没有标准柱形锪钻时，可用标准麻花钻改制代替，改制的柱形锪钻为带导柱和不带导柱两种，如图 7-55 所示。改制的锪钻一般选用较短的麻花钻，在磨床上把麻花钻的的前端磨出圆柱形导柱，用薄片砂轮磨出端面切削刃，主后角 $\alpha_0=8°$，并磨出 $1 \sim 2mm$ 的消振棱。

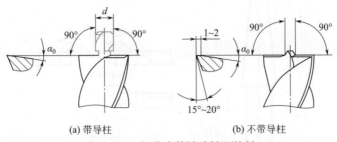

(a) 带导柱　　　　　　　　(b) 不带导柱

图 7-55　标准麻花钻改柱形锪钻

提示

麻花钻的螺旋槽与导柱面形成的刃口用油石修钝。

② 锥形锪钻　锥形锪钻如图 7-56 所示，这种锪钻适用于加工安装沉头孔和孔口倒角。

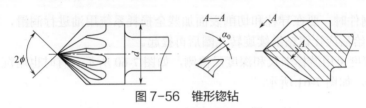

图 7-56　锥形锪钻

标准锥形锪钻的锥角 2ϕ 根据工件沉头孔的要求有 60°、75°、90° 和 120° 四种，其中 90° 锥形锪钻使用最多。锥形锪钻的直径为 $8 \sim 80mm$，齿数为 $4 \sim 12$ 个齿。锥形锪钻的前角 $\gamma_0=0°$，后角 $\alpha_0=6° \sim 10°$。当没有标准锥形锪钻时，也可用标准麻花钻改制代替，如图 7-57 所示。其锥角 2ϕ 按沉头孔所需角度确定，后角要磨得小些，并磨出 $1 \sim 2mm$ 的消振棱。同时外缘处前角也可磨得小一些，两主切削刃要对称。

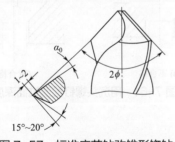

图 7-57　标准麻花钻改锥形锪钻

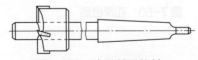

图 7-58　专用端面锪钻

③ 端面锪钻　端面锪钻主要用于锪削螺栓孔凸台和凸缘表面。专用端面锪钻主要为多齿端面锪钻，如图 7-58 所示。

有时也采用镗刀杆和高速钢刀片组成一种简单的端面锪钻，如图 7-59 所示。

（2）锪孔的操作要点

锪孔时易产生刀具的振动，使锪削的端面或锥面上出现振纹。因此应注意：

① 锪孔时的切削速度要比钻孔时的切削速度低，一般为钻孔时的 $1/2 \sim 1/3$。为提高锪孔表面质量，有时也利用钻床停机后主轴的惯性来锪削。

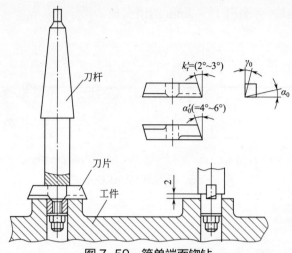

图 7-59　简单端面锪钻

② 由于锪孔的切削面积小，切削刃的数量多，切削平稳，因而进给量可取钻孔时的 $2 \sim 3$ 倍。

③ 锪削钢件时，要在导柱和切削表面加些全损耗系统用油进行润滑，当锪至要求深度时，停止进给后应让锪钻继续旋转几圈后再提起。

④ 锪孔深度可用游标卡尺和深度尺检测，如图 7-60 所示。有时也用沉头螺钉进行锥面深度的检测，如图 7-61 所示。

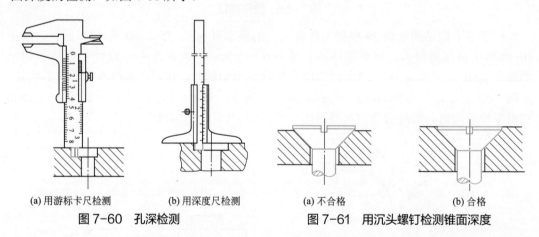

(a) 用游标卡尺检测　　　(b) 用深度尺检测　　　　　　(a) 不合格　　　　　(b) 合格

图 7-60　孔深检测　　　　　　　图 7-61　用沉头螺钉检测锥面深度

7.3　铰孔

铰孔是用铰刀从工件孔壁上切除微量金属层，以提高其尺寸精度和降低表面粗糙度值的方法。其精度可达 IT9 ～ IT7，表面粗糙度 $Ra3.2 \sim 0.8\mu m$，属于孔的精加工。

7.3.1　铰刀的种类和特点

铰刀的种类有很多，常用的有以下几种：

（1）整体圆柱铰刀

整体圆柱铰刀如图 7-62 所示，由工作部分、颈部和柄部组成，工作部分包括引导部分 l_1、切削部分 l_2、校准部分 l_3 和倒锥部分 l_4，它用来铰削标准系列的孔。铰刀柄部有锥柄、直柄和直柄带方榫三种。

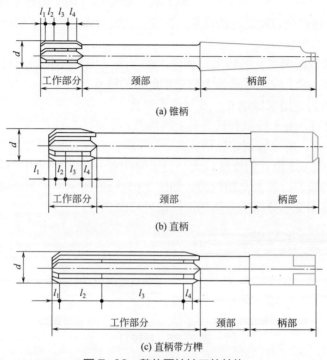

(a) 锥柄

(b) 直柄

(c) 直柄带方榫

图 7-62　整体圆柱铰刀的结构

① 引导部分　便于铰刀开始铰削时放入孔中，并保护切削刃。

② 切削部分　承受主要的切削力。

③ 校准部分　引导铰孔方向和校准孔的尺寸，也是铰刀的后备部分。其刃带宽是为了防止孔口扩大和减少与孔壁的摩擦。

④ 倒锥部分　起到减小铰刀与孔壁之间的摩擦的作用。

（2）可调节手铰刀

可调节手铰刀如图 7-63 所示，它由刀体、刀条和调节螺母等组成，在单件生产和修配工作中用来铰削非标准的孔。可调节手铰刀的直径范围为 6 ~ 54mm。其刀体用 45 钢制作。直径小于或等于12.75mm 的刀齿条，用合金钢制作；直径大于12.75mm 的刀齿条，用高速钢制作。

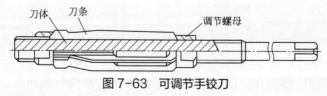

图 7-63　可调节手铰刀

（3）螺旋槽手铰刀

螺旋槽手铰刀用来铰削带有键槽的圆孔。用普通铰刀铰削带有键槽的孔时，切削刃

易被键槽边勾住，造成铰孔质量的降低或无法铰削。螺旋槽铰刀的切削刃沿螺旋线分布，

图 7-64　螺旋槽手铰刀

如图 7-64 所示。铰削时，多条切削刃同时与键槽边产生点的接触，切削刃不会被键槽勾住，铰削阻力沿圆周均匀分布，铰削平稳，铰出的孔光洁。铰刀螺旋槽方向一般是左旋，可避免铰削时因铰刀顺时针转动而产生自动旋进的现象，左旋的切削刃还能将铰下的切屑推出孔外。

（4）锥铰刀

锥铰刀是用来铰削圆锥孔的铰刀，如图 7-65 所示。常用的锥铰刀有以下四种：

① 1：10 铰刀。用来铰削联轴器上与锥销配合的锥孔。

② Morse 锥铰刀。用来铰削 0～6 号莫氏锥孔。

③ 1：30 锥铰刀。用来铰削套式刀具上的锥孔。

④ 1：50 锥铰刀。用来铰削定位销孔。

1：10 锥孔和 Morse 锥孔的锥度较大，为了铰孔省力，这类铰刀一般制成 2～3 把一套，其中一把是精铰刀，其余是粗铰刀，如图 7-65（a）所示为二把一套的锥铰刀。粗铰刀的切削刃上开有螺旋形分布的分屑槽，以减轻切削负荷。

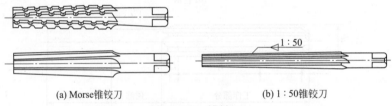

(a) Morse锥铰刀　　　　　　　　(b) 1：50锥铰刀

图 7-65　锥铰刀

铰刀是多刀刃刀具，其每一个刀齿相当于一把车刀，其几何角度的概念与车刀相同。

① 前角　由于铰削的余量较小，切屑很薄，切屑与前刀面在刃口附近接触，前角的大小对切削变形的影响不大。所以铰刀的前角 γ_0 一般磨成 0°。铰削表面粗糙度要求较高的铸件孔时，前角可取 -5°～0°；铰削塑性材料时，前角可取 5°～10°。

② 后角　为减小铰刀与孔壁的摩擦，后角一般取 6°～10°。

③ 主偏角　主偏角的大小影响导向、切削厚度和轴向切削力的大小。主偏角越小，切削厚度越小，轴向力越小，导向性越好，切削部分越长。通常，手用铰刀取较小的主偏角，机用铰刀取较大的主偏角。铰刀切削刃主偏角的选择见表 7-14。

表 7-14　铰刀切削刃主偏角的选择

铰刀类型	加工材料或加工形式	主偏角值
手用铰刀	各种材料	0°30′～1°30′
机用铰刀	铸铁	3°～5°
	钢	12°～15°

④ 刃倾角　带刃倾角的铰刀，适用于铰削余量大的塑性材料通孔。高速钢铰刀的刃倾角一般取 15°～20°；硬质合金铰刀的刃倾角一般取 0°，但为了使切削流向待加工表面，也可取 3°～5°，如图 7-66 所示。

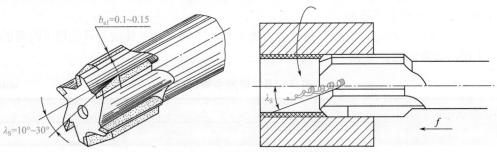

图 7-66　刃倾角铰刀与排屑情况

⑤ 螺旋角　铰刀的齿槽有直槽和螺旋槽两种。直槽刃磨方便，螺旋槽切削平稳，用于深孔及断续表面的铰削。螺旋槽的旋向有左旋和右旋两种。右旋铰刀切削时，切屑向后排出，适用于加工不通孔；左旋铰刀铰削时，切屑向前排出，适用于加工通孔。螺旋角大小与加工材料关，加工灰铸铁、硬钢材料时，螺旋角为 $7°\sim8°$；加工可锻铸铁、钢材料时，螺旋角为 $12°\sim20°$；加工轻金属时，螺旋角为 $35°\sim45°$。

提示

　　铰刀最容易磨损的部位是切削部分和修光部分的过渡处，而且这个部分直接影响工件的表面粗糙度，因而该处不能有尖棱。铰刀的刃齿数一般为 4～10，为了测量直径方便，应采用偶数齿。

7.3.2　铰孔的操作

（1）铰刀的选择

① 铰刀尺寸的选择　铰孔的精度主要取决于铰刀的尺寸。铰刀的基本尺寸与孔基本尺寸相同。铰刀的公差是根据孔的精度等级、加工时可能出现的扩大或收缩及允许铰刀的磨损量来确定的。一般可按下面的计算方法来确定铰刀的上、下偏差：

上偏差（es）=2/3 被加工孔的公差

下偏差（ei）=1/3 被加工孔的公差

即：铰刀选择被加工孔公差带中间 1/3 左右的尺寸。

② 铰刀齿数的选择　铰刀齿数与铰刀直径和工件材料有关。加工韧性材料时取小值，加工脆性材料时取大值，常用铰刀齿数的选择见表 7-15。

表 7-15　铰刀齿数的选择　　　　　　　　　　　　　　　　　　　　mm

铰刀类型	高速钢机用铰刀							高速钢带刃倾角机用铰刀			硬质合金机用铰刀					
铰刀直径	1～2.8	2.8～20	20～30	30～40	40～50	50.8～80	80～100	5.3～18	18～30	30～40	5.3～15	15～31.5	31.5～40	42～62	65～80	82～100
齿数选择	4	6	8	10	12	14	16	4	6	8	4	6	8	10	12	14

（2）铰孔前的工艺准备

① 铰削余量的确定　铰孔前孔径必须加工到适当的尺寸，使铰刀只能切下很薄的金属层。铰削余量的选择见表 7-16。

表 7-16　铰削余量的确定　　　　　　　　　　　　　　　　　　　mm

孔径	加 工 余 量		
	粗、精铰前总加工余量	粗铰	精铰
12～18	0.15	0.10～0.11	0.04～0.05
18～30	0.20	0.14	0.06
30～50	0.25	0.18	0.07
60～75	0.30	0.20～0.22	0.08～0.09

② 机铰的切削速度和进给量　为了获得较小的加工粗糙度，必须避免产生积屑瘤，减少切削热及变形，应取较小的切削速度。铰钢件时为 4 ～ 8m/min，铰铸件时为 6 ～ 8m/min。对铰钢件及铸铁件的进给量可取 0.5 ～ 1mm/r，铰铜件、铝件时可取 1 ～ 1.2mm/r。

③ 铰削时切削液的选用　铰削的切屑一般都很细碎，容易粘附在切削刃上，甚至夹在孔壁与校准部分棱边之间，将已加工表面拉毛。铰削过程中，热量积累过多也将引起工件和铰刀的变形或孔径扩大，因此铰削时必须采用适当的切削液，以减少摩擦和散发热量，同时将切屑及时冲掉。铰削时切削液的选用见表 7-17。

表 7-17　铰孔时的切削液

工件材料	切削液	工件材料	切削液
钢	① 体积分数 10% ～ 20% 乳化液 ② 铰孔要求较高时，可采用体积分数为 30% 菜籽油加 70% 乳化液 ③ 高精度铰削时，可用菜籽油、柴油、猪油	铝	煤油
铸铁	① 不用 ② 煤油，但要引起孔径缩小（最大缩小量：0.02 ～ 0.04mm） ③ 低浓度乳化液	铜	乳化液

 提示

铰孔时加注乳化液，铰出的孔径略小于铰刀尺寸，且表面粗糙度值较小；加注切削油，铰出的孔略大于铰刀尺寸，且表面粗糙度值较大；当进行干铰时（不加注切削液），铰出的孔径最大，且表面粗糙度也最大。

（3）铰刀的修磨

铰刀的质量直接影响到铰孔的好坏，标准铰刀在使用一段时间后会出现磨钝现象，或者有些工件上出现非标准尺寸（与铰刀规格不一致）而不能使用，这时就必须要对铰刀进行修磨。

① 铰刀质量的检查　对铰刀的质量情况，应随时进行严格的检查，具体检查要求有以下几点：

a. 铰刀的刃口必须锋利，不应存在毛刺、碰伤、剥落、裂纹或其他缺陷。

b. 铰刀校准和倒锥部分的表面粗糙度值要一样，刃带要均匀。当铰孔公差等级为 IT8，其表面粗糙度值 Ra 要求达到 $1.6 \sim 3.2\mu m$ 时，铰刀刃带的表面粗糙度值 Ra 不能低于 $0.8\mu m$。

c. 校准部分的刀齿后端要圆滑，不允许有尖角和擦伤的现象。切削刃与校准部分的过渡处应当以圆弧相接，圆弧高度应一致。

d. 机用铰刀的柄部不得有毛刺和碰伤，其表面粗糙度值 Ra 应为 $3.2 \sim 6.3\mu m$。

e. 铰刀的切削刃外径对中心线的径向圆跳动误差不得大于 0.02mm。

f. 机用铰刀的锥柄用标准规检验，涂色接触面积需大于 80%。

② 铰刀的研磨　对于新的标准圆柱铰刀，其直径上一般均留有 $0.005 \sim 0.02mm$ 的研磨量，刃带的表面粗糙度值也较大，只适用于铰削 IT9 以下公差等级的孔，若用来铰削 IT9 以上公差等级的孔时，则需先将铰刀直径研磨到与工件相符合的公差等级。

研磨时，应根据铰刀材料选择研磨剂。一般高速钢和合金工具钢铰刀可用氧化物磨料与机械油、煤油的混合液和纯净的柴油调成膏状作研磨剂；硬质合金铰刀可用金刚石或碳化硼粉按上述方法用油调成稀糊状作为研磨剂，或直接采用金刚石研磨膏。

研磨铰刀时，若使用可调研具，应先将研套孔径调整到大于铰刀的外径，接着在铰刀表面涂上研磨剂，塞入研套孔内，再调整铰刀与研套的研磨间隙，使研套能在铰刀上自由滑动和转动，然后把铰刀装夹在机床上，开反车使铰刀向铰削回转相反的方向旋转，同时用手捏住研具，沿铰刀轴向往复移动或缓慢作正向转动，如图 7-67 所示。

图 7-67　新标准圆柱铰刀的研磨

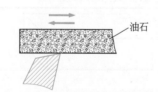

图 7-68　铰刀的一般研磨方法

当铰刀刃口有毛刺或粘结切屑时，也须进行研磨。研磨时用油石沿切削刃垂直方向轻轻推动加以修光，如图 7-68 所示。

若想将铰刀刃带宽度磨窄，可参照如图 7-69 所示的方法，将刃带研磨出 1°左右的小斜面，并保持需要的刃带宽度。

提示

在研磨铰刀后面时，为防止将刀齿刃口磨圆，不能将油石沿切削刃方向推动，如图 7-70 所示。

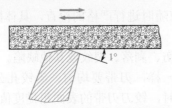

图 7-69　铰刀刃带过宽的研磨

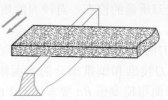

图 7-70　不正确的研磨方法

③ 磨损铰刀的修磨　铰刀在使用中磨损最严重的地方是切削部分与校准部分的过渡处，如图 7-71 所示。

一般规定后面的磨损高度 h 为 0.3 ～ 0.8mm。若超过这个规定，就须在工具磨床上进行修磨，再按前述的手工方法进行研磨。当铰刀直径小于允许的磨损极限尺寸时，铰刀就不能再用了，为延长其使用价值，可用一把硬质合金车刀将其后刀研磨至表面粗糙度值 Ra 为 0.4 ～ 0.8μm 后，再采用如图 7-72 所示的用铰刀刀齿的挤压法来恢复铰刀直径尺寸。这种方法一般可使铰刀直径增大 0.005 ～ 0.01mm，一把铰刀可以挤压 2 ～ 3 次。

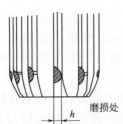

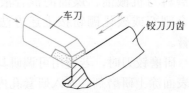

图 7-71　铰刀的磨损

图 7-72　挤压法恢复铰刀直径尺寸

（4）铰削操作方法

① 手工铰孔的操作方法　手工铰孔是利用手用铰刀配合手工铰孔工具，利用人力进行的铰孔方法。具体操作如下：

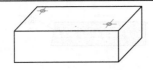

① 划线

根据加工尺寸位置要求，用划针划出加工线，并用样冲冲眼

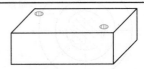

② 钻孔

根据加工要求选用合适的麻花钻钻出底孔

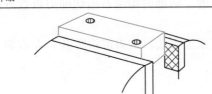

③ 工件装夹

将工件装夹在台虎钳上，并使工件加工表面高于钳口 5 ～ 10mm

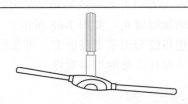

④ 装铰刀

根据铰孔要求，将手用铰刀装夹在铰杠上

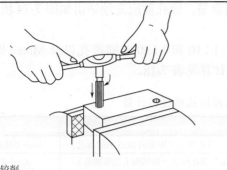

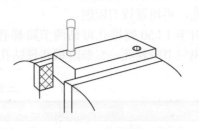

⑤ 铰削	⑥ 检查
两手要均匀、平稳，不得有侧向压力。同时适当加压，使铰刀均匀地进给	铰削完成后，停机，用塞规进行检测（通端能进入而止端不入为合格）

 提示

当孔铰通后，铰刀退出时不能反转，必须正转，否则会使切屑卡在孔壁的铰刀后刀面之间，将孔壁拉毛，同时也易使铰刀磨损，甚至崩刃。因此，退出时要按铰削方向边旋转边向上提起铰刀。

② 机动铰孔的操作方法　机动铰孔时，应注意按以下方面的要求进行操作：

a. 钻床主轴锥孔中心线的径向圆跳动及主轴中心线对工作台平面的垂直度均不得超差。

b. 装夹工件时，应保持待铰孔的中心线垂直于钻床工作台平面，其在 100mm 长度内误差不大于 0.002mm。铰刀中心与工件预钻孔中心需重合，误差不大于 0.02mm。

c. 开始铰削时，为引导铰刀，可先采用手动进给，在铰进孔内 2～3mm 后再使用机动进给。

d. 采用浮动夹头夹持铰刀时，在未吃刀前，最好用手扶正铰刀并慢慢引导铰刀并接近孔边缘，如图 7-73 所示，以防止铰刀与工件发生碰撞。

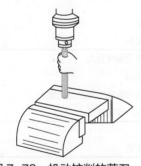

图 7-73　机动铰削的落刀

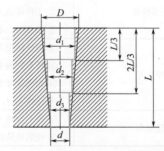

图 7-74　预钻的阶梯孔

e. 在铰削过程中，特别是铰不通孔时，可分几次不停车退出铰刀，以清除铰刀上粘住的切屑和孔内切屑，以防止切屑刮伤孔壁。

f. 铰孔时铰刀不能反转。

③ 圆锥孔铰削的操作方法　铰削圆锥孔时，可按以下方面的要求进行操作：

a. 尺寸较小的圆锥孔的铰削　先按圆锥孔小端直径留出一定的铰削余量，钻出圆柱孔，再对孔口按圆锥孔大端直径锪 45° 倒角，然后用圆锥铰刀进行铰削。

b. 尺寸较大的圆锥孔的铰削　为减少铰削余量，铰孔前应先预钻出如图 7-74 所示的阶梯孔，再用锥铰刀铰削。

对于 1∶50 圆锥孔可钻两节阶梯孔；对于 1∶10 和 1∶30 的圆锥孔以及 Morse 锥孔，可钻出三节阶梯孔。三节阶梯孔预钻孔直径的计算见表 7-18。

表 7-18　三节阶梯孔预钻孔直径的计算

项目内容	计算公式	项目内容	计算公式
圆锥孔大端直径 D	$D=d+LC$	第二节孔径 d_2（距端面 $2L/3$ 的阶梯孔）	$d_2=d+1/3LC-\delta$
第一节孔径 d_1（距端面 $L/3$ 的阶梯孔）	$d_1=d+2/3LC-\delta$	第三节孔径 d_3（距端面 L 的阶梯孔）	$d_3=d-\delta$

注：d——圆锥孔在直径；L——锥孔长度；C——圆锥孔锥度；δ——铰削余量。

提示

锥孔铰削过程中要经常用相配的锥削来检查铰孔尺寸，如图 7-75 所示。

（5）铰孔质量分析

铰孔的质量分析见表 7-19。

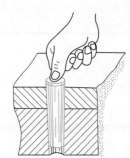

图 7-75　用锥削检查铰孔尺寸

表 7-19　铰孔质量分析

质量情况	原因分析
孔壁表面粗糙度值超差	① 铰削余量太大或太小 ② 铰刀切削刃不锋利，或粘有积屑瘤，切削刃崩裂 ③ 切削速度太高 ④ 铰削过程中或退刀时反转 ⑤ 没有合理选用切削液
孔呈多棱形	① 铰削余量太大 ② 工件前道工序加工孔的圆度超差 ③ 铰孔时，工件夹持太紧，造成变形
孔径扩大	① 机铰时铰刀与孔轴线不重合，铰刀偏摆过大 ② 铰孔时两手用力不均，使铰刀晃动 ③ 切削速度太高，冷却不充分，铰刀温度上升，直径增大 ④ 铰锥孔时，未用锥销试配、检查，铰孔过深
孔径缩小	① 铰刀磨钝或磨损 ② 铰削铸铁时加煤油，造成孔径收缩

7.4　孔加工操作应用实例

7.4.1　钻孔操作

（1）加工实例图样

钻孔加工图样如图 7-76 所示。

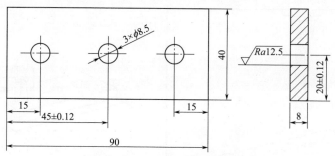

图 7-76　钻孔加工操作图样

（2）操作步骤与方法

操作步骤与方法如下：

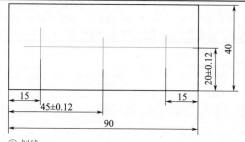 ① 划线 根据加工要求，在尺寸为 90mm×40mm×8mm 的 45 钢板上划出钻孔加工线，并打上样冲眼	 ② 安装麻花钻 根据加工图样要求，选用 φ8.5mm 麻花钻，并用钻夹头装夹
 ③ 工件装夹 工件用台虎钳装夹（下面垫垫铁）	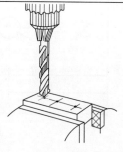 ④ 对正 转动钻床操作手柄，使麻花钻钻尖接触样冲眼，调整工件在钻床中的位置，使钻尖对准钻孔中心
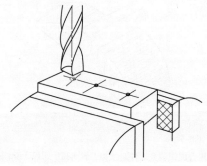 ⑤ 试钻第一孔 找正后抬起操作手柄，使钻尖与工件表面距离 10mm 左右后启动钻床，然后左手扶平口钳，右手转动操作手柄进行试钻	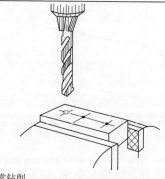 ⑥ 正常钻削 试钻后停机试检，当试钻达到钻孔位置要求后，调整好冷却润滑液与进给速度，正常钻削

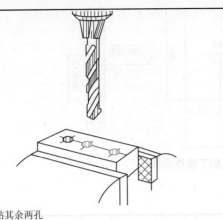

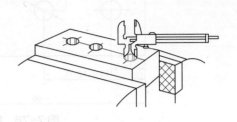

⑦ 钻其余两孔	⑧ 检查
采用上述相同的方法，钻出其余两孔	钻孔完成后，停机，移动平口钳使工件偏离麻花钻中心位置，用游标卡尺对孔径、孔距进行检验

7.4.2　铰孔操作

（1）加工实例图样

铰孔加工图样如图 7-77 所示。

图 7-77　铰孔加工操作图样

（2）操作步骤与方法

操作步骤与方法如下：

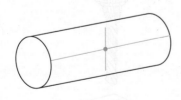

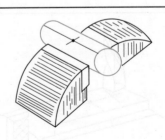

① 划线	② 工件装夹
按图样要求，以中心尺寸（20±0.12）mm 和（45±0.12）mm 在 φ40mm×90mm 的圆钢上划出铰孔加工线，并打上样冲眼	采用台虎钳装夹工件，使加工表面高于钳口 5mm 左右

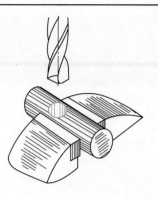

③ 钻孔

根据加工图样要求，选用 $\phi 9.8$ mm 麻花钻，用钻夹头装夹，钻出底孔

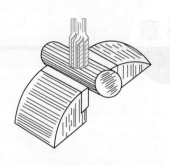

④ 找正

停机，拆下 $\phi 9.8$ mm 麻花钻，换装 $\phi 10$ H8 机用铰刀，转动钻床操作手柄，找正铰刀与工件的相对位

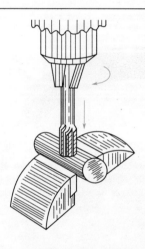

⑤ 铰孔

找正后抬起操作手柄，选用合适的铰削用量，开始铰孔

⑥ 检查

铰孔完成后，停机，移动平口钳使工件偏离铰刀中心位置，用塞规进行检测（通端能进入而止端不入为合格）

孔加工

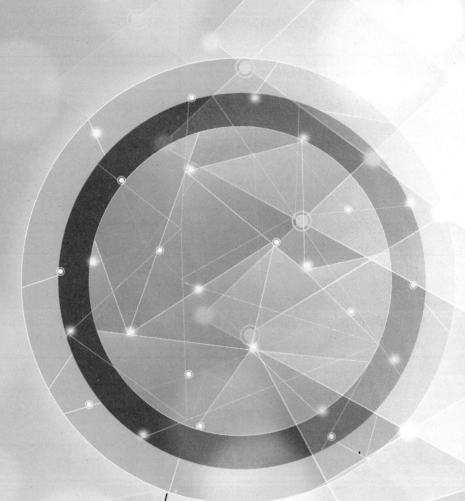

机械加工基础技能双色图解

好钳工是怎样炼成的

螺纹加工是金属切前加工中的重要内容之一。螺纹加工的方法多种多样，一般较为精密的螺纹在车床上加工，而钳工只能加工三角形螺纹，其加工方法是攻螺纹和套螺纹。

8.1 认识螺纹

8.1.1 螺纹的基本要素

螺纹牙型是通过螺纹轴线剖面上的螺纹轮廓形状。下面以普通螺纹的牙型为例（图8-1），介绍螺纹的基本要素。

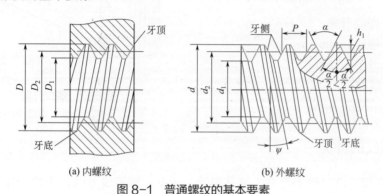

(a) 内螺纹　　　　　　　(b) 外螺纹

图 8-1　普通螺纹的基本要素

（1）牙型角 α

牙型角是在螺纹牙型上，相邻两牙侧间的夹角。

（2）牙型高度 h_1

牙型高度是在螺纹牙型上，牙顶到牙底在垂直于螺纹轴线方向上的距离。

（3）螺纹大径（d，D）

螺纹大径是指与外螺纹牙顶或内螺纹牙底相切的假想圆柱或圆锥的直径。外螺纹和内螺纹的大径分别用 d 和 D 表示。

（4）螺纹小径（d_1，D_1）

螺纹小径是指与外螺纹牙底或内螺纹牙顶相切的假想圆柱或圆锥的直径。外螺纹和内螺纹的小径分别用 d_1 和 D_1 表示。

（5）螺纹中径（d_2，D_2）

螺纹中径是指一个假想圆柱或圆锥的直径，该圆柱或圆锥的素线通过牙型上沟槽和凸起宽度相等的地方。同规格的外螺纹中径 d_2 和内螺纹中径 D_2 的公称尺寸相等。

（6）螺纹公称直径

螺纹公称直径是代表螺纹尺寸的直径，一般是指螺纹大径的基本尺寸。

（7）螺距 P

螺距是指相邻两牙在中径线上对应两点间的轴向距离，如图8-1（b）所示。

（8）导程 P_h

导程是指同一条螺旋线上相邻两牙在中径线上对应两点间的轴向距离。

导程可按下式计算：

$$P_h=nP$$

式中　P_h——导程，mm；

　　　n——线数；

　　　P——螺距，mm。

（9）螺纹升角 ψ

在中径圆柱或中径圆锥上，螺旋线的切线与垂直于螺纹轴线的平面的夹角称为螺纹升角，如图8-2所示。

螺纹升角可按下式计算：

$$\tan\psi=\frac{P_h}{\pi d_2}=\frac{nP}{\pi d_2}$$

式中　ψ——螺纹升角，（°）；

　　　P——螺距，mm；

　　　d_2——中径，mm；

　　　n——线数；

　　　P_h——导程，mm。

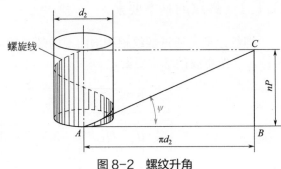

图 8-2　螺纹升角

8.1.2　螺纹的种类

螺纹的应用广泛且种类繁多，可从用途、牙型、螺旋线方向、线数等方面进行分类。

（1）按牙型分类

螺纹按牙型分类的基本情况见表8-1。

表 8-1　螺纹按牙型分类

分类	图示	牙型角度	特点说明	应用
三角形		60°	牙型为三角形，粗牙螺纹应用最广	用于各种紧固、连接、调节等
矩形		0°	牙型为矩形，其传动效率高，但牙根强度低，精加工困难	用于螺旋传动
锯齿形		33°	牙型为锯齿形，牙根强度高	用于单向螺旋传动（多用于起重机械或压力机械）
梯形		30°	牙型为梯形，牙根强度高，易加工	广泛用于机床设备的螺旋传动

（2）按螺旋线方向分类

螺纹按旋向分类可分为左旋和右旋螺纹。顺时针旋入的螺纹为右旋螺纹；逆时针旋入的螺纹为左旋螺纹，如图8-3所示。

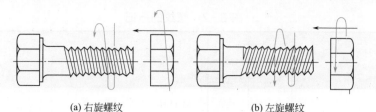

(a) 右旋螺纹　　　　　　　　　　　(b) 左旋螺纹

图 8-3　螺纹的旋向

 提示

　　右旋螺纹和左旋螺纹的螺旋线方向可用如图 8-4 所示的方法来判断，即把螺纹铅垂放置，右侧高的为右旋螺纹，左侧高的为左旋螺纹。也可以用右手法则来判断，即伸出右手，掌心对着自己，四指并拢与螺纹轴线平行，并指向旋入方向，若螺纹的旋向与拇指的指向一致，则为右旋螺纹，反之则为左旋螺纹，如图 8-5 所示。一般常用右旋螺纹。

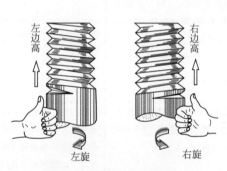

图 8-4　螺纹旋向的判断

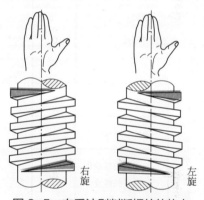

图 8-5　右手法则判断螺纹的旋向

（3）按螺旋线数分类

按螺旋线数分类可分为单线和多线，如图 8-6 所示。

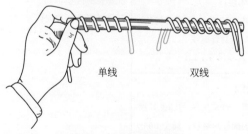

单线　　　　　　双线

图 8-6　螺纹的线数

　　单线螺纹是沿一条螺旋线所形成的螺纹，多用于螺纹连接；多线螺纹是沿两条（或两条以上）在轴向等距分布的螺旋线所形成的螺纹，多用于螺旋传动。

（4）按螺旋线形成表面分类

按螺旋线形成表面分类，螺纹可分为外螺纹和内螺纹。

8.1.3　螺纹的标记

常用螺纹的标记见表 8-2。

表 8-2　螺纹的标记

螺纹种类		特征代号	牙型角	标记实例	标记方法
普通螺纹	粗牙	M	60°	M16LH-6g-L 示例说明：M——粗牙普通螺纹；16——公称直径；LH——左旋；6g——中径和顶径公差带代号；L——长旋合长度	① 粗牙普通螺纹不标螺距 ② 右旋不标旋向代号 ③ 旋合长度有长旋合长度 L、中等旋合长度 N 和短旋合长度 S，中等旋合长度不标注 ④ 螺纹公差带代号中，前者为中径公差带代号，后者为顶径公差带代号，两者相同时则只标一个
	细牙	M	60°	M16×1-6H7H 示例说明：M——细牙普通螺纹；16——公称直径；1——螺距；6H——中径公差带代号；7H——顶径公差带代号	
管螺纹	55° 非密封管螺纹	G	55°	G1A 示例说明：G——55° 非密封管螺纹；1——尺寸代号；A——外螺纹公差等级代号	① 尺寸代号：在向米制转化时，已为人熟悉的、原代表螺纹公称直径（单位为英寸）的简单数字被保留下来，没有换算成毫米，不再称作公称直径，也不是螺纹本身的任何直径尺寸，只是无单位的代号 ② 右旋不标旋向代号
	55° 密封管螺纹 — 圆锥内螺纹	R_c	55°	$R_c1\dfrac{1}{2}$-LH 示例说明：R_c——圆锥内螺纹，属于 55° 密封螺纹；1——尺寸代号；LH——左旋	
	55° 密封管螺纹 — 圆柱内螺纹	R_p			
	55° 密封管螺纹 — 与圆柱内螺纹配合的圆锥外螺纹	R_1			
	55° 密封管螺纹 — 与圆锥内螺纹配合的圆锥外螺纹	R_2			
	60° 密封管螺纹 — 圆锥管螺纹（内外）	NPT	60°	NPT3/4-LH 示例说明：NPT——圆锥管螺纹，属于 60° 密封管螺纹；3/4——尺寸代号；LH——左旋	
	60° 密封管螺纹 — 与圆锥外螺纹配合的圆柱内螺纹	NPSC	60°	NPSC3/4 示例说明：NPSC——与圆锥外螺纹配合的圆柱内螺纹，属于 60° 密封管螺纹；3/4——尺寸代号	
	米制锥螺纹（管螺纹）	ZM	60°	ZM14-S 示例说明：ZM——米制锥螺纹；14——基面上螺纹公称直径；S——短基距（标准基距可省略）	右旋不标旋向代号

螺纹种类	特征代号	牙型角	标记实例	标记方法
梯形螺纹	T_r	30°	$T_r36×12$（P6）-7H 示例说明：T_r——梯形螺纹；36——公称直径；12——导程；P6——螺距为6mm；7H——中径公差带代号；右旋，双线，中等旋合长度	① 单线螺纹只标螺距，多线螺纹应同时标导程和螺距 ② 右旋不标旋向代号 ③ 旋合长度只有长旋合长度和中等旋合长度两种，中等旋合长度不标 ④ 只标中径公差带代号
锯齿形螺纹	B	33°	B40×7-7A 示例说明：B——锯齿形螺纹；40——公称直径；7——螺距；7A——公差带代号	
矩形螺纹		0°	矩形 40×8 示例说明：40——公称直径；8——螺距	

8.2 攻螺纹

用丝锥在工件孔中切削出内螺纹的加工方法称为攻螺纹，旧称攻丝，如图8-7所示。攻螺纹是应用最广泛的螺纹加工方法，对于小尺寸的内螺纹，攻螺纹几乎是唯一有效的加工方法。

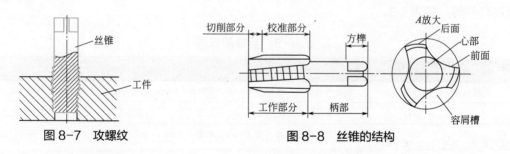

图 8-7 攻螺纹   图 8-8 丝锥的结构

8.2.1 攻螺纹常用工具

（1）丝锥

丝锥也叫丝攻，如图8-8所示。它是一种成形多刃刀具。其本质即为一螺钉，开有纵向沟槽，以形成切削刃和容屑槽。其结构简单，使用方便，在小尺寸的内螺纹加工上应用极为广泛。

① 丝锥的分类 丝锥可分为机用丝锥和手用丝锥两类，如图8-9所示。机用丝锥通

常由高速钢制成，一般是单独一支；手用丝锥由碳素工具钢或合金工具钢制成，一般由两支或三支组成一组。

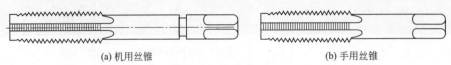

(a) 机用丝锥   (b) 手用丝锥

图 8-9 丝锥的分类

提示

对于成组丝锥，为了减少切削力和延长其使用寿命，一般将整个切削量分配给几支丝锥来承担。通常 M6 ～ M24 的丝锥一套为两支，称为头锥、二锥；M6 以下以及 M24 以上一套有 3 支，即头锥、二锥、三锥。

另外，还有应用于管接头加工的锥形丝锥，主要用于加工公称直径小于 G2 和 NPT2 的锥形螺纹。

锥形螺纹丝锥如图 8-10 所示，它的工作部分长度 $l=l_0+$ （4 ～ 6）P（式中 l_0 为锥形丝锥的基面至端面的距离），丝锥切削部分的长度 $l_1=$（2 ～ 3）P。

由于锥形螺纹加工时切削力较大，而且转矩随着丝锥切入工件深度的增加而增大，因此，为防止因转矩大而使丝锥折断，切削时常用保险装置。此外，由于整个丝锥工作部分都参与切削，其自动导进作用很差，在切削时需强制进给。

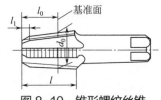

图 8-10 锥形螺纹丝锥

② 丝锥的标志 每一种丝锥都有相应的标志，这对正确使用选择丝锥是很重要的。丝锥的标志有：制造厂商、螺纹代号、丝锥公差带代号、材料代号、不等径成组丝锥的粗锥代号等，见表 8-3。

表 8-3 丝锥的标志

标志	说明
机用丝锥中锥 M10-H1	粗牙普通螺纹、直径为 10mm、螺距为 1.5mm、公差带为 H1、单支中锥机用丝锥
机用丝锥 2-M12-H2	粗牙普通螺纹、直径为 12mm、螺距为 1.75mm、公差带为 H2、两支一组等径机用丝锥
机用丝锥（不等径）2-M27-H1	粗牙普通螺纹、直径为 27mm、螺距为 3mm、公差带为 H1、两支一组不等径机用丝锥
手用丝锥中锥 M10	粗牙普通螺纹、直径为 10mm、螺距为 1.5mm、公差带为 H4、单支中锥手用丝锥
长柄机用丝锥 M6-H2	粗牙普通螺纹、直径为 6mm、螺距为 1mm、公差带为 H2、长柄机用丝锥
短柄螺母丝锥 M6-H2	粗牙普通螺纹、直径为 6mm、螺距为 1mm、公差带为 H2、矩柄螺母丝锥
长柄螺母丝锥 I-M6-H2	粗牙普通螺纹、直径为 6mm、螺距为 1mm、公差带为 H2、I 型长柄螺母丝锥

③ 丝锥的刃磨操作 丝锥在使用一段时间后会出现磨钝现象，为保证螺纹质量，需要对丝锥进行修磨。

a. 修磨丝锥前刃面。丝锥前刃面磨损不严重时，可先用圆柱形油石研磨齿槽前面，然后用三角油石轻轻研光前刃面，如图 8-11 所示。研磨时不允许将齿尖磨圆。丝锥磨损严重，就需要在工具磨床上修磨，修磨时应注意控制好前角 γ_p，如图 8-12 所示。

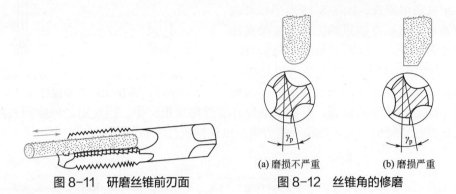

图 8-11　研磨丝锥前刃面　　　　图 8-12　丝锥角的修磨

　b. 修磨丝锥切削部分后面。当丝锥的切削部分磨损时，可在工具磨床上修磨后刃面，以保证丝锥各齿槽的切削锥角和后角的一致性。此外，也可在砂轮机上修磨后刃面。刃磨时，要注意保持切削锥角 κ_r 及切削部分长度的准确和一致性，同时要小心地控制丝锥转动角度和压力大小来保证不损伤另一边刃，且保证原来的合理后角 α_p，如图 8-13 所示。

（2）铰杠

铰杠是用来夹持丝锥柄部的方榫，并带动丝锥旋转切削的工具，它有普通铰杠与丁字铰杠之分。

① 普通铰杠　普通铰杠如图 8-14 所示，有固定式和可调式两种。固定式铰杠孔尺寸是固定的，使用时要根据丝锥尺寸的大小选用，它制造方便，成本低，多用于 M5 以下的丝锥；可调式铰杠的方孔尺寸是可调节的，常用可调式铰杠的柄长有六种，以适应不同规格的丝锥，其规格见表 8-4。

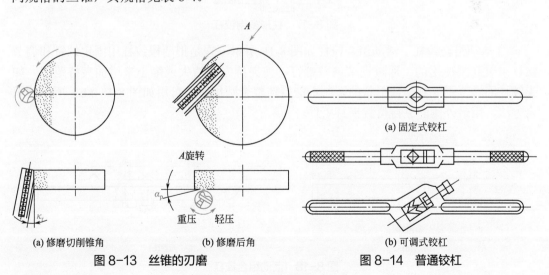

图 8-13　丝锥的刃磨　　　　图 8-14　普通铰杠

表 8-4　可调式铰杠的规格

规格 /mm	150	225	275	375	475	600
适用范围	M5～M8	M8～M12	M12～M14	M14～M16	M16～M22	M24 以上

② 丁字铰杠　丁字铰杠适用于攻制工件台阶旁边或攻制机体内部的螺纹，丁字铰杠也分固定式和可调式，如图 8-15 所示。可调式丁字铰杠通过一个四爪的弹簧夹头来夹持不同尺寸的丝锥，一般用于 M6 以下的丝锥。

③ 滑块多用铰杠　滑块多用铰杠如图

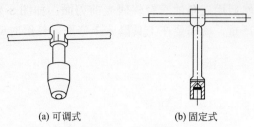

(a) 可调式　　　(b) 固定式

图 8-15　丁字铰杠

8-16 所示，由铰杠体和四个滑块组成了四种不同大小的夹持丝锥的位置，拧紧活动铰杠就能将丝锥夹牢。当使用最外侧的夹持位置时，可在铰杠较短的一头多施加一些力量，以保持铰杠旋转的平衡。

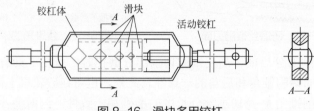

图 8-16　滑块多用铰杠

④ 柱形多用铰杠　柱形多用铰杠如图 8-17 所示，它在中心轴上用销钉固定一个固定套筒，活动套筒由键控制，只能作轴向移动而不能转动。在两个套筒的圆周上有四个大小不等的夹持丝锥的位置，拧紧螺母即可夹紧丝锥。

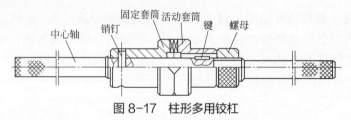

图 8-17　柱形多用铰杠

⑤ 活动组合铰杠　活动组合铰杠如图 8-18 所示，它是把两根铰杠用固定螺钉和调节螺钉组装起来使用的。通过调节调整螺钉，使夹持方孔增大或缩小来增加夹持范围。如果铰杠回转范围受到工件形状的限制不能旋转整个圆周时，可用如图 8-18（b）所示的组合方法，用最外侧的夹持位置夹持工件。

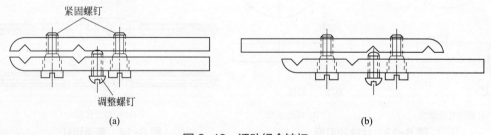

(a)　　　　　　　　　　　　　　　(b)

图 8-18　活动组合铰杠

（3）保险夹头

当螺纹数量很大时，为提高生产效率，可在钻床上攻螺纹，此时要用保险夹头来夹持丝锥，如图 8-19 所示，以避免丝锥负荷过大或丝锥折断损坏工件等现象。

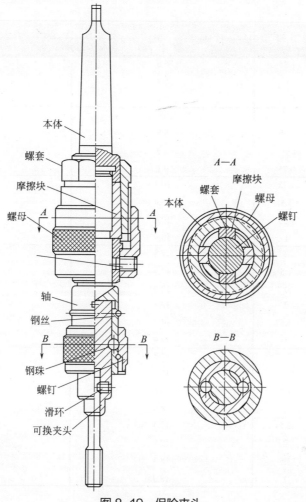

图 8-19　保险夹头

标注说明（图中标签）：本体、螺套、摩擦块、螺母、轴、钢丝、钢珠、螺钉、滑环、可换夹头

A—A：本体、螺套、摩擦块、螺母、螺钉

B—B

8.2.2　攻螺纹的方法

（1）攻螺纹的工艺准备

① 底孔直径的确定　攻螺纹时，每个切削刃一方面在切削金属，一方面也在挤压金属，因而会产生金属凸起并向牙尖流动的现象，被丝锥挤出的金属会卡住丝锥甚至将其折断，因此底孔直径应比螺纹小径略大，这样挤出的金属流向牙尖正好形成完整螺纹，又不卡住丝锥。

底孔直径大小的确定要根据工件的材料、螺纹直径大小来考虑，其值可查表 8-5 或用经验公式得出。

表 8-5　攻普通螺纹钻底孔的钻头直径　　　　　　　　　　　　　　　mm

螺纹大径 D	螺距 P	钻头直径 D_0	
		铸铁、青铜、黄铜	钢、可锻铸铁、纯铜、层压板
5	0.8	4.1	4.2
	0.5	4.5	4.5
6	1	4.9	5
	0.75	5.2	5.2

续表

螺纹大径 D	螺距 P	钻头直径 D_0	
		铸铁、青铜、黄铜	钢、可锻铸铁、纯铜、层压板
8	1.25	6.6	6.7
	1	6.9	7
	0.75	7.1	7.2
10	1.5	8.4	8.6
	1.25	8.6	8.7
	1	8.9	9
	0.75	9.1	9.2
12	1.75	10.1	10.2
	1.5	10.4	10.5
	1.25	10.6	10.7
	1	10.9	11
14	2	11.8	12
	1.5	12.4	12.5
	1	12.9	13
16	2	13.8	14
	1.5	14.4	14.5
	1	14.9	15
18	2.5	15.3	15.5
	2	15.8	16
	1.5	16.4	16.5
	1	16.9	17
20	2.5	17.3	17.5
	2	17.8	18
	1.5	18.4	18.5
	1	18.9	19

底孔直径经验计算公式为：

脆性材料　　　　$D_0 = D - 1.05P$

塑性材料　　　　$D_0 = D - P$

式中　D_0——底孔直径，mm；

D——螺纹大径，mm；

P——螺距，mm。

② 钻孔深度的确定　当攻不通孔（盲孔）的螺纹时，由于丝锥不能攻到底，因此孔的深度往往要钻得比螺纹的长度长一些。盲孔的深度可按下面公式计算：

钻孔深度 = 所需螺纹的深度 + 0.7D

式中　D——螺纹大径，mm。

③ 丝锥切削用量的分配　用成组丝锥攻螺纹时，不同的丝锥承担了不同切削用量的分配。成组丝锥切削用量的分配方式有锥形分配和柱形分配两种。

a. 锥形分配。锥形分配如图8-20所示，是指在一组丝锥中，每支丝锥的大径、中径、小径都相等，只是切削部分的切削锥角与长度不等，这种锥形分配切削用量的丝锥也叫等径丝锥。当攻螺纹时，用头锥可一次切削完成，其他丝锥用得较少。由于头锥可一次攻削完成，切削厚度大，切削变形严重，加工表面粗糙度差。同时，头锥丝锥的磨损也较为严重，一般 M12 以下的丝锥采用锥形分配。

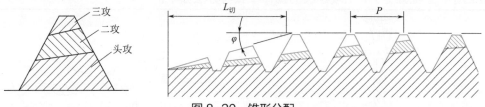

图 8-20　锥形分配

b. 柱形分配。柱形分配如图 8-21 所示，柱形分配切削量的丝锥也叫不等径丝锥，即头锥 / 二锥的大径、中径、小径都比三锥小。头锥的大径小，二锥的大径大，切削量分配较合理，各丝锥的磨损量也相差较小，使用寿命长。三锥参加少量的切削，所以加工表面粗糙度较好。一般 M12 以上的丝锥采用椎形分配。

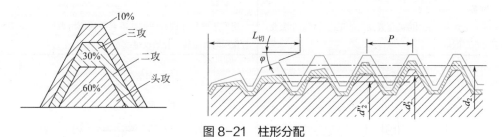

图 8-21　柱形分配

④ 丝锥的选用　机用丝锥的螺纹公差带为 H1、H2 和 H3 三种，暂行用丝锥的螺纹公差带为 H4。丝锥公差带的适用范围见表 8-6。

表 8-6　丝锥公差带的适用范围

丝锥公差带号	适用加工内螺纹公差带等级	丝锥公差带号	适用加工内螺纹公差带等级
H1	5H、4H	H3	7G、6H、6G
H2	6H、5G	H4	7H、6H

⑤ 切削液的选用　攻塑性材料时要加切削液，以增加润滑、减少阻力和提高螺纹的表面质量。切削液的选用可参见表 8-7。

表 8-7　攻螺纹用的切削液

工件材料及螺纹精度		切削液	工件材料及螺纹精度	切削液
钢	精度要求一般	L-AN32 全损耗系统用油、乳化液	可锻铸铁	乳化油
	精度要求较高	菜籽油、二硫化钼、豆油	黄铜、青铜	全损耗系统用油
不锈钢		L-AN46 全损耗系统用油、豆油、黑色硫化油	纯铜	浓度较高的乳化油
灰铸铁	精度要求一般	不用	铝及铝合金	机油加适当煤油或浓度较高的乳化油
	精度要求较高	煤油		

（2）攻螺纹的操作方法与要领

① 手工攻螺纹的操作方法　较大或较小直径的螺纹，或韧性大、强度高的材料，一般都采用手工攻螺纹。手工攻螺纹的操作步骤与方法如下：

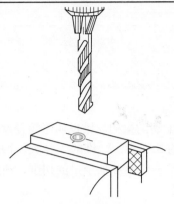

① 准备

根据加工要求，在相应的位置划出加工线，并钻出底孔，然后对孔口倒角

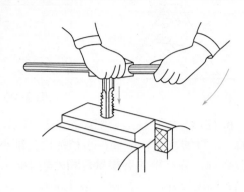

② 起攻

用右手掌按住铰杠中部，沿丝锥轴线用力加压，左手配合作顺时针旋转，开始攻螺纹

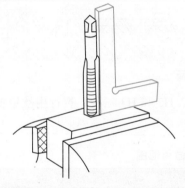

③ 检查校正

当旋入 1～2 圈后，取下铰杠，用角尺检查丝锥与孔端面的垂直度。如不垂直应立即校正至垂直

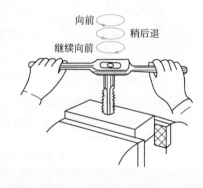

④ 攻削

当切削部分已切入工件后，每转 1～2 圈后应反转 1/4 圈，以便于切屑碎断和排出（同时不能再施加压力，以防丝锥崩牙）

 提示

① 在攻通孔时，丝锥的校准部分不要全部攻出，以避免扩大或损坏孔口最后几道螺纹。在攻不通孔螺纹时，应根据孔深在丝锥上做好深度标记。同时并适当退出丝锥，采用小管子清除留在孔内的切屑，如图 8-22 所示。

② 头锥完成后，在换用二锥（或三锥）进行攻螺纹时，应先用手将丝锥旋入已攻出的螺纹中，直至用手旋不动后再用铰杠攻削。

② 机动攻螺纹的操作方法　机动攻螺纹可参考手工攻螺纹的有关方法进行，但应注意以下事项：

a. 钻床和攻螺纹机主轴径向跳动一般应在 0.05mm 范围内，如攻削 6H 级精度以上的螺纹孔时，跳动应不大于 0.03mm。装夹工件的夹具定位支撑面与钻床主轴中心和攻螺纹

图 8-22 用小管子清除切屑

机主轴的垂直度偏差应不大于 0.05/100。工件螺纹底孔与丝锥的同心度偏差不大于 0.05 mm。

b. 当丝锥将进入螺纹底孔时，旋转切入要轻、慢，以防止丝锥与工件发生撞击。

c. 在丝锥的切削部分长度攻削行程内，应在机床进刀手柄上施加均匀的压力，以协助丝锥进入工件，避免由于开始几圈不完整的螺纹向下拉钻床主轴时将螺纹刮坏。当校准部分开始进入工件时，上述压力即应解除，靠螺纹自然旋进，以免将牙型切小。

d. 攻螺纹的切削速度主要根据加工材料和丝锥直径、螺距、螺纹孔的深度而定。当螺纹孔的深度在 10～30mm 内，工件为下列材料时，其切削速度大致如下：钢 6～15m/min，调质后或较硬的钢 5～10m/min，不锈钢 2～7m/min，铸铁 8～10m/min。在同样条件下，丝锥直径小取高速，丝锥直径大取低速，螺距大取低速。

e. 攻通孔螺纹时，丝锥校准部分不能全部攻出孔外，以避免在机床主轴反转退出丝锥时乱牙。

③ 丝锥垂直度的控制方法

a. 利用螺母控制　攻螺纹前可选用一个与丝锥同样规格的螺母，将其拧在丝锥上，如图 8-23 所示。开始攻螺纹时，用一手按住螺母，使其下端紧贴工件表面，用另一手转动铰杠，待丝锥的切削部分切入工件后，即卸下螺母。

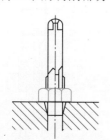

图 8-23　利用螺母控制丝锥垂直度

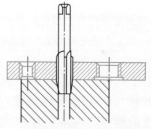

图 8-24　利用板形多孔位工具控制丝锥垂直度

b. 利用板形多孔位工具控制。在一块平整的钢板上，垂直于底平面加工出几种常用的螺纹孔，如图 8-24 所示。攻螺纹时，先将丝锥拧入相应的螺纹孔内，再按上述操作方法，可收到良好的效果。

c. 利用可换导向套控制。如图 8-25 所示是一种多用丝锥垂直工具。工具体的底平面与内孔垂直，内孔装有按不同规格的丝锥进行更换的导向套，导向套的内孔也与丝锥为 G7/h6 配合。攻螺纹时，先将丝锥插入导向套，然后将工具体压在工件上，即可控制丝锥的垂直度误差，保证丝锥与底孔的轴线重合。

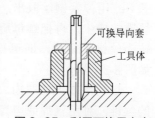

可换导向套

工具体

图 8-25　利用可换导向套控制丝锥垂直度

④ 丝锥的纠偏校正　在起攻时，若丝锥发生较明显的偏斜，需要进行纠偏操作。其操作方法是：将丝锥回退至开始状态，再将丝锥旋转切入，当接近偏斜位置的反方向位置时，可在该位置适当用力下压丝锥并旋转切入进行纠偏，如此反复几次，直至将丝锥的位置纠正为止，然后继续攻削，如图 8-26 所示。

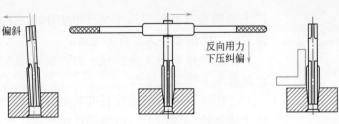

图 8-26　丝锥纠偏的方法

⑤ 断丝锥的取出方法　当丝锥折断在螺孔中后，应根据具体情况进行分析，然后采用合适方法取出断丝锥。

a. 用冲子取出。当断丝锥截面高于螺孔孔口时，可用钳子拧出，也可用冲子对准丝锥容屑槽前面，与攻螺纹相反方向轻轻敲击，使断丝锥松动，如图8-27所示，然后取出。

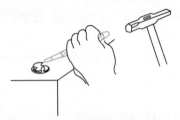

图 8-27　用冲子取出断丝锥

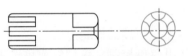

图 8-28　取断丝锥专用工具

 提示

　　在敲击前必须将容屑槽内的切屑清除，同时开始前用力要轻一点，力量逐渐加重，必要时可反向敲打一下。

b. 专用工具取出。如图 8-28 所示的专用工具，其上短柱的数量与丝锥的槽数相等。使用时把专用工具插入断丝锥的槽中，再顺着丝锥旋出方向转动，即可取出断丝锥。

c. 用弹簧钢丝取出。把三根弹簧钢丝插入两截断丝锥的槽中，再把螺母旋转在带柄的那一段上，然后转动丝锥的方榫，即可把断在工件中的另一段取出，如图 8-29 所示。

d. 利用堆焊法取出。对于断在螺孔内且难以取出的丝锥，可用气焊或电焊的方法在折断的丝锥上堆焊一弯杆或螺母，以便将丝锥拧出，如图 8-30 所示。

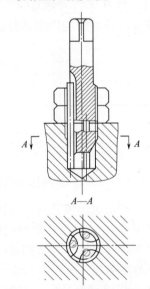

图 8-29　用弹簧钢丝取出断丝锥

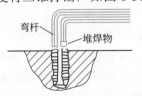

图 8-30　堆焊法取出断丝锥

（3）质量分析

攻螺纹时常常会出现质量问题，具体分析与预防方法见表8-8。

表8-8　攻螺纹时的质量分析

质量问题	原因分析	预防方法
螺纹牙深不够	① 攻丝前底孔直径过大 ② 丝锥磨损	① 选用合适的麻花钻 ② 修磨丝锥
螺纹乱牙	① 底孔直径过小 ② 攻螺纹时铰杠左右摆动 ③ 攻螺纹时头锥与二锥不重合 ④ 未清除切屑，造成切屑堵塞 ⑤ 攻不通孔时，深度没控制好 ⑥ 丝锥切入工件后仍加压攻螺纹	① 认真计算底孔，选用合适的麻花钻 ② 注意攻螺纹时铰杠的姿势 ③ 按顺序用头攻、二攻，且应先将丝锥旋入 ④ 应经常退出丝锥清除切屑 ⑤ 在丝锥上作记号，攻至深度后不能再攻 ⑥ 丝锥切削部分攻入工件后应停止施压
螺纹歪斜	① 丝锥位置不正确 ② 丝锥与螺纹底孔不同轴	① 用角尺检查，并校正 ② 钻孔后不改变工件的位置，直接攻螺纹
螺纹表面粗糙	① 丝锥前后角太小 ② 丝锥磨损 ③ 丝锥刀齿上有积屑瘤 ④ 没充分浇注润滑液 ⑤ 切屑拉伤螺纹表面	① 修磨丝锥 ② 修磨或更换丝锥 ③ 用油石修磨 ④ 要经常浇注润滑液 ⑤ 及时清除切屑

8.3　套螺纹

8.3.1　套螺纹常用工具

（1）板牙

板牙是加工外螺纹的标准刀具之一，其外形像螺母，所不同的是在其端面上钻有几个排屑孔而形成刀刃。

① 圆板牙　圆板牙如图8-31所示，其切削部分为两端的锥角部分。它不是圆锥面，是经过铲磨后成的阿基米德螺旋面。圆板牙前面就是排屑孔，前角大小沿着切削刃而变化，外径处前角最小。板牙的中间一段是校准部分，也是导向部分。

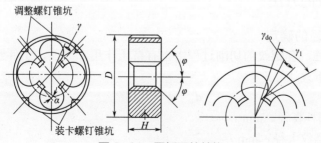

图8-31　圆板牙的结构

② 管螺纹板牙　管螺纹板牙如图8-32所示，它可分为圆柱管螺纹板牙和圆锥管螺纹板牙，其结构与圆板牙相似。但它只是在单面制成了切削锥，因而圆锥管螺纹板牙只能

单面使用。

③ 活络管子板牙　活络管子板牙4块为一组，镶嵌在可调的管子板牙架内，用来套管子外螺纹，如图 8-33 所示。

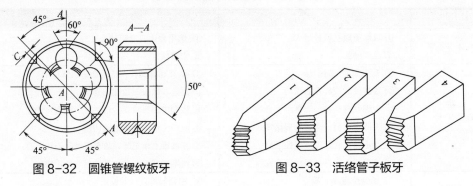

图 8-32　圆锥管螺纹板牙　　　　　图 8-33　活络管子板牙

（2）板牙架

① 圆板牙架　板牙架用来夹持板牙，传递转矩，如图 8-34 所示。不同外径的板牙应选用不同的板牙架。

② 管子板牙架　管子板牙架如图 8-35 所示，它用来夹持活络管子板牙，传递转矩。

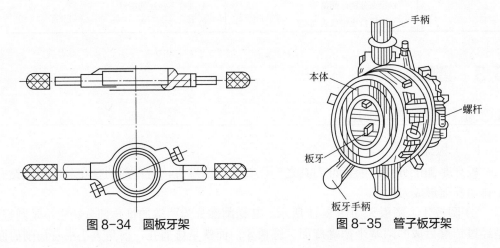

图 8-34　圆板牙架　　　　　　　　图 8-35　管子板牙架

8.3.2　套螺纹的方法

（1）圆杆直径的确定

与攻螺纹一样，套螺纹的切削过程中也有挤压作用，因而，工件圆杆直径就要小于螺纹大径，可用下式计算：

$$d_0 = d - 0.13P$$

式中　d_0——圆杆直径，mm；

d——外螺纹大径，mm；

P——螺距，mm。

实际工作中也可通过查表 8-9 选取不同螺纹的圆杆直径。

表 8-9　套螺纹时圆杆直径

粗牙普通螺纹				圆柱管螺纹		
螺纹直径 /mm	螺距 /mm	圆杆直径 /mm		螺纹直径 /in	管子外径 /mm	
		最小直径	最大直径		最小直径	最大直径
M6	1	5.8	5.9	1/8	9.4	9.5
M8	1.25	7.8	7.9	1/4	12.7	13
M10	1.5	9.75	9.85	3/8	16.2	16.5
M12	1.75	11.75	11.9	1/2	20.5	20.8
M14	2	13.7	13.85	5/8	22.5	22.8
M16	2	15.7	15.85	3/4	26	26.3
M18	2.5	17.7	17.85	7/8	29.8	30.1
M20	2.5	19.7	19.85	1	32.8	33.1
M22	2.5	21.7	51.85	1 1/8	37.4	37.7
M24	3	23.65	23.8	1 1/4	41.4	41.7
M27	3	26.65	26.8	1 3/8	43.8	44.1
M30	3.5	29.6	29.8	1 1/2	47.3	47.6
M36	4	35.6	35.8	—	—	—
M42	4.5	41.55	41.75	—	—	—
M48	5	47.5	47.7	—	—	—
M52	5	51.5	51.7	—	—	—
M60	5.5	59.45	59.7	—	—	—
M64	6	63.4	63.7	—	—	—
M68	6	67.4	67.7	—	—	—

 提示

　　为了使板牙起套时容易切入工件并作正确的引导，圆杆端部要倒一个15°～20°的角，如图8-36所示。圆杆在倒角时，为避免螺纹端部出现峰口和卷边，其倒角的最小直径可略小于螺纹小径。

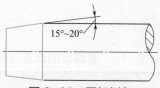

15°～20°

图 8-36　圆杆倒角

（2）套螺纹的操作方法

套螺纹的操作步骤与方法如下：

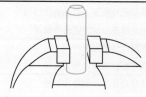	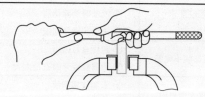
① 工件装夹 按要求对圆杆端部进行倒角后放入台虎钳钳口内夹紧（夹紧时圆杆伸出钳口的长度要尽量短些）	② 起套 右手按住板牙架中部，沿圆杆轴向施加压力，左手配合向顺时针方向切进

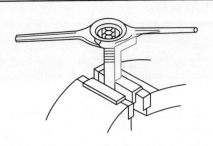

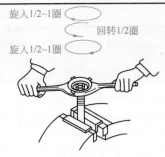

旋入1/2~1圈

回转1/2圈

旋入1/2~1圈

③检查校正	④套削
在板牙套出 2～3 牙时，用角尺检查板牙与圆杆轴线的垂直度，如有误差，应及时校正	在套出 3～4 牙后，可只转动板牙架，而不加力，让板牙靠螺纹自然切入

 提示

因套螺纹时的切削力较大，为防止圆杆在装夹时夹出痕迹，一般用厚铜皮作衬垫或采用 V 形块将圆杆装夹在虎钳中，如图 8-37 所示。

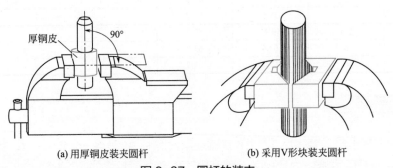

厚铜皮   90°

(a) 用厚铜皮装夹圆杆   (b) 采用V形块装夹圆杆

图 8-37   圆杆的装夹

（3）质量分析

套螺纹时常常会出现一些质量问题，具体分析与预防见表 8-10。

表 8-10   套螺纹的质量分析

质量问题	原因分析	预防方法
螺纹歪斜	①圆杆端部倒角不合要求 ②套螺纹时两手用力不均匀	①使倒角长度大于一个螺距 ②两手用力要均匀、一致
螺纹乱牙	①圆杆直径不合要求 ②没及时清除切屑 ③未加润滑冷却液	①选用（或加工）直径合格的圆杆直径 ②经常倒转板牙，以利清除切屑 ③要及时充分加注润滑冷却液
螺纹形状不完整	①圆杆直径过小 ②调节圆板牙时直径太大	①更换合适的圆杆 ②调节好圆板牙，使其直径合适
螺纹表面粗糙	①未加注切削液 ②板牙刃口的积屑瘤	①及时充分加注润滑冷却液 ②去除积屑瘤，保持刃口锋利

8.4 螺纹加工操作应用实例

8.4.1 在长方块上攻螺纹

（1）加工实例图样

长四方块上攻螺纹的图样如图 8-38 所示。

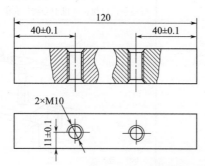

图 8-38　攻螺纹加工图样

（2）操作步骤与方法

操作步骤与方法如下：

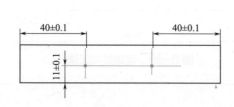

① 划线

按螺纹位置尺寸（40±0.1）mm、（11±0.1）mm 要求，划出底孔加工线，并打样冲眼

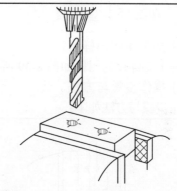

② 钻底孔

安装 ϕ8.5mm 麻花钻，找正位置后，钻出螺纹底孔

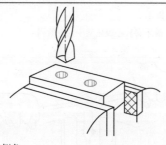

③ 孔口倒角

换装 ϕ15mm 麻花钻，在孔两端倒角 C1.5

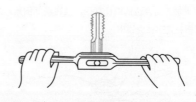

④ 安装工件和丝锥

取下工件，将工件装夹在台虎钳上，并将 M10 丝锥头夹在铰杠上

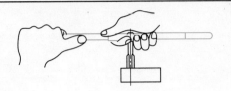

⑤起攻

用右手掌按住铰杠中部，沿丝锥轴线用力加压，左手配合作顺向旋进

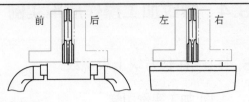

⑥检查

当丝锥攻入 1～2 圈后，用角尺从前后左右两个方向进行检查，以保证丝锥中心线与孔中心线重合

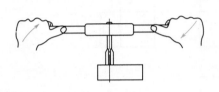

⑦正常攻削

当切削部分已切入工件后，铰杠不再压力，靠丝锥作旋进切削

⑧二攻

头攻完成后，退出头攻丝锥，改用二攻丝锥进行切削（按同样的方法完成第二孔的攻削）

8.4.2 在圆杆上套螺纹

（1）加工实例图样

圆杆上套螺纹的图样如图 8-39 所示。

（2）操作步骤与方法

操作步骤与方法如下：

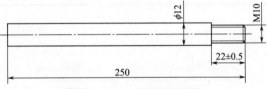

图 8-39 套螺纹加工图样

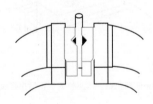

①装夹

按要求加工出合适的圆杆直径，且在端部倒角，采用 V 形块将圆杆装夹在虎钳中

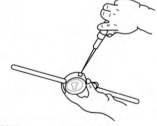

②安装板牙

将 M10 板牙安装在板牙架中，并紧固

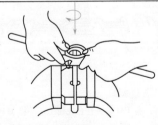

③起套

用手按住板牙架中部，沿圆杆轴向施加压力，并顺时针方向切进。动作要慢，压力要大

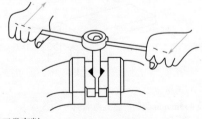

④正常套削

在套出 3～4 牙后，可只转动板牙架，而不加力，让板牙靠螺纹自然切入，套出螺纹

第9章　刮削与研磨加工

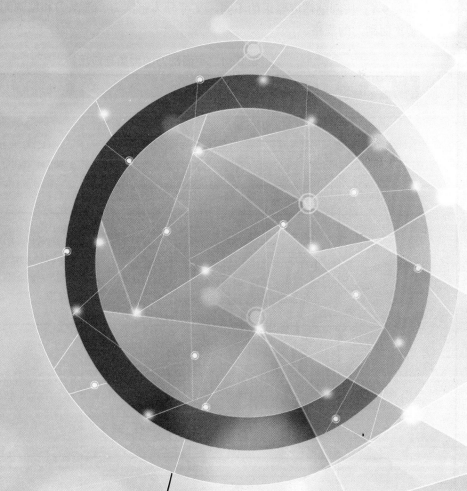

机械加工基础技能双色图解

好钳工是怎样炼成的

9.1　刮削与研磨工具的认知与使用

9.1.1　刮削工具及其加工特点

（1）刮削刀具

刮刀是刮削的主要工具，其刀头部分要求有足够的强度，锋利的刃口，60HRC左右的硬度。根据工件的不同表面，刮刀可分为平面刮刀和曲面刮刀两类。

① 平面刮刀　平面刮刀主要用来刮削平面，也可用来刮削外曲面。按结构形式的不同，常用的平面刮刀可分为手握刮刀、挺刮刀、活头刮刀、弯头刮刀和钩头刮刀五种，见表9-1。按刮削精度要求的不同，又可分为粗刮刀、细刮刀和精刮刀三种。表9-2列出了平面刮刀的规格。

表 9-1　平面刮刀的种类与应用特点

种类	图示	结构应用
手握刮刀	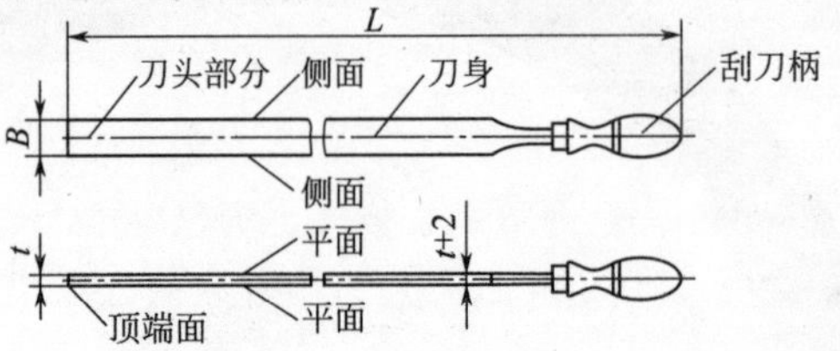 刀头部分 侧面 刀身 刮刀柄 B L 顶端面 平面 平面 侧面 t t+2	刀体较短，操作时比较灵活方便，适用于刮削面积较小的工件表面
挺刮刀	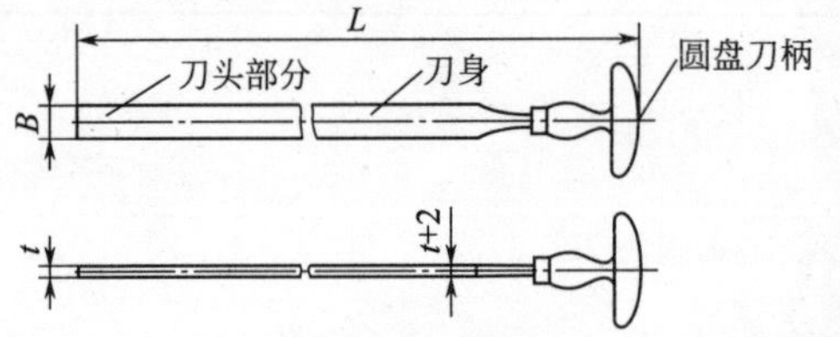 刀头部分 刀身 圆盘刀柄 B L t t+2	刀体较长，刀柄为木质圆盘，因此刀体具有较好的弹性，可进行强力刮削操作，适用于刮削余量较大或刮削面积较大的工件表面
活头刮刀	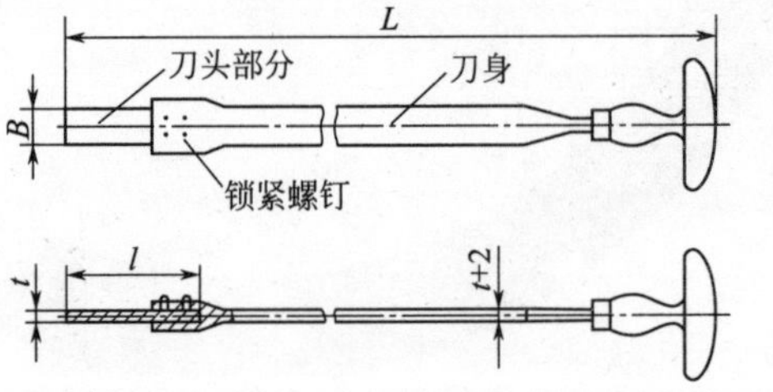 刀头部分 刀身 B L 锁紧螺钉 l t t+2	刀头一般采用碳素工具钢和轴承钢制作，刀身则采用中碳钢制作
弯头刮刀	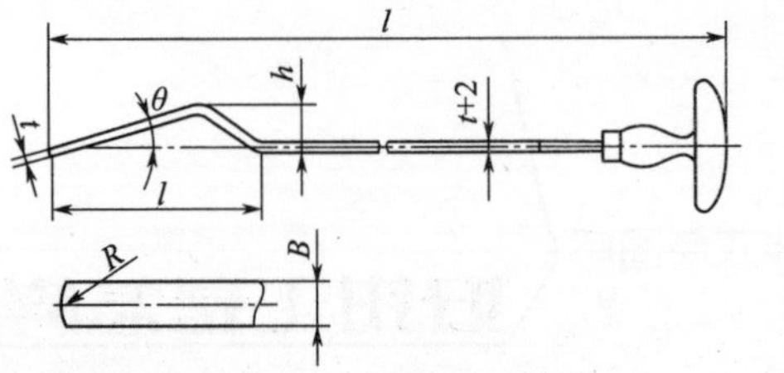 l θ h t t+2 l R B	又称为精刮刀和刮花刀，由于刀身较窄且刀头部分呈弓状，故具有良好的弹性、适用于精刮和刮花操作

种类	图示	结构应用
钩头刮刀	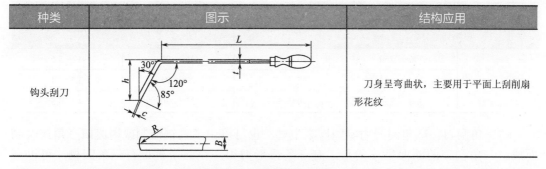	刀身呈弯曲状，主要用于平面上刮削扇形花纹

表9-2　平面刮刀的规格　　　　　　　　　　　　mm

种类	尺寸					
	全长 L	刀头长度 l	刀身宽度 B	刀口厚度 t	刀头倾角 θ	刀弓高度 h
粗刮刀	450～600	40～60	25～30	3～4	10°～15°	10～15
细刮刀	400～500		15～20	2～3		
精刮刀	400～500		10～12	1.5～2		

② 曲面刮刀　曲面刮刀主要用来刮削内曲面。常用曲面刮刀分为三角刮刀、三角锥头刮刀、柳叶刮刀和蛇头刮刀四种，如图9-1所示。表9-3列出了三角锥头刮刀、柳叶刮刀和蛇头刮刀的尺寸规格。

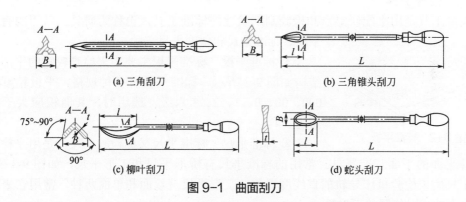

(a) 三角刮刀　　　　(b) 三角锥头刮刀

(c) 柳叶刮刀　　　　(d) 蛇头刮刀

图9-1　曲面刮刀

表9-3　三角锥头刮刀、柳叶刮刀和蛇头刮刀的尺寸规格　　　　mm

种类	尺寸			
	全长 L	刀头长度 l	刀头宽度 B	刀身厚度 t
三角锥头刮刀	200～250	60	12～15	—
	250～350	80	15～20	
柳叶刮刀	200～250	40～45	12～15	3.5～3
	250～300	45～55	15～20	3～3.5
	300～350	55～75	20～25	3.5～4

续表

种类	尺寸			
	全长 L	刀头长度 l	刀头宽度 B	刀身厚度 t
蛇头刮刀	$200 \sim 250$	$30 \sim 35$	$15 \sim 20$	$3 \sim 3.5$
	$250 \sim 300$	$35 \sim 40$	$20 \sim 25$	$3.5 \sim 4$
	$300 \sim 350$	$40 \sim 50$	$25 \sim 30$	$4 \sim 4.5$

　　a. 三角刮刀。三角刮刀由专门厂家生产，也可以由工具钢锻制或用废旧三角锉改制而成。三角刮刀的断面呈三角形，有三条弧形刀刃，在三个机上有三条凹槽，可以减少刃磨面积。三角刮刀规格按照刀体长度 L 分为 125mm、150mm、175mm、200mm、250mm、300mm、350mm 等多种。规格较短的三角刮刀可采用锉刀柄，规格较长的三角刮刀可使用长木柄。三角刮刀及三角锥头主要用于一般的曲面刮削。

　　b. 三角锥头刮刀。三角锥头刮刀采用碳素工具钢锻制而成，其刀头部分呈三角锥形，刀头切削部分与三角刮刀相同，刀身断面为圆形。

　　c. 柳叶刮刀。柳叶刮刀因其刀头部分像柳树叶，故称为柳叶刮刀。其切削部分有两条弧形刀刃，刀身断面为矩形。柳叶刮刀主要用于轴承及滑动轴承的刮削。

　　d. 蛇头刮刀。蛇头刮刀采用碳素工具钢锻制而成，刀头部分有上、下、左、右共四条弧形刀刃，刀身断面为矩形。蛇头刮刀主要用于轴承及较长且直径较大的滑动轴承的刮削，可与三角刮刀交替使用，减小刮削振痕。

　　（2）校准工具

　　校准工具是用来配研显点和检验刮削状况的标准工具，也称为研具。常用的有标准平板、标准平尺和角度平尺三种。

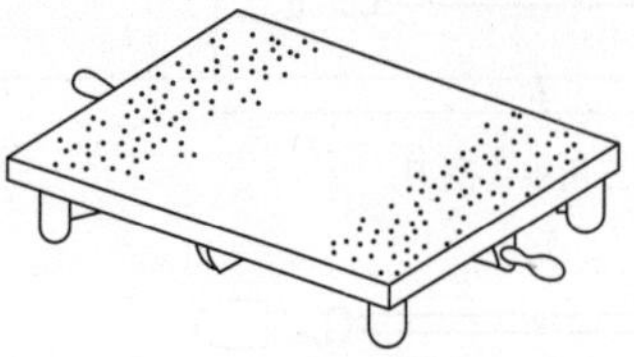

　　① 标准平板　标准平板主要用来检查较宽的平面，其结构如图 9-2 所示。标准平板有多种规格，平板精度分为 000、00、0、1、2、3 六级，选用时，其面积应大于刮削面的 3/4。

图 9-2　标准平板

　　② 标准平尺　标准平尺又称检验平尺，是用来检验狭长工件平面的平面基准器具。常用的标准平尺有桥形平尺和工形平尺，如图 9-3 所示。桥形平尺用来检验机床导轨的直线度误差；工形平尺有双面和单面两种，常用它来检验狭长平面的相对位置的正确性。

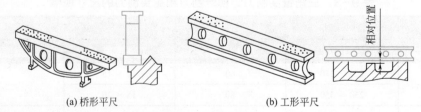

(a) 桥形平尺　　　　　　(b) 工形平尺

图 9-3　标准平尺

　　③ 角度平尺　用来检验两个刮削面成角度的组合平面，如燕尾导轨面。其结构和形状如图 9-4 所示。

（3）显示剂

显示剂是用来显示被刮削表面误差大小的辅助涂料。它放在标准工具表面与刮削表面之间，当校准工具与刮削表面贴合在一起对研时，凸起部分就会被显示出来。显示剂的种类有红丹粉、蓝油、烟墨、松节油和酒精，其特点与应用见表9-4。

图9-4 角度平尺

表9-4 显示剂的种类特点与应用

种类		特点	应用
红丹粉	铁丹粉	铁丹粉和铅丹粉的粒度极细，使用时可用牛油或全损耗系统用油调和	常用于钢件和铸铁件
	铅丹粉		
蓝油		由普鲁士蓝粉和蓖麻油以及适量全损耗系统用油调和而成，呈深蓝色，显示的研点小而亮	常用于铜和巴氏合金等非金属
烟墨		由烟囱的烟黑与适量的全损耗系统用油调和而成	一般用于非铁金属的配研显点
松节油		配研的时间一般比用红丹粉长一些，研后的研点亮而白	一般用于精密表面的配研显点
酒精		配研的时间一般比用红丹粉长1倍左右，配研后的研点黑而亮	一般用于极精密表面的配研显点

9.1.2 研具与研磨剂

（1）研具

研具是附着研磨剂并在研磨过程中决定工件表面几何形状的标准工具。研具主要有研磨平板、研磨环、研磨棒等，其结构与应用见表9-5。

表9-5 研具的结构与应用

种类		图示	结构与应用
研磨平板	有槽平板		主要用来研磨平面，有槽平板用于粗研，光滑平板用于精研
	光滑平板		

续表

种类		图示	结构与应用
研磨环			主要用来研磨圆柱工件的表面，其内径要比工件的外径大 0.025～0.05mm
研磨棒	固定式		研磨棒主要用来研磨内孔。固定式用于单件研磨或机修时采用；可调节式适用于成批生产
	可调节式	螺母	

为保证工件的研磨质量，研具材料的组织应细密均匀，研磨剂中的微小磨粒应容易嵌入研具表面，而不嵌入工件表面，因此研具材料的硬度应适当低于被研工件的硬度。常用研具材料的种类、特性与用途见表9-6。

表9-6 常用研具材料的种类、特性与用途

材料种类	特性	用途
灰铸铁	耐磨性较好，硬度适中。研磨剂易于涂布均匀	通用
球墨铸铁	耐磨性较灰铸铁更好，易嵌入磨料，精度保持性良好	通用
低碳钢	韧性好，不易折断	小型研具，适用于粗研
铜合金	质软，易嵌入磨料	适用于粗研和低碳钢件的研磨
皮革、毛毡	柔软，对研磨剂有较好的保持性能	抛光工件表面
玻璃	脆性大，厚度一般要求为 10mm 左右	精研或抛光

（2）研磨剂

研磨剂是由磨料（研磨粉）、研磨液及辅助材料混合而成的一种混合研磨用剂。

① 磨料 磨料在研磨中起切削作用，其种类很多，见表9-7。

表9-7 磨料的种类、特点与适用范围

种类名称		代号	特点	适用范围
刚玉类	棕刚玉	A	有足够的硬度，韧性较大，价格便宜	磨削碳素钢等，特别适于磨未淬硬钢，调质钢以及粗磨工序
	白刚玉	WA	比棕刚玉硬而脆，自锐性好，磨削力和磨削热量较小，价格比棕刚玉高	磨淬硬钢、高速钢、高碳钢、螺纹、齿轮、薄壁薄片零件以及刃磨刀具等
	铬刚玉	PA	硬度和白刚玉相近而韧性较好	可磨削合金钢、高速钢、锰钢等高强度材料以及粗糙度要求较低的工件，也适于成形磨削和刀具刃磨等
	单晶刚玉	SA	硬度和韧性都比白刚玉高	磨削不锈钢、高钒高速钢等韧性特别大、硬度高的材料
	微晶刚玉	MA	强度高、韧性和自锐性好	磨削不锈钢、轴承钢和特种球墨铸铁等

种类名称		代号	特点	适用范围
碳化硅类	黑碳化硅	C	硬度比白刚玉高，但脆性大	磨削铸铁、黄铜、软青铜以及橡皮、塑料等非金属材料
	绿碳化硅	GC	硬度与黑碳化硅相近，但脆性更大	磨削硬质合金，光学玻璃等
超硬类	金刚石	SD	硬度极高，磨削性能好，价格昂贵	磨削硬质合金，光学玻璃等高硬度材料
	立方氮化硼	CBN	性能与金刚石相近，磨削难磨钢材性能比金刚石好	磨削钛合金、高速工具钢等高硬度材料

除了磨料之外，还有各种形状的油石可以用来研磨。常用的油石见表9-8。

表9-8 油石的种类

名称	代号	断面图	名称	代号	断面图
正方油石	SF		刀形油石	SD	
长方油石	SC		圆柱油石	SY	
三角油石	SJ		半圆油石	SB	

磨料的粗细程度用粒度表示，粒度按颗粒大小分为磨粉和微粉两种，磨粉号数在100～280范围内选取，数字越大，磨料越细；微粉在W40～W0.5范围内选取，数字越小，磨料越细。磨料粒度及应用见表9-9。

表9-9 磨料粒度及应用

磨料粒度号	加工工序类别	可达表面粗糙度值 $Ra/\mu m$
100～250	用于最初的研磨加工	≤0.4
W40～W20	用于粗研磨加工	0.4～0.2
W14～W7	用于半精研磨加工	0.2～0.1
W5～W1.5	用于精研磨加工	0.1～0.05
W1～W0.5	用于抛光、镜面研磨加工	0.025～0.01

② 润滑剂 润滑剂分为液态和固态两种。其作用为：

a. 调和磨料，使磨料在研具上很好地贴合并均匀分布。

b. 冷却润滑，减少工件发热。

c. 有些能与磨料发生化学反应，以加速研磨过程。

常用润滑剂的类别与作用见表9-10。

表9-10　常用润滑剂的类别与作用

类别	名称	作用
液态	煤油	润滑性能好，能吸附研磨剂
	汽油	吸附性能好，能使研磨剂均匀地吸附在研具上
	全损耗系统用油	润滑，吸附性能好
固态	硬脂酸	能使工件表面与研具之间产生一层极薄的、比较硬的润滑油膜
	石蜡	
	脂肪酸	

③ 研磨剂的配制　研磨剂的配制见表9-11。

表9-11　研磨剂的配制

类别	研磨剂成分		用量	用途	配制方法
液态	1	氧化铝磨粉	20g	用于平板、工具的研磨	研磨粉与汽油等混合，浸泡一周
		硬脂酸	0.5g		
		航空汽油	200mL		
	2	研磨粉	15g	用于硬质合金、量具、刃具的研磨	材质疏松，硬度为100～120HBW，煤油加入量应多些，硬度大于140HBW，煤油加入量应少些
		硬脂酸	8g		
		航空汽油	200mL		
		煤油	15g		
固态（研磨膏，分为粗、中、精三种）[1]	1	氧化铝	60%	用于抛光	先将硬脂酸、蜂蜡和石蜡加热熔解，然后加入汽油搅拌，以多层纱布过滤，最后加入研磨粉等调匀，冷却后成为膏状
		石蜡	22%		
		蜂蜡	4%		
		硬脂酸	11%		
		煤油	3%		
	2	氧化铝磨粉	40%	用于精磨	
		氧化铬磨粉	20%		
		硬脂酸	25%		
		电容器油	10%		
		煤油	5%		

① 用量均为质量分数。

9.1.3　刮刀的刃磨与热处理

（1）平面刮刀的刃磨与热处理

① 平面刮刀的几何角度　见表9-12。

表9-12　平面刮刀的刀头形状和几何角度

种类	图示	说明
粗刮刀	2.5°　2.5°	切削刃平直，顶端角度为90°～92°30′
细刮刀	2.5°　2.5°　2.5°	刀刃稍带圆弧，顶端角度为95°
精刮刀	5°　2.5°　2.5°	切削刃带圆弧，顶端角度为97°30′左右

② 平面刮刀的刃磨和热处理

a. 平面刮刀的粗磨。粗磨是平面刮刀刃磨的第一阶段，其操作步骤与方法如下：

① 粗磨刀体两平面

将刮刀平面贴在砂轮的轮缘面上，并相对于水平面倾斜一定角度α，再上下移动进行刃磨

② 粗磨刀体两侧面

将刮刀侧面贴在砂轮的轮缘面上，并相对于水平面倾斜一定角度α，再上下移动进行刃磨

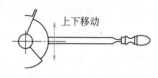

③ 粗磨刀体顶端面

将刮刀顶端面贴在砂轮的轮缘面上，并平行于水平面，再上下移动进行刃磨

b. 平面刮刀的热处理。刮刀的热处理包括淬火和回火两个过程，其目的是使刮刀的硬度达到60HRC。操作时，将刮刀放入炉火（或用其他方法）加至780～800℃（呈樱红色），加热长度25mm左右，加热至要求后，迅速将刮刀放入冷水中（或质量分数为10%的盐水）冷却，浸入深度为7～10mm，刮刀在水中可作较大幅度缓慢地水平移动以及小幅度的上下移动，如图9-5所示。当刮刀露出水面部分的颜色呈黑色时，即由水中取出并观察浸入水中部分的颜色的变化，当颜色变为白色时，应迅速将整个刀体浸入水中冷却，直至整个刀体冷却后再取出。

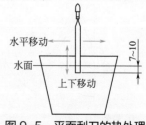

图9-5　平面刮刀的热处理

c. 平面刮刀的细磨。平面刮刀的细磨是为使刀头部分形状及其角度达到基本要求。其操作步骤和方法如下：

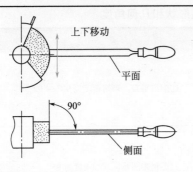

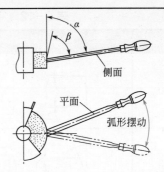

① 顶端面直线刃的细磨

对于粗刮刀，由于其顶端面的两条刀刃是直线形状，因此刃磨时要作上下移动，而且刀身中心线始终要垂直于砂轮轮缘面

② 顶端面圆弧刃的细磨

对于细、精刮刀，其顶端面的两条刀刃是圆弧形状。刃磨时先使刀身平面相对于砂轮轮缘面侧偏一定角度，并使刀柄作圆弧摆动，以磨出圆弧刃，摆动幅度要根据圆弧半径值的大小来确定

　　d. 平面刮刀的精磨。平面刮刀的精磨主要是在油石和天然磨刀石上进行的，其目的主要是使刮刀顶端面的角度符合要求，并使刀刃更加锋利，同时使刀头部分和两个平面及顶端面的表面的粗糙度值 Ra 小于 $0.2\mu m$。其操作步骤与方法如下：

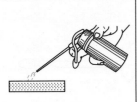

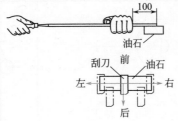

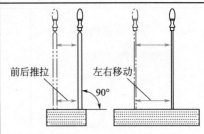

① 涂油

在磨石上加适量全损耗系统用油

② 磨平面

将刮刀平面放置在磨石上，左右移动，直至平面平整，表面粗糙度 $Ra \leqslant 0.2\mu m$

③ 磨顶端

左手扶住手柄，右手紧握刀身，使刮刀直立在磨石上，略带前倾地向前推移，拉回时刀身略微提起，以免磨损刃口

（2）曲面刮刀的刃磨

① 三角刮刀的刃磨　其操作步骤与方法如下：

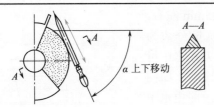

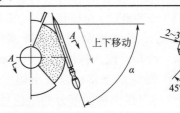

① 粗磨刀身三平面

右手握刀柄，左手按在刀身中部，刀柄相对于水平面倾斜角度 α（75° 左右）接触砂轮轮缘面，上下移动磨出刀身

② 粗磨刀身凹槽面

右手握刀柄，左手按在刀身中部，将刀身平面对着砂轮（与砂轮侧面成约 45° 左右夹角），并相对于水平面倾斜角度 α（75° 左右）上下移动磨出凹槽，留出 2～3mm 刀刃边

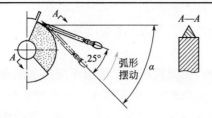

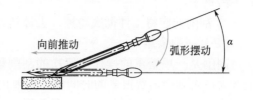

③ 粗磨刀头圆弧面

右手握刀柄，左手按在刀身头部，刀柄相对于水平面成一定角度 α（45°左右）接触砂轮轮缘面，自上而下地弧形摆动刀柄（幅度25°左右）

④ 精磨

右手握刀柄，左手轻轻按在刀身头部，使刀柄与油石表面成 α（30°左右）的夹角，然后一边作刀柄由上而下的弧形摆动，同时一边作向前推动

② 蛇头刮刀的刃磨　其操作步骤与方法如下：

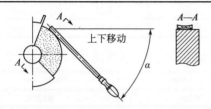

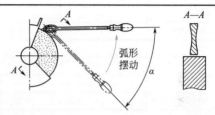

① 粗磨刀头平面

右手握刀柄，左手按在刀身头部，刀柄相对于水平面倾斜角度 α 为 45°～75° 夹角接触砂轮轮缘面，上下移动磨出刀头平面

② 粗磨刀头侧面

刀柄相对于水平面倾斜角度 α 为 45° 左右，刀头侧面接触砂轮轮缘面后刀柄自上而下地作圆弧摆动至水平位置，逐段磨出圆弧形刀刃

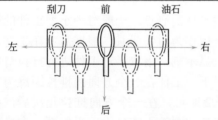

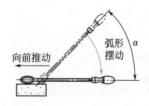

③ 精磨刀头平面

将刮刀刀头部分平面置于油石表面进行左、右推拉，每次推拉幅度为 3～4 个刀身宽度，并在推拉的同时，作由前向后的移动

④ 精磨刀头侧面

右手握刀柄，左手轻轻按在刀身头部，使刀柄与油石表面成 α 为 45° 左右的夹角，然后一边作刀柄由上而下的弧形摆动，同时一边作向前推动，逐段磨出圆弧形刀刃

9.2　刮削的基本操作

9.2.1　刮削的工艺要求

（1）准备要求

① 工件必须放平稳，防止刮削时发生振动和滑动。

② 刮削面的高低要适合操作者的身材，一般在齐腰位置为最佳。

③ 刮削小工件时要用台虎钳或夹具夹持，但夹持不宜过紧，以防工件变形。

④ 刮削场地的光线要适当，光线太强，易出现反光，点子不宜看清；光线太弱，又

看不清点子。

⑤刮削前应将工件彻底清擦，去掉铸件上的残砂、锐边、毛刺以及油污。

（2）刮削余量

刮削是一项繁重的操作，每次的刮削量很少。因此机械加工所留下来的刮削余量不能太大，否则会浪费很多的时间和不必要地增加劳动强度。但刮削余量也不能留得太少，否则不能刮出正确的形状、尺寸和获得良好的表面质量，合理的刮余量与工件的面积有关。一般刮削余量按表9-13选取。

表9-13 刮削余量 mm

平面的刮削余量					
平面宽度	平面长度				
	100～500	500～1000	1000～2000	2000～4000	4000～6000
100以下	0.10	0.15	0.20	0.25	0.30
100～500	0.15	0.20	0.25	0.30	0.40

孔的刮削余量			
孔径	孔长		
	100以下	100～200	200～300
80以下	0.05	0.08	0.12
80～180	0.10	0.15	0.25
180～360	0.15	0.20	0.35

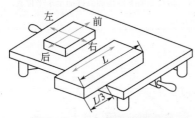

图9-6 中小型工件的研点

（3）研点的方法与要求

①平面研点的方法与要求

a. 中小型工件的研点。一般对中小型工件的研点可采用标准平板作为对研研具，根据需要在工件表面或平板上涂上显示剂，用双手对工件进行推拉对磨研点。一般情况下，工件在一个方向的推拉距离为工件自身长度的1/2即可，在一个方向推拉几次后，要将工件调转90°，在前后左右等方向各作几次。若被刮面等于或稍大于平板面，在推拉时工件超出平板的部分不得大于工件长度L的1/3，如图9-6所示。被刮面小于平板面的工件在推拉时最好不露出平板面，否则研点不能反映出真实的平面度。

b. 大型工件的研点。当工件的被刮面长度大于平板若干倍时，一般是将工件固定，平板在工件的被刮削面上推研，推研时，平板超出工件被刮削面的长度应小于平板长度的1/5。

c. 宽边窄面工件的研点。一般采用将工件的大面紧靠在直角靠铁的垂直布，双手同时推拉两者进行配磨研点，如图9-7所示。

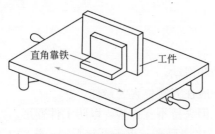

图9-7 宽边窄面工件的研点

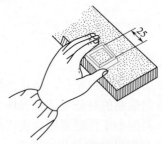

图9-8 方框检测接触点

d. 平面研点的要求。平面刮削后的精度可用接触精度进行检测。接触常用 25mm×25mm 正方形检测框罩在工件刮削的表面上，根据在检测方框内的研点数目表示接触精度，如图 9-8 所示。各种平面接触精度的研点数目见表 9-14。

表 9-14 各种平面接触精度研点数

平面种类	每 25mm×25mm 内的研点数	应用
一般平面	2～5	较粗糙固定结合面
	5～8	一般结合面
	8～12	一般基准面
	12～16	机床导轨及导向面
精密平面	16～20	精密机床导轨
	20～25	1 级平板，精密量具
超精密平面	＞25	0 级平板，精密量具

② 曲面研点的方法与要求　曲面研点常用标准轴或与其相配合的轴作为研点的校准工具。校准时将蓝油均匀地涂在轴的圆柱表面上，或用红丹粉涂在轴承孔表面，再使轴在轴承孔中来回旋转来显示研点，如图 9-9 所示。

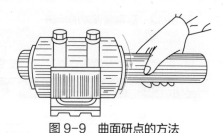

图 9-9　曲面研点的方法

曲面刮削后其刮削精度也可用 25mm×25mm 正方形检测方框内的研点数目来表示。滑动轴承内孔刮削接触精度的研点数目见表 9-15。

表 9-15　滑动轴承内孔刮削接触精度的研点数

轴承直径 /mm	机床或精密机械主轴轴承			锻压设备和通用机械轴承		动力机械、冶金设备轴承	
	高精度	精密	普通	重要	普通	重要	普通
	每 25mm×25mm 内的研点数						
≤120	25	20	16	12	8	8	5
＞120	20	16	10	8	6	6	2

③ 质量检测

a. 平面度、平行度和直线度的检测。中、小型工件表面的平面度和平行度误差可用百分表进行检测，如图 9-10 所示。较大工件表面的平面度和平行度误差以及机床导轨面的直线度误差可采用框式水平仪进行检测，如图 9-11 所示。

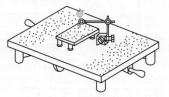
(a) 平面度误差的检测

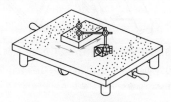
(b) 平行度误差的检测

图 9-10　百分表检测平面度和平行度误差

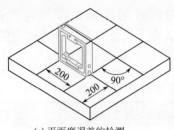

(a) 平面度误差的检测

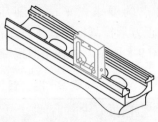

(b) 直线度误差的检测

图 9-11　水平仪检测平面度和直线度误差

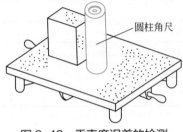

圆柱角尺

图 9-12　垂直度误差的检测

b. 垂直度误差的检测。工件相邻两面垂直度误差的检测一般采用圆柱角尺或直角尺进行检测，如图 9-12 所示。

9.2.2　刮削的操作方法

（1）平面的刮削

① 平面刮削的姿势　平面刮削常采用的刮削方法有手刮法和挺刮法两种，见表 9-16。

表 9-16　平面刮削的方法

方法	挺刮法		手刮法	
刀身握法	抱握法		握柄法	
	前后握法		绕臂法	
操作示意				
说明	将刮刀放在小腹右下侧，双手并拢握在刮刀前部距刀刃约 80mm 左右处，刮削时刮刀对准研点，左手下压，利用腿部和臀部力量，使刮刀向前推挤，在推动到位的瞬间同时用双手将刮刀提起，完成第一次刮削		刮刀与工件成 30°～45° 角度。刮削时，右手随着上身前倾，使刮刀向前推进，左手下压，落刀要轻，当推进至所需位置时，左手迅速提起，完成一个手刮动作	

② 平面刮削的步骤　平面的刮削一般分为粗刮、细刮、精刮和刮花四个步骤，见表 9-17。

表 9-17　平面刮削的步骤

步骤	刮刀选用	操作说明
粗刮	粗刮刀	采用长刮法将工件表面刮去一层，使工件整个刮削面在 25mm×25mm 正方形内有 3～4 个点
细刮	细刮刀	采用短刮削法将工件刮削面上稀疏的大块研点刮去，使工件整个刮削面在 25mm×25mm 正方形内有 12～15 个点
精刮	精刮刀	采用点刮法将工件刮削面上稀疏的各研点刮去，使工件整个刮削面在 25mm×25mm 正方形内有 20 个点以上。在精刮时，刀迹长度为 5mm 左右，落刀要轻，提刀要快，每个点只能刮一次，不得重复，并始终交叉进行
刮花	精刮刀	刮花是精刮的最后阶段，其目的是形成花纹，增加刮削面的美观，改善滑动件之间的润滑。刮花的常见花纹有斜月牙花、链条花、地毯花和斜纹花，见表 9-18

表 9-18　常见刀花的刮削工艺

刀花	月牙花	链条花	地毯花	斜纹花
图示	 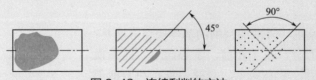	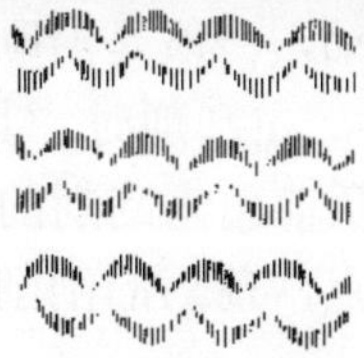		
刮削方法	左手按住刮刀前部，起着压和掌握方向的作用。右手握住刮刀中部并作适当扭动，交叉 45° 方向进行。刃口右边先接触工件，逐渐向左压平，而后再逐渐扭向右边，接触工件后抬起刮刀	沿划好的格线连续刮一条半圆花纹，刮刀右角先落，左角稍抬，刮刀连推带扭向前移动。再转调 180° 方向，刮第二条半圆花纹	用铅笔在平面上划出格线，依花纹宽度选择一定刀宽的平刃刮刀，在线格的方块上平行往返进行推刮 2～3 次	

 提示

①粗刮时一般应刮去较多的金属，刮削要有力，每刀刮削量要大，因而可采用连续刮削的方法，刀迹应连成片，且每刮一遍交换一下铲削方向，使铲削刀迹呈交叉状，如图 9-13 所示。精刮时挑点必须准确，刀迹应细小光整。

图 9-13　连续刮削的方法

②在没有达到粗刮要求的情况下，不可过早地进入细刮工序。同时，细刮时每个研点尽量只刮一刀，逐步提高刮点的准确性。

（2）曲面刮削

曲面刮削的原理和平面刮削的原理一样，只是刮削的方法有所不同（刮削时曲面刮刀在曲面上作螺旋运动）。曲面刮削的姿势和平面刮削时刀身的握法基本相同，如图9-14所示。

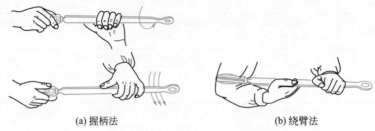

(a) 握柄法　　　　　　　(b) 绕臂法

图9-14　曲面刮削时刀身的握法

① 内曲面的刮削　内曲面主要是指内圆柱面、内圆锥面和内球面。用曲面刮刀刮内圆柱面和内圆锥面时，刀身中心线要与工件曲面轴线成15°～45°夹角，如图9-15所示。刮刀沿内曲面作倾斜的径向旋转刮削运动，一般是沿顺时针方向自前向后拉刮。

三角刮刀是用正前角来进行刮削的，在刮削时，其正前角和后角的角度是基本不变的，如图9-16（a）所示。蛇头刮刀是用负前角来刮削的，与平面刮削相似，如图9-16（b）所示。为避免刮削时产生波纹和条状研点，前后的刮削刀迹要交叉进行。

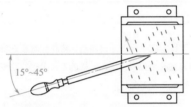

图9-15　刮刀的切削角度

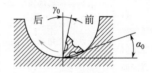

(a) 用三角刮刀刮内曲面

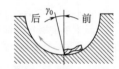

(b) 用蛇头刮刀刮内曲面

图9-16　内曲面刮削的操作

提示

三角刮刀刮削时的刮削层较深，因此在刮削时两切削刃要紧贴工件表面，刮削速度也要慢，否则易产生较深的振痕。蛇头刮刀刮削时的刮削层深度较浅，因此其刮削的表面粗糙度要低一些。

② 外曲面的刮削　外曲面刮削的基本操作方法是：两手握住刮刀的刀身，左手在前，掌心向下，四指横握刀身；右手在后，掌心向上，侧握刀身；刮刀柄部放在右手臂下或夹在腋下。双脚叉开与肩齐，身体稍前倾。刮削时右手掌握方向，左手下压提刀，完成刮削动作，如图9-17所示。

③ 曲面刮削的过程　曲面刮削分为粗刮、细刮和精刮三个阶段，见表9-19。

图9-17　外曲面的刮削操作姿势

表 9-19　曲面刮削的过程

刮削过程	图示	操作说明	特点
粗刮	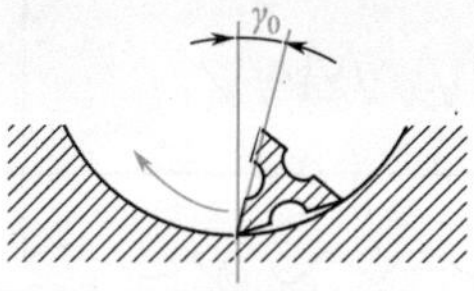 γ_0	采用正前角刮削,两刃紧贴刮削面	刮削层较深,用以提高刮削效率
细刮	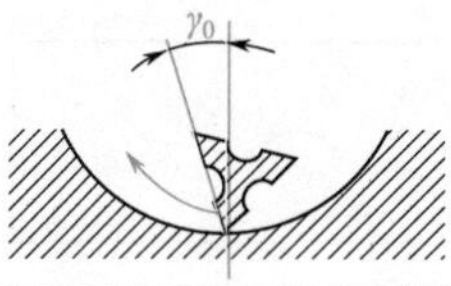 γ_0	采用小负前角刮削,切削刃紧贴刮削面	刮削层较浅,用以获得分布均匀的研点
精刮	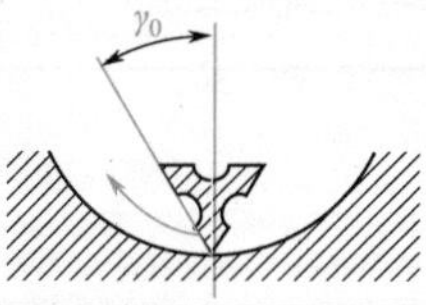 γ_0	采用大负前角刮削,切削刃紧贴刮削面	刮削层很浅,可获较高的表面质量

（3）刮削质量分析

刮削是一种细致的工作,每刮一刀去除的余量都很少,一般情况是不会产生废品的,但在刮削中其刮削面也是容易产生一些缺陷的。常见质量问题与具体分析见表 9-20。

表 9-20　刮削的质量分析

常见问题	产生原因	预防方法
深凹痕	① 粗刮时用力不均匀 ② 局部落刀太重 ③ 多次刀痕重叠 ④ 刮刀刃磨得过于弧形	① 用力要均匀 ② 落刀要保持一致 ③ 刀痕不得重叠 ④ 按要求刃磨刮刀
划道	① 研点时夹有砂粒、铁屑等杂物 ② 显示剂不干净	① 清理干净被刮削表面 ② 选用干净的显示剂
振痕	① 多次同向刮削 ② 刀迹没有交叉	① 避开同向刮削 ② 刀迹应交叉
刮削面精密度不够	① 研具不准确 ② 推研时用力不均匀 ③ 研具伸出工件太多,按出现的假点刮削造成	① 更换准确的研具 ② 推研时用力均匀 ③ 研具伸出工件不能太多

9.3　研磨的基本操作

研磨是用研磨工具和研磨剂从工件上研去一层极薄的表面层的精加工方法。各种不同加工方法所能获得的表面粗糙度见表 9-21。

表 9-21　各种不同加工方法所获得表面粗糙度

加工方法	加工情况	表面放大的情况	表面粗糙度 $Ra/\mu m$
车	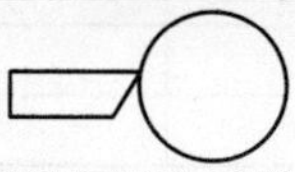	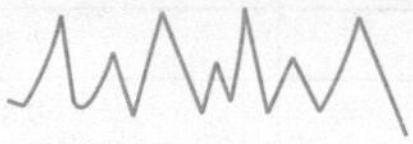	$1.5 \sim 80$

续表

加工方法	加工情况	表面放大的情况	表面粗糙度 $Ra/\mu m$
磨			0.9 ～ 5
压光			0.15 ～ 2.5
珩磨			0.15 ～ 1.5
研磨			0.1 ～ 1.6

9.3.1 研磨的工艺准备

（1）研磨加工余量的选择

研磨余量的大小应根据工件研磨面积的大小和精度要求而定。由于研磨加工的切削量极其微小，又是工件的最后一道超精加工工序，为保证加工精度和加工速度，须严格控制加工余量，通常研磨余量在 0.005 ～ 0.05mm，甚至有时研磨余量控制在工件的尺寸公差范围内。表 9-22 列出了平面研磨的余量。

表 9-22 平面研磨的余量 mm

平面长度	平面宽度		
	≤ 25	> 25 ～ 75	> 75 ～ 150
≤ 25	0.005 ～ 0.007	0.007 ～ 0.010	0.010 ～ 0.014
26 ～ 75	0.007 ～ 0.010	0.010 ～ 0.014	0.014 ～ 0.020
76 ～ 150	0.010 ～ 0.014	0.014 ～ 0.020	0.020 ～ 0.024
151 ～ 260	0.014 ～ 0.018	0.020 ～ 0.024	0.024 ～ 0.030

圆柱表面和圆锥表面的研磨余量及内孔研磨余量参见表 9-23、表 9-24。

表 9-23 外圆研磨余量 mm

外径	余量	外径	余量
≤ 10	0.003 ～ 0.005	50 ～ 80	0.008 ～ 0.012
10 ～ 18	0.006 ～ 0.008	80 ～ 120	0.010 ～ 0.014
18 ～ 30	0.007 ～ 0.010	120 ～ 180	0.012 ～ 0.016
30 ～ 50	0.008 ～ 0.010	180 ～ 260	0015 ～ 0.020

表 9-24 内孔研磨余量 mm

内径	余量	
	铸铁	钢
25 ～ 125	0.020 ～ 0.100	0.010 ～ 0.040
125 ～ 275	0.080 ～ 0.100	0.020 ～ 0.050
275 ～ 500	0.120 ～ 0.200	0.040 ～ 0.060

（2）研磨速度与压力的选择

采用不同的研磨方法，其研磨速度与研磨的压力也不同，表9-25、表9-26分别列出了不同研磨方法时的研磨速度与研磨压力的选择。

表9-25　研磨速度的选择　　　　　　　　　　　　　　mm

研磨方法	平面		外圆	内孔	其他
	单面	双面			
湿研法	20～120	20～60	50～75	50～100	10～70
干研法	10～30	10～15	10～25	10～20	2～8

表9-26　研磨压力的选择　　　　　　　　　　　　　　MPa

研磨方法	平面	外圆	内孔	其他
湿研法	0.1～0.25	0.15～0.25	0.12～0.28	0.08～0.12
干研法	0.01～0.10	0.05～0.15	0.04～0.16	0.03～0.10

（3）手工研磨平面运动轨迹的选择

手工研磨时，要使工件表面各处都受到均匀的切削，选择合理的运动轨迹对提高研磨效率、工件表面质量和研具的使用寿命都有直接的影响。手工研磨运动轨迹的形式见表9-27。

表9-27　手工研磨运动轨迹的形式

研磨轨迹	图示	说明	适用范围
直线	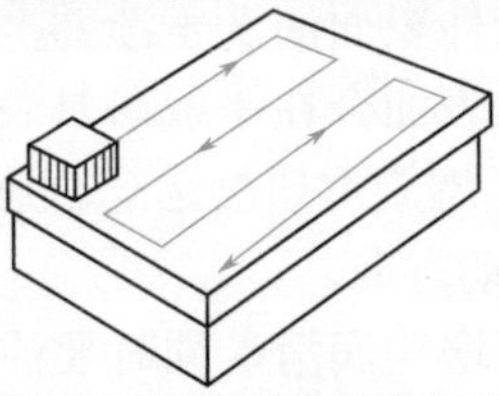	直线研磨的运动轨迹由于不能相互交叉，容易直线重叠，使工件难以得到较小的表面粗糙度，但能获得较高的几何精度	适用于有台阶的狭长平面的研磨
直线摆动	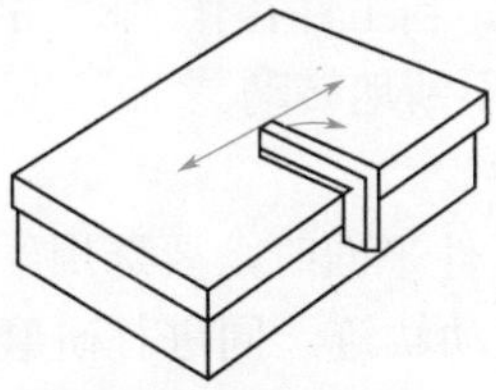	在左右摆动的同时作直线往复移动	适用于一些量具的研磨
螺旋形	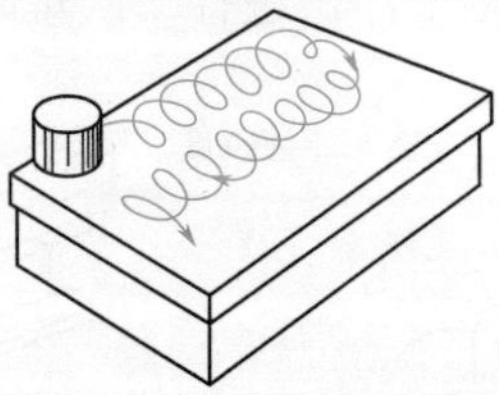	以螺旋的方式运动，可使表面获得较小的表面粗糙度和较小的平面度误差	适用于研磨圆片或圆柱形工件的端面
8字形和仿8字形	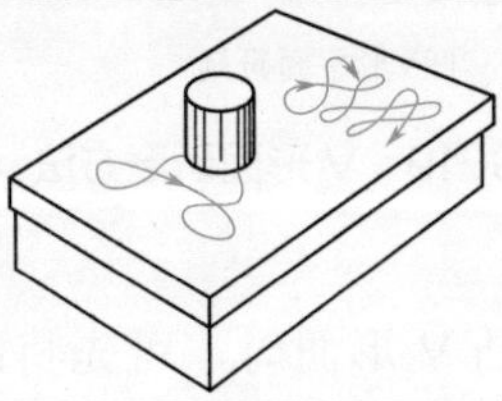	采用一种交叉的8字运动形式，使相互研磨的两个表面保持均匀的接触，减少研具的磨损，利于提高工件的研磨质量	适用于研磨小平面

（4）研磨圆盘的选择

当采用研磨机进行机械研磨时，应正确选择研磨圆盘。机械研磨圆盘表面多开螺旋槽，其螺旋方向应考虑圆盘旋转时研磨液能向内侧循环移动，以使其与离心作用力相抵消。常用研磨圆盘沟槽的形式见表9-28。

表9-28 常用研磨圆盘沟槽的形式

形式	图示	形式	图示	形式	图示
直角交叉型		偏心圆环型		径向射线型	
圆环射线型		螺旋射线型		阿基米德螺旋线型	

9.3.2 研磨的操作方法

（1）平直面的研磨

平直面的研磨一般分为粗研和精研两种。粗研用有槽的平板，精研用光滑的平板。研磨前，首先应用煤油或汽油把平板研具表面和工件表面清洗干净并擦干，再在平板研具表面涂上适当的研磨剂，然后把工件需要研磨的表面合在平板研具表面。研磨时，在平板研具的整个表面内以"8"字形研磨运动轨迹、螺旋形研磨运动轨迹和直线研磨运动轨迹相结合的方式进行研磨，并不断变更工件的运动方向。

在研磨过程中，要边研磨边加注少量煤油，以增加润滑，同时要注意在平板的整个面积内均匀地进行研磨，以防止平板产生局部凹陷。当工件在作"8"字形研磨轨迹运动时，还需按同一个方向（始终按顺时针或逆时针）不断地转动。

（2）狭窄平面的研磨

狭窄平面研磨方法如图9-18所示。研磨狭窄工件平面时，要选用一个导靠块，并将工件的侧面贴紧导靠块的垂直面，采用直线研磨运动轨迹一同进行研磨。为获得较低的表面粗糙度，最后可用脱脂棉浸煤油把剩余的磨料擦干净，进行一次短时间的半干研磨。

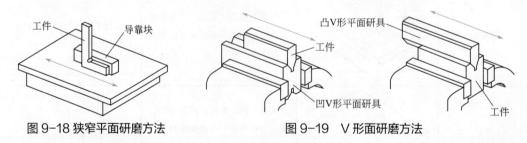

图9-18 狭窄平面研磨方法　　　　图9-19 V形面研磨方法

（3）V形面的研磨

V形面研磨方法如图9-19所示。研磨工件的凸V形面时，可先将凹V形平面研具进行固定，然后直线移动工件进行研磨；研磨工件的凹V形面时，可先将工件进行固定，然后直线移动凸 V 形平面研具进行研磨。

（4）圆柱面和圆锥面的研磨

① 外圆柱面的研磨方法　外圆柱面一般是在车床或钻床上用研磨套对工件进行研磨操作，如图 9-20 所示。研磨套的长度一般为孔径的 1～2 倍，研磨套的内径应比工件的外径大 0.005～0.025mm。

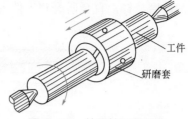

图 9-20　外圆柱面的研磨

研磨前，先将研磨剂均匀地涂在工件的外圆柱表面，通常采用工件转动的方式，双手将研磨套套在工件上，然后作轴向往复运动，并稍作径向摆动。研磨时，工件（或研具）的转动速度与直径大小有关，直径大，转速慢，反之，则转速快，一般直径小于 80mm 时取 l00r/min，直径大于 100mm 时取 50r/min。轴向往复运动速度应该与转速相互配合，可根据工件在研磨时出现的网纹来控制，即当工件表面出现 45°～60°的交叉网纹时，说明轴向往复运动速度适宜，如图 9-21 所示。

 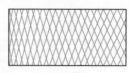

(a) 速度正确　　　　　(b) 太快　　　　　(c) 太慢

图 9-21　研磨外圆柱面速度

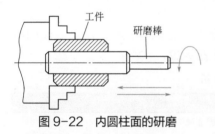

图 9-22　内圆柱面的研磨

② 内圆柱面的研磨方法　内圆柱面的研磨一般是在车床或钻床上进行的，如图 9-22 所示。研磨内圆柱面是将工件套在研磨棒上进行的。研磨棒的外径应比工件的内径小 0.01～0.025mm，研磨棒工作部分的长度一般是工件长度的 1.5～2 倍。研磨前，先将研磨剂均匀地涂在研磨棒表面，工件固定不动，用手转动研磨棒，同时作轴向往复运动。

 提示

　研磨时，当工件的两端有过多的研磨剂被挤出时，应及时擦去，否则会使孔口扩大形成喇叭口状。

③ 圆锥面的研磨方法

a. 外圆锥面的研磨方法。外圆锥面的研磨如图 9-23 所示。研磨前先将研磨剂均匀地涂在研磨套上，然后套入工件的外圆锥面，每旋转 4～5 圈，将研磨套稍微拔出一些，再推入研磨。当研磨到接近要求的精度时，取下研磨套，擦净研磨套和工件表面的研磨剂，重新套入工件研磨（这样可起抛光作用），一直研磨到工件表面呈银灰色（或发光）并达到加工精度为止。

b. 内圆锥面的研磨方法。内圆锥面的研磨如图 9-24 所示。研磨前先将研磨剂均匀地涂在研磨棒上，然后插入工件的内圆锥面，工件的转动方向应和研磨棒的螺旋槽方向相适应，每旋转 4～5 圈，将研磨棒稍微拔出一些，再插入研磨。当研磨到接近要求的精度时，取下研磨棒，擦净研磨棒和工件表面的研磨剂，重新插入工件研磨。与外圆锥面的研磨一样，直至研磨到工件表面呈银灰色（或发光）并达到加工精度为止。

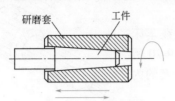

图9-23 外圆锥面的研磨

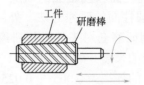

图9-24 内圆锥面的研磨

（5）阀门密封线的研磨

为了保证各种阀门的接合部位既具有良好的密封性，又便于研磨加工，一般在阀门的接合部位加工出很窄的接触面，其形式如图9-25所示。

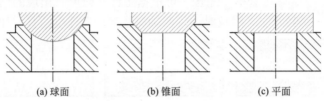

(a) 球面　　　　　(b) 锥面　　　　　(c) 平面

图9-25 阀门密封线的形式

研磨阀门密封线时，多数是用阀盘与阀门直接互相研磨。

（6）研磨质量分析

研磨后工件表面质量的好坏除与选用的研磨剂与研磨的方法有关外，还与表面的清洁等因素有关，研磨中产生的质量问题与预防的方法见表9-29。

表9-29 研磨的质量分析

质量问题	质量原因	预防方法
表面不光洁	① 磨料过多 ② 研磨液选用不当 ③ 研磨剂涂得太薄	① 正确选用磨料 ② 正确选用研磨液 ③ 研磨剂要涂敷要均匀
表面拉毛	研磨剂中混入杂质	重视并做好清洁工作
平面成凸形或孔口扩大	① 研磨剂涂得太厚 ② 孔口和工件边缘被挤出的研磨剂未擦去就继续研磨 ③ 研棒伸出孔口太长	① 研磨剂应涂得适当 ② 被挤出的研磨剂应擦去后再研磨 ③ 研棒伸出的长度应适当
孔成椭圆形或有锥度	① 研磨时没有更换方向 ② 研磨时没有调头研磨	① 研磨时应变化方向 ② 研磨时应调头研磨
薄形工件拱出变形	① 工件发热仍继续研磨 ② 装夹不正确引起变形	① 工件温度应低于50℃，发热后应停止研磨 ② 装夹要稳定，不能夹得太紧

9.4 刮削与研磨加工操作应用实例

9.4.1 四方块上平面的刮削

（1）加工实例图样

四方块上平面的刮削图样如图9-26所示。

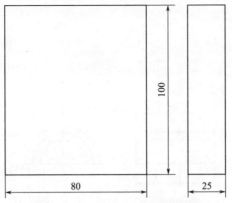

图 9-26 四方块上平面刮削图样

（2）操作步骤与方法

操作步骤与方法如下：

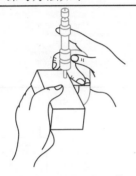

① 检查

用游标卡尺或千分尺检查四方块毛坯尺寸，控制加工余量

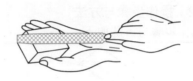

② 修整

将四方块拿在手上或装夹在台虎钳上，用锉刀对四周倒角去毛刺

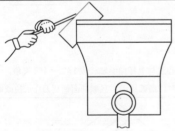

③ 粗刮

四方块上平面涂色后，以合适位置装夹在台虎钳上，采用连续推铲法刀对其进行粗刮

④ 研点

粗刮完成后，用涂有红丹粉的平板放在工件上推研，使工件表面的点子显示出来

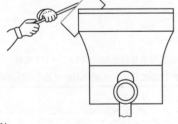

⑤ 细刮

根据研点情况采用短刮法进行细刮，将大块稀疏的研点刮去，使其研点达到 8～12 个（25mm×25mm 内）

⑥ 精刮

最后采用点刮法进行精刮，使其研点达到 16～20 个（25mm×25mm 内）

9.4.2 轴瓦的刮削

（1）加工实例图样

轴瓦的刮削图样如图 9-27 所示。

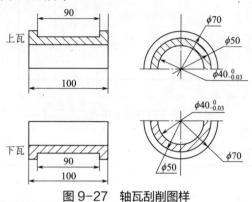

图 9-27　轴瓦刮削图样

（2）操作步骤与方法

操作步骤与方法如下：

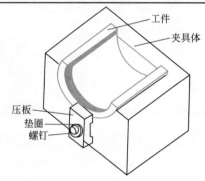

① 工件装夹

工件采用专用夹具或用台虎钳装夹

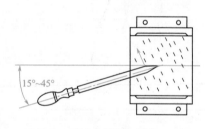

② 粗刮上瓦

刮刀中心线与上瓦曲面轴线成 15°～45° 夹角，左、右手沿曲面同时作圆弧运动，且顺曲面使刮刀作后拉或前推运动

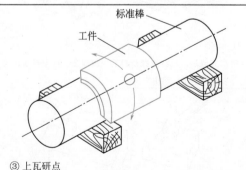

③ 上瓦研点

在标准棒上涂上蓝油，将轴瓦放在标准棒上，双手拇指按平轴瓦，左右研动，要求在 25mm×25mm 内显示 18～20 点为宜

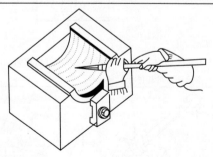

④ 细刮上瓦

根据研点情况采用小负前角进行细刮，将大块稀疏的研点刮去，使其研点达到 8～12 个

⑤ 刮下瓦

卸下上瓦，装上下瓦并夹紧。左手压刀控制方向，往回勾刮，右手加力抬刀向上挑刮，切削刃下刀由轻至重，刀刃抬刀由重至轻，两手配合，使刀具在内曲面上作螺旋挑进

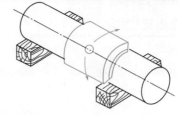

⑥ 下瓦研点

粗刮完成后采用和上瓦同样的方法进行研点。再根据显点情况进行细刮

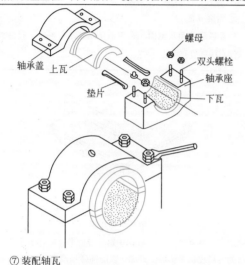

⑦ 装配轴瓦

在上、下瓦上薄而均匀地涂上红丹粉，放入轴承座内，并按顺序依次拧紧螺母装好

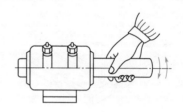

⑧ 转动研点

将轴放入上、下轴瓦中，转动轴进行研点。根据两瓦上的研点，反复精刮至要求

9.4.3 直角尺的研磨

（1）加工实例图样

直角坐标尺的研磨图样如图 9-28 所示。

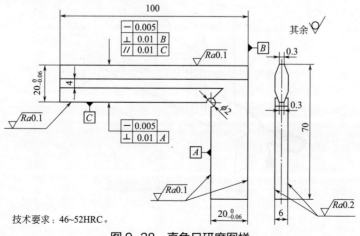

技术要求：46~52HRC。

图 9-28 直角尺研磨图样

（2）操作步骤与方法
操作步骤与方法如下：

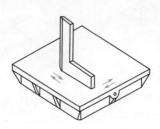

① 研磨 A 面
双手捏持角尺两侧面（捏持部位可垫皮革），平稳推动角尺作纵向和横向移动进行研磨

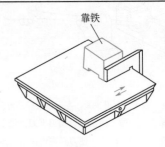

靠铁

② 研磨 B 面
用靠铁靠住角尺侧面，右手稳住靠铁，左手持角尺沿靠铁作直线往复移动

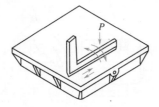

P

③ 研磨 C 面
双手捏持角尺作横向摆动和纵向移动（C 面是由尖刃状研成小于或等于 R0.2mm 的圆弧面，其研磨量小，在研磨过程中应随时检查，以防研磨过量）

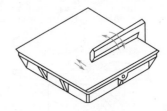

④ 研磨 D 面
双手捏持角尺围绕刃部作左右摆动（由于 D 面内角是中圆板面，和 B 面一样只能在平板边缘研磨，因而需用软而薄的金属皮做夹套护住 B 面，以防撞碰和擦伤）

　　角尺研磨完成后应进行检验。其方法是：将检验尺和标准平尺擦抹干净，然后放置于光源箱上光源的中心部位，再将角尺的测量面与测量工具贴合，观察角尺两直角边与测量工具接触处的光源，来判断其精度，如图 9-29 所示。

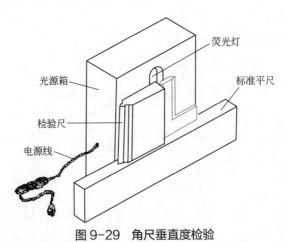

荧光灯

光源箱

标准平尺

检验尺

电源线

图 9-29　角尺垂直度检验

参 考 文 献

[1] 王兵. 钳工技能图解. 北京：电子工业出版社，2012.

[2] 钟翔山，钟礼耀. 实用钳工操作技法. 北京：机械工业出版社，2014.

[3] 王兵. 图解钳工技术快速入门. 上海：上海科学技术出版社，2010.

参考文献